枸杞

产品质量与产地识别技术研究

◎ 开建荣 著

中国农业科学技术出版社

U0306575

图书在版编目（CIP）数据

枸杞产品质量与产地识别技术研究／开建荣著 .
北京：中国农业科学技术出版社，2024. 10. --ISBN
978-7-5116-6869-1

Ⅰ. R282. 71

中国国家版本馆 CIP 数据核字第 2024WM2272 号

责任编辑　李冠桥
责任校对　王　彦
责任印制　姜义伟　王思文

出 版 者　中国农业科学技术出版社
　　　　　北京市中关村南大街 12 号　　邮编：100081
电　　话　(010) 82106632 (编辑室)　　(010) 82106624 (发行部)
　　　　　(010) 82109709 (读者服务部)
网　　址　https://castp.caas.cn
经 销 者　各地新华书店
印 刷 者　北京捷迅佳彩印刷有限公司
开　　本　170 mm×240 mm　1/16
印　　张　15. 5　　彩插　12 面
字　　数　300 千字
版　　次　2024 年 10 月第 1 版　2024 年 10 月第 1 次印刷
定　　价　90. 00 元

资助项目

1. 宁夏农林科学院农业高质量发展和生态保护科技创新示范课题"宁夏农产品产地识别技术研究"（NGSB-2021-5）；

2. 宁夏回族自治区自然科学基金项目"稳定同位素及矿物元素在枸杞产地识别中的应用研究"（2021AAC03283）。

《枸杞产品质量与产地识别技术研究》
主要参与人员

主　　著：开建荣

副 主 著：王彩艳

参著人员：王晓菁　　张　艳　　牛　艳　　葛　谦
　　　　　李彩虹　　王　芳　　刘　志　　苟春林
　　　　　王晓静　　杨春霞　　刘　霞　　张　静
　　　　　杨　静　　赵子丹　　单巧玲　　闫　玥
　　　　　赵丹青　　陈　翔　　吴　燕　　石　欣
　　　　　张锋锋　　马　岳　　郝　婧　　杨斌琨

内容简介

　　宁夏是世界枸杞的发源地，也是国家唯一认定的药食同源的枸杞原产地，本书以宁夏特色农产品枸杞为研究对象，对不同生育期、不同产区枸杞中有效成分差异、不同尺度区域枸杞产地识别及基于不同技术手段的枸杞产地识别开展了相关研究。

　　本书是长期参与枸杞产地识别研究工作的系统总结，是一部理论与实践相结合的技术专著。同时，本书也是作者与同事、国内外同行多年研究成果的集中展示。在撰写过程中，参阅了大量的文献和资料，在此谨向大量参考文献的原创者致以诚挚的敬意！

　　本书在编写过程中，也得到了宁夏农产品质量标准与检测技术研究所各位领导和同事的支持和指导，在此表示衷心的感谢！

目　　录

1 中国枸杞产业发展与研究现状 ·································· 1

  1.1 枸杞的发展历史 ··· 1

  1.2 枸杞产业现状概述 ·· 2

    1.2.1 中国枸杞产业情况 ······································ 2

    1.2.2 主要种植地区枸杞产业情况 ······················ 4

    1.2.3 主要枸杞地理标志产品 ···························· 5

2 农产品产地溯源现状 ·· 8

  2.1 稳定同位素溯源技术及应用现状 ···················· 9

    2.1.1 原理及特点 ·· 9

    2.1.2 稳定同位素技术应用现状 ························ 11

    2.1.3 同位素分析技术局限性及展望 ·················· 20

  2.2 矿物质元素指纹溯源技术及应用现状 ············· 21

    2.2.1 原理及特点 ··· 21

    2.2.2 矿物元素指纹分析技术应用现状 ··············· 22

    2.2.3 矿物元素溯源技术的局限性 ····················· 30

  2.3 代谢组学技术在农产品产地溯源中的应用现状 ······· 30

    2.3.1 原理及特点 ··· 30

    2.3.2 代谢组学技术应用现状 ···························· 31

  2.4 近红外光谱技术在农产品产地溯源中的应用现状 ··· 32

    2.4.1 原理及特点 ··· 32

    2.4.2 近红外光谱分析技术在农产品产地溯源中的研究现状 ··· 33

    2.4.3 近红外光谱溯源技术的局限性 ·················· 36

  2.5 电子鼻技术在农产品产地溯源中的应用现状 ······ 37

    2.5.1 原理及特点 ··· 37

    2.5.2 电子鼻技术在农产品产地溯源中的研究现状 ······ 37

    2.5.3 电子鼻技术的局限性 ······························ 38

2.6 小结 ……………………………………………………………………… 39

3 枸杞品质及质量安全现状 ………………………………………………… 40

3.1 枸杞品质现状 ……………………………………………………………… 42

3.1.1 不同时期、不同品种枸杞有效成分含量 ………………………… 42

3.1.2 不同产地枸杞有效成分含量 ……………………………………… 47

3.2 枸杞质量安全现状 ………………………………………………………… 49

3.2.1 枸杞中农药残留现状 ……………………………………………… 49

3.2.2 枸杞中重金属污染现状 …………………………………………… 51

3.3 小结 ………………………………………………………………………… 52

4 宁夏不同品种及生育期枸杞中元素差异性研究 ………………………… 53

4.1 实验材料和分析方法 ……………………………………………………… 55

4.1.1 实验材料 …………………………………………………………… 55

4.1.2 仪器与试剂 ………………………………………………………… 55

4.1.3 试验方法 …………………………………………………………… 56

4.1.4 数据分析 …………………………………………………………… 57

4.2 宁夏不同品种枸杞中元素含量分析 ……………………………………… 60

4.3 不同成熟阶段枸杞中矿物元素分布特征 ………………………………… 60

4.3.1 不同成熟阶段枸杞矿物元素含量分析 …………………………… 60

4.3.2 不同成熟阶段枸杞中矿物元素变化规律 ………………………… 70

4.3.3 枸杞成熟阶段与矿物元素间相关性分析 ………………………… 81

4.3.4 基于矿物元素的枸杞成熟度判别分析 …………………………… 82

4.4 不同茬次枸杞中矿物元素分布特征 ……………………………………… 87

4.4.1 不同茬次枸杞中矿物元素含量分析 ……………………………… 88

4.4.2 不同茬次枸杞中矿物元素的变化规律 …………………………… 95

4.5 枸杞产地溯源中矿物元素指标体系的构建 …………………………… 106

4.5.1 宁夏不同枸杞产地矿物元素含量特征 ………………………… 106

4.5.2 枸杞对矿物元素的富集能力分析 ……………………………… 109

4.5.3 枸杞与土壤中矿物元素相关性分析 …………………………… 114

4.5.4 枸杞有效溯源指标的筛选 ……………………………………… 118

4.6 小结 ……………………………………………………………………… 120

5 宁夏中宁县枸杞产地土壤环境质量现状 ……………………………… 121

5.1 实验材料和分析方法 …………………………………………………… 122

5.2 中宁县土壤理化指标含量特征分析 …………………………………… 123

5.3 中宁县枸杞土壤重金属元素空间分布特征 …………………………… 126

5.4　中宁枸杞及其产地土壤中稀土元素分布特征 …………………… 129
　5.4.1　中宁枸杞种植土壤中稀土元素含量分析及污染评价 ………… 130
　5.4.2　中宁枸杞种植土壤中稀土元素分馏模式 ………………… 133
　5.4.3　中宁县土壤稀土元素空间分布特征 ………………………… 134
　5.4.4　中宁县不同种植年限土壤中稀土元素差异性分析 ………… 136
5.5　中宁县枸杞中稀土元素含量特征 ………………………………… 137
　5.5.1　中宁县枸杞中稀土元素含量分析 ………………………… 137
　5.5.2　中宁枸杞中稀土元素分馏模式 …………………………… 139
5.6　小结 ……………………………………………………………… 140

6　基于无机元素的枸杞产地识别体系构建与应用研究 ………… 141
6.1　实验材料和分析方法 …………………………………………… 142
　6.1.1　实验材料 ………………………………………………… 142
　6.1.2　分析方法 ………………………………………………… 142
6.2　小尺度区域枸杞产地识别研究 ………………………………… 143
　6.2.1　宁夏不同区域枸杞产地识别 ……………………………… 144
　6.2.2　中宁不同产区枸杞产地识别 ……………………………… 147
　6.2.3　多元统计分析结合 ArcGIS 可视化构建宁夏枸杞产地特征地理
　　　　图谱 ……………………………………………………… 155
　6.2.4　小结 ……………………………………………………… 168
6.3　西北不同产区枸杞产地识别研究 ……………………………… 169
　6.3.1　不同产地枸杞中检测指标差异分析 ……………………… 170
　6.3.2　枸杞中稳定同位素及矿物元素指纹图谱的建立 ………… 174
　6.3.3　产地、年份及交互作用对枸杞中检测指标的影响分析 … 177
6.4　枸杞溯源指标体系及模型构建 ………………………………… 179
6.5　不同产地枸杞的判别分析 ……………………………………… 184
　6.5.1　基于 Fisher 线性判别分析的枸杞产地区分模型 ………… 184
　6.5.2　基于 PLS-DA 判别分析的枸杞产地区分模型 …………… 187
6.6　枸杞产地区分模型的应用 ……………………………………… 193
6.7　小结 ……………………………………………………………… 197

7　基于其他技术的枸杞产地识别研究 ……………………………… 199
7.1　基于生物活性成分的枸杞产地判别模型的构建 ……………… 199
　7.1.1　不同产区枸杞中 5 种营养组分 …………………………… 200
　7.1.2　5 种营养组分间相关性分析 ……………………………… 201
　7.1.3　基于 5 种营养组分的枸杞产区判别分析 ………………… 201

7.1.4 基于氨基酸含量的枸杞产地判别模型 ································ 202

7.2 基于高光谱成像技术的宁夏枸杞产地判别 ················· 203

7.3 基于电子鼻技术的枸杞产地判别 ······················ 209

7.3.1 定性识别不同产地枸杞 ···························· 210

7.3.2 定量预测枸杞产地 ································· 211

7.4 小结 ··· 212

8 枸杞产业发展的瓶颈 ······························· 213

8.1 宁夏枸杞产业发展现状 ························· 213

8.1.1 宁夏枸杞产业规模逐步扩大 ···················· 213

8.1.2 宁夏枸杞产业收益逐步提升 ···················· 213

8.1.3 宁夏枸杞品牌影响力逐步增强 ··················· 214

8.1.4 宁夏枸杞产品研发能力有所加强 ················· 214

8.2 宁夏枸杞产业发展遇到的问题和挑战 ··············· 214

8.2.1 宁夏枸杞产业标准化水平有待加强 ··············· 214

8.2.2 宁夏枸杞产业品牌建设力度不足 ················· 215

8.2.3 宁夏枸杞产业的销售情况有待提升 ··············· 216

8.3 宁夏枸杞产业发展对策 ······················· 216

8.3.1 加强产业标准化建设，促进枸杞产品研发 ··········· 216

8.3.2 加强对宁夏枸杞品牌的保护，提升品牌影响力 ········· 217

8.3.3 拓宽枸杞产业销售渠道，推动产业发展 ············· 217

8.3.4 加大政府的支持力度，为枸杞产业发展助力 ·········· 218

8.4 结语 ·· 218

参考文献 ··· 219

1 中国枸杞产业发展与研究现状

1.1 枸杞的发展历史

枸杞是我国传统的名贵中药材之一，由于它具有药食同源的特性，几千年来，一直被誉为延年益寿的上品药物。上古时期的先民就已经开始食用枸杞了，据《神农本草经》记载的"枸杞，味苦寒。主五内邪气，热中，消渴，周痹。久服，坚筋骨，轻身不老。一名杞根，一名地骨，一名枸忌，一名地辅。生平泽"等内容，说明古人对于枸杞的养生、保健作用有很深的认识和体会，此外，陶弘景在其《本草经集注》中也提到了"枸杞根、实为服食家用"。

枸杞的记载最早见于殷商的甲骨文中，近代著名甲骨文名家罗振玉依据《说文解字》解释说："杞，枸杞也，从木己声。"甲骨卜辞中关于殷商时期农田生产的内容颇多，古人们会对"黍""稷""麦""稻""杞"等农作物进行占卜，以确定是丰年还是歉年。成书于公元前 11 世纪—前 6 世纪的《诗经》中七处记载了关于枸杞生产的情景描述：《将仲子》中"无折我树杞"表明枸杞已经作为一种具有特殊性的树种被保护；《小雅·四牡》中"翩翩者雏，载飞载止，集于苞杞"则间接说明枸杞分布较多而且较为集中；《小雅·杕杜》和《小雅·北山》的"陟坡北山，言采其杞"则记录了采收枸杞的劳动场景；《小雅·四月》中"山有蕨薇，隰有杞桋"和《小雅·南山有台》中"南山有杞，北山有李，……南山有枸，北山有楰"等记录反映了枸杞的生长区域；《小雅·湛露》中"湛湛露斯，在彼杞棘，显允君子，莫不令德"则是通过以枸杞比兴，颂扬君子高贵的身份、显赫的地位、敦厚的美德和英武潇洒的气质，这也充分说明了枸杞在当时人们心中所占有的地位。这些都是关于人类对于野生枸杞的描述和使用。

也有相关文献表明唐朝时枸杞的人工栽培和使用已经趋于成熟阶段。唐代孙思邈《千金翼方》中记录了四种枸杞种植和施肥法；唐代郭橐驼《种树书》

中记录了枸杞扦插繁殖技术；宋代吴怿在《种艺必用》中介绍了枸杞种植法；元代《农桑辑要》中指出三月可以进行苗木移栽，同时提到在三伏天进行压条繁殖，植株生长特别茂盛。枸杞从被人们第一次发现和食用之后的几千年内，一直都没有得到大规模的种植，直到明弘治十四年（公元 1501 年）被作为贡品之后，种植面积才有所增加，而当时作为贡品枸杞的产地就是在宁夏一带。明代嘉靖《宁夏新志》中"辟园生产"和清代乾隆《中卫县志》中"宁安一带家种杞园，各省入药枸杞皆宁产也"的记载，充分说明了枸杞在明清时期的宁夏已经开始了大规模种植并逐步形成了宁夏枸杞道地产区。

枸杞彻底规模化和集约化的栽培阶段应该是 20 世纪 60 年代，80 年代后期趋于成熟。这也得益于中华人民共和国成立之后，国家开始大规模整理和挖掘中医药相关的资料和文献，而枸杞由于功效众多、吃法简单，对人体有很大的好处，而得到了重视，宁夏的科技工作者对传统的枸杞栽培技术进行改进，改变了传统分散栽培模式和高大树冠树型，采用大冠矮干和大行距的栽培模式，引入农业机械化作业，提高了管理效率，降低了劳动成本，实现了枸杞连片、集约化的种植栽培格局。枸杞规范化栽培阶段始于 20 世纪末期。随着科技的进步和市场对产品质量要求的不断提高，进入 20 世纪 90 年代，枸杞科技工作者按照枸杞产品质量"安全、有效、稳定、可控"的技术要求，从枸杞品种、苗木繁育、规范建园、整形修剪、配方施肥、节水灌溉、病虫防治、适时采收、鲜果制干、拣选分级、储藏包装、档案管理等生产环节进行规范，形成了枸杞规范化（GAP）种植技术体系，并在全国枸杞产区推广应用示范。在该阶段，枸杞的生产技术随着市场要求不断改进，经历了无公害生产、绿色生产和如今有机枸杞生产三个历程，而且宁夏枸杞是唯一载入《中华人民共和国药典（2010 年版）》的品种。

1.2 枸杞产业现状概述

1.2.1 中国枸杞产业情况

枸杞属茄科植物，有 97 种和 6 个变种，广泛分布于温带干旱至半干旱地区。我国枸杞主要分布在宁夏、甘肃、青海、新疆、内蒙古、河北、河南等省区，不同品种的产地也有差异。宁夏枸杞在我国的栽培面积最大，主要分布在中国西北地区。宁夏枸杞（*Lycium barbarum*）主要分布于亚洲、北美洲，以我国西北地区分布较为广泛，枸杞子已载入中国、美国、日本、韩国、越南及欧洲等国家和地区的药典。

目前，我国有 12 个省、区、市种植枸杞，种植总面积 200 余万亩①，其中，宁夏 35 万亩、青海 60 万亩、甘肃 40 万亩、新疆 20 万亩、内蒙古 15 万亩、其他 30 万亩，年产枸杞子干果近 30 万 t。2021 年中国枸杞总产量为 42.16 万；枸杞消费量为 41.5 万 t，2016—2022 年中国枸杞产量及消费量见图 1-1，2016—2022 年中国枸杞出口情况见图 1-2。

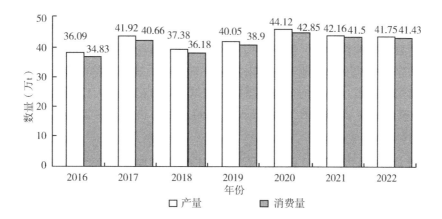

图 1-1　2016—2022 年中国枸杞产量及消费量

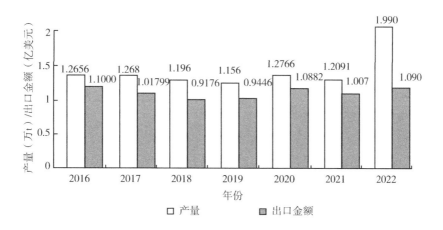

图 1-2　2016—2022 年中国枸杞出口数量及金额

---

① 1 亩约为 667 m²，全书同。

1.2.2 主要种植地区枸杞产业情况

我国枸杞主要分布于宁夏、新疆、青海、甘肃、内蒙古、黑龙江、吉林、辽宁、河北、山西、陕西、甘肃南部以及西南、华中、华南和华东各省份。宁夏是枸杞原产地和道地产区，中国现有的栽培品种是由西北地区的野生枸杞演化的，仍可以在适宜的条件之下野生。20世纪90年代以来，宁夏枸杞向周边省份扩大种植，青海、甘肃、新疆等部分地区都把枸杞产业列为当地产业结构调整的重要内容加快发展，促进了枸杞产业规模与市场规模的同步增长。主产区格局从宁夏一地变为四地竞发。由各省（自治区）统计年鉴可知，2021年，宁夏、青海、甘肃、新疆枸杞总种植面积超过100万亩（149.17万亩），其中青海45.77万亩，占比约为30.68%；宁夏44万亩，占比约为29.5%。

1.2.2.1 宁夏

宁夏栽培枸杞已有600多年的历史，是枸杞原产地和道地产区，在市场上也有"世界枸杞看中国，中国枸杞在宁夏"的美誉。经现代医学分析表明，宁夏所产枸杞富含18种氨基酸、32种微量元素、7种维生素和大于6%的枸杞多糖。枸杞产业成为宁夏最具地方特色和品牌优势的战略性主导产业，处于全国枸杞产业的领军地位。截至2022年底，全区枸杞种植面积约44万亩，较2021年增长了2.3%，实际保有38万亩，鲜果产量30万t，干果产量8.63万t，基地标准化率80%。目前，宁夏已成为全国枸杞产业基础最好、生产要素最全、科技支撑力最强、品牌优势最突出的核心产区。

宁夏回族自治区枸杞主要分布于中宁、固原、海原、同心、红寺堡、利通区、沙坡头、贺兰、惠农、平罗等地，宁夏中宁出产的枸杞为上等浆果，是"宁夏五宝"之首的"红宝"。

1.2.2.2 青海

青海省种植的枸杞主要在柴达木盆地的都兰、德令哈、格尔木、乌兰等县（市）和海南藏族自治州共和县。因高原独特的环境，在柴达木盆地生长的枸杞更多的时候被称为"柴杞"。青海省有机枸杞种植面积达到20多万亩，占青海省枸杞总种植面积近50%，青海省有机枸杞种植认证面积占全国枸杞总认证面积的78.9%，有机枸杞加工产量中，青海省占全国的97.8%。

1.2.2.3 新疆

新疆维吾尔自治区枸杞种植总面积31.4万亩，干果总产量4.78万t，枸杞产区主要分布在博尔塔拉蒙古自治州精河县、巴音郭楞蒙古自治州尉犁县、塔城地区沙湾市和乌苏市、昌吉回族自治州奇台县、阿勒泰地区福海县等地。

北疆地区以红果枸杞栽培为主,南疆巴音郭楞蒙古自治州地区主要种植黑果枸杞。

1.2.2.4 甘肃

甘肃省地理位置独特,地形地貌多样,气候差异巨大。甘肃省中部黄河流域上游沿岸及河西走廊区域为枸杞种植生产主要区域,该区域分属黄河流域、石羊河流域、黑河流域、疏勒河流域等,水热条件充足,日温差大,年降水量在 300 mm 以下,土地广阔。同时,甘肃省位于中药生产区划中"西北中温带、暖温带野生中药区"——塔里木、柴达木盆地及阿拉善、西鄂尔多斯高原甘草、麻黄、枸杞、肉苁蓉、锁阳、紫草中药生产区。甘肃省的枸杞被誉为"十大陇药"之一,栽培生产主要集中在河西走廊地区的酒泉市、嘉峪关市、张掖市、金昌市、武威市及黄河流域的白银市,主产地有敦煌市、瓜州县、玉门市、肃州区、嘉峪关市(新城镇)、金塔县、高台县、临泽县、甘州区、山丹县、民乐县、永昌县、民勤县、古浪县、永登县、白银区、景泰县、靖远县、平川区、会宁县共 20 个县(区、市),种植区域均在北纬 36°以北地区,特别在玉门、酒泉、武威、白银等市已经形成了较大的种植规模,目前,种植面积约 28 万亩,总产量约 4.1 万 t。

1.2.3 主要枸杞地理标志产品

随着环境污染和食品安全问题的日趋严峻,食品的地域来源普遍受到各国管理部门和消费者的高度关注。各国纷纷出台政策,保护地区名牌,保护特色产品。我国也在 2008 年实施了《农产品地理标志管理办法》,以保护地区名优特农产品。目前,国内已注册的枸杞商标除中宁枸杞外,还有靖远枸杞、瓜州枸杞、精河枸杞、柴达木枸杞等,随着枸杞地理标志保护产品的增多,假冒产品标识、以次充好的现象时有发生,严重损害消费者权益。目前,已注册的枸杞地理标志保护产品如下。

1.2.3.1 宁夏枸杞

宁夏枸杞是宁夏的特产,是由中国西北地区的野生枸杞演化的,已有 500 多年的种植历史。宁夏枸杞色艳、粒大、皮薄、肉厚、籽少、甘甜,品质超群。2009 年宁夏枸杞被国家工商总局商标局认定中国驰名商标,2014 年荣获"中国枸杞文化之乡"的称号,2017 年农业部批准宁夏枸杞为中国农产品地理标志产品,2021 年宁夏枸杞成功获批地理标志证明商标。

1.2.3.2 柴达木枸杞

柴达木枸杞又称柴杞、青海枸杞,是青海省海西蒙古族藏族自治州的特产。柴达木枸杞产地范围为青海省柴达木盆地全境，主要采用柴杞1号、柴杞2号、柴杞3号等优良品种。

1.2.3.3 中宁枸杞

中宁枸杞是宁夏枸杞的精品，本名宁安枸杞，因其原产地在中宁县宁安堡一带而得名。中宁枸杞是长果形呈椭圆且扁长，肉质饱满、外观光亮、柔润。其干果色泽红重，果脐显白色，先端有小尖，包装不结块，味甘甜微带苦涩。中宁枸杞于2001年获批地理标志证明商标，2015年中宁枸杞荣列中国重要农业文化遗产名单，2017年荣获"中国百强农产品区域公用品牌"。

1.2.3.4 精河枸杞

精河枸杞是新疆维吾尔自治区博尔塔拉蒙古自治州精河县的特产，也是我国枸杞主要集中产区之一。精河县有丰富的枸杞种质资源，是黑果枸杞、宁夏枸杞、新疆枸杞等起源地，出产的精河枸杞色泽鲜红、果粒大、肉丰厚、富营养、味甘美。2012年12月7日，农业部正式批准对"精河枸杞"实施农产品地理标志登记保护。2019年11月15日，"精河枸杞"入选中国农业品牌目录2019农产品区域公用品牌；2020年12月25日，被纳入2020年第三批全国名特优新农产品名录；2021年8月，精河县获批筹建枸杞国家地理标志产品保护示范区；2021年12月，入选第一批地理标志运用促进重点联系指导名录。

1.2.3.5 靖远枸杞

靖远枸杞产地为甘肃省白银市靖远县，其品种为本地传统野生枸杞。靖远枸杞鲜果玲珑、干果深红、粒大色鲜、皮薄肉厚、味道甘甜、品质纯正、绿色安全，经济价值高，被誉为"枸杞之佳品"和"陇上名品"。靖远枸杞先后获得国家绿色食品、有机食品认证和甘肃省十大名果、全国农产品博览会金奖等荣誉，并于2012年12月被国家质量监督检验检疫总局确定为"地理标志保护产品"。

1.2.3.6 民勤枸杞

民勤枸杞，甘肃省河西走廊民勤县特产，具有色泽红润、颗粒饱满、甘甜味美、含糖量丰富的特点。

1.2.3.7 先锋枸杞

先锋枸杞，内蒙古自治区巴彦淖尔市乌拉特前旗先锋镇特产，鲜果晶莹剔透，红艳欲滴，状似红宝石，干果色泽红润，皮薄肉厚，味甘籽少。

1.2.3.8 瓜州枸杞

瓜州枸杞是甘肃省酒泉市瓜州县特产，主要有瓜杞1号、瓜杞2号、瓜杞

3 号和瓜州枸杞大麻叶优系。瓜州枸杞鲜果果实饱满，色泽鲜亮，干果果粒大，质柔软，肉厚，籽粒少，具有枸杞特有的滋味。

1.2.3.9　巴彦淖尔河套枸杞

巴彦淖尔河套枸杞是内蒙古自治区巴彦淖尔市特产，果质呈鲜红色或紫红色，以颗粒大、果肉厚、肉质柔软、滋润、多糖质而闻名。

1.2.3.10　玉门枸杞

玉门枸杞是甘肃省酒泉市玉门市特产，具有色泽鲜红、口味甘甜、粒大皮薄、肉厚汁多的优良品质。

2 农产品产地溯源现状

近年来，引发农产品安全问题的原因复杂，主要为农药及兽药残留、微生物污染、毒素及过敏原、重金属超标、人畜共患病、物理污染、加工过程产生有害物质、转基因农产品、掺假掺杂及假冒名优特产品等；在经济利益的驱使下，部分无良商家产地造假、浑水摸鱼，以劣质农产品代替特色农产品，致使农产品问题频发，对人民的生命安全构成了一定的威胁。随着一系列农产品安全事故的发生，引起消费者、政府部门和科技工作者的广泛关注，农产品安全质量控制成为全球近年来热点问题之一。农产品安全事件的发生不仅严重挫伤公众消费信心、破坏国家形象，还给企业带来重大损失。农产品安全溯源体系的研究和建立为问题农产品的快速召回、保障农产品安全、保护地方品牌、规范市场秩序方面起到非常重要的作用。为此，许多国家政府部门已经建立了相对比较完善的溯源体系，为农产品安全的有效监管提供有力支撑。

而消费者及监管部门对农产品产地来源的关注度越来越高，一方面是由于农产品产地溯源是有毒有害物质及重金属溯源的前提与基础，另一方面农产品产地与其营养品质密切相关。为了辨别地域名优特产品，国内外相关部门均出台了相关政策与认证方法。例如，欧盟对具有地域特征的农产品有三种认证标签，即原产地保护产品（Protected designation of origin，PDO）、地区名牌产品（Protected geographical indication，PGI），以及传统特色产品（Traditional speciality guaranteed，TSG）（Dias et al.，2018）；在法国，凡是经原产地命名（Appellationd'origine contrée，AOC）认证的农产品在地理环境、土壤条件、种植条件和经营管理方面均有自身独特的优势（Hajdukiewicz et al.，2014）。我国自 2008 年 2 月 1 日开始实施《农产品地理标志管理办法》，截至 2020 年 12 月，受农业农村部保护的地理标志农产品已达 3000 多种。地理标志农产品更受消费者认可，随着经济全球化的发展以及电商等新经济形态的出现，如何预防及控制农产品在跨国界、跨地区流通过程中掺假，已成为全球性的新挑战。

近年来随着科技的突飞猛进，农产品溯源技术也得到了不断发展与完善，逐步形成了技术体系。多种多样的农产品产地溯源技术为我国的农产品安全及农产品溯源作出了重要贡献，有效保护了特色农产品的品牌效益，维护人民生命和财产安全。

2.1　稳定同位素溯源技术及应用现状

2.1.1　原理及特点

同位素指纹溯源技术的基本原理就是基于同位素的自然分馏效应。稳定同位素分析溯源技术被认为是农产品产地判别中一项很有效的分析手段。它分为轻同位素（C、N、H、O 和 S）和重同位素（Sr 和 Pb）。研究表明，受生物体所处的地理环境信息（气候、环境、生物代谢类型等）等因素影响，生物体内的同位素的影响因素为气候环境、代谢类型等，这使来自不同地域来源及不同种类的食品原料的同位素自然丰度存在一定差异，这种差异携有环境因子的信息，反映生物体所处的环境条件生物体内的稳定性同位素组成了物质的自然属性，是物质的一种"自然指纹"，植物体内碳的稳定同位素组成与植物的光合代谢途径、植物生长地域的海拔、纬度有关；氮稳定同位素组成主要与植物生长的土壤类型和农业施肥有关；氢、氧稳定同位素组成具有纬度效应、陆地效应、季节效应和高程效应；硫稳定同位素组成与植物生长的地质环境以及大气中的硫化物有关；锶稳定同位素组成与岩床中能被生物体利用的含锶矿化物有关，并且不受植物代谢以及气候环境的影响；铅稳定同位素的组成与地质结构、地质年龄、矿物质含量及地区降水分布均有关系。这种属性可用以区分不同来源的物质，这种地域特征生物体本身固有属性，且基本不随生产加工过程改变，故可被用于判断生物体产地来源。综合利用稳定同位素指纹信息，可以提高对原产地的判别准确度。近年来，国内外已经有诸多关于稳定同位素指纹分析技术在植物源性农产品产地溯源中的研究。

国际上稳定性同位素的计算方法见式（2-1）。

$$\delta‰ = \left[(R_{样品} - R_{标准}) / R_{标准} \right] \times 1000 \qquad (2-1)$$

可以转化为表达式（2-2）

$$\delta‰ = \left[(R_{样品} / R_{标准}) - 1 \right] \times 1000 \qquad (2-2)$$

$R_{样品}$ 和 $R_{标准}$ 分别代表样品和标准物质中的重同位素和轻同位素丰度比，则稳定性氢、氧、碳、氮同位素丰度比为 $^2H/^1H$、$^{18}O/^{16}O$、$^{13}C/^{12}C$、$^{15}N/^{14}N$；其同位素比率为 $\delta^2H‰$、$\delta^{18}O‰$、$\delta^{13}C‰$、$\delta^{15}N‰$。

植物源性农产品常用的几种稳定同位素的分馏原因和指示信息见表 2-1。δ^2H 和 $\delta^{18}O$ 值是水循环中植物进行物质交换时，从环境中获得水，其组织中的同位素比率与其生长地域的环境直接相关。$\delta^{13}C$ 值可以表示植物光合作用的碳代谢途径不同，按 CO_2 的利用方式分为 C3、C4、CAM（景天酸代谢）植物，CAM 植物介于 C3 和 C4 之间，C3 植物多在高纬度、高海拔的温凉地区生长，而 C4 植物在热带和亚热带地区，植物中碳同位素组成不但与其光合碳代谢途径有关，还受外界环境因子的影响。$\delta^{15}N$ 值与该地区农业生产相关，尤其是农业施肥对生物体 N 同位素含量的影响较大。

表 2-1　植物源性农产品中几种常用稳定性同位素的分馏原因及指示信息

同位素比值	分馏原因	指示信息
$^2H/^1H$、$^{18}O/^{16}O$	生长地域和环境降水量	农产品地域来源
$^{13}C/^{12}C$	植物光合作用的碳代谢途径不同，CO_2 的利用方式分为 C3、C4、CAM	农产品地域来源
$^{15}N/^{14}N$	大气沉降、农业施肥	农产品地域和气候信息
$^{206}Pb/^{207}Pb$	地质结构、地质年龄和矿物含量	农产品地质学信息和地域来源

H、O 等轻元素的同位素组成，是在蒸发、凝结等物理化学以及生物合成、代谢等生物化学的变化过程中发生变动，而对质量比较大的元素来说，同位素组成却基本上不受这些因素的影响。但是 Sr 和 Pb 重元素是放射性起源的稳定同位素，其同位素比值会随着时间流逝而发生变化。比如，包含在岩石或矿物当中 Sr 和 Pb 的稳定同位素组成，是与从岩浆中分离形成岩石时的条件以及当时的年代等而相应产生的数值。也就是说，岩石中 Sr 与 Pb 的同位素组成有地域性变化。岩石的同位素组成反映在土壤与水（河流水等），以及吸收了土壤中可吸收成分的作物上。岩石、土壤、作物的 Sr 和 Pb 的同位素组成等各自在发生着地域性变化，所以将同位素组成作为指标，可以推测物质的起源和作物的产地。只要土壤中可吸收成分不发生变化，就认为作物的同位素组成是一定的，不受作物种类和品种、年份等因素影响，所以能够成为正确的产地识别指标。接下来主要聚焦于 Sr 同位素，对其产生地域差的理由、适用于产地识别的事例和 Sr 同位素的分析方法等方面成果，以及将来的发展进行论述。

Sr 有 ^{84}Sr、^{86}Sr、^{87}Sr 和 ^{88}Sr 四种稳定同位素，其中，^{87}Sr 是由 ^{87}Rb 衰变（半衰期 475 亿年）而成。因此，火成岩中 ^{87}Sr 与 ^{86}Sr 的比就是从岩浆中分离出来时 Sr 与 Rb 的比，是与其之后所经历的年数相对应。例如，富含 Rb 的花岗岩和碱性火成岩的 Rb/Sr 值会变大，$^{87}Sr/^{86}Sr$ 值随着时间的增加呈变大倾向。与之相反，含 Sr 比较多的玄武石和石灰岩的 Rb/Sr 值会变小，$^{87}Sr/^{86}Sr$ 值随着时间的增加呈变小倾向。因此，不同岩石 $^{87}Sr/^{86}Sr$ 值是不一样的。此特性被应用于岩石的年代测定，地质年代相对比较新的日本岩石$^{87}Sr/^{86}Sr$值与年代比较古老的中国岩石的比值相比，有偏小的倾向。由于^{87}Rb的半衰期比较长，讨论时要是不使用像地质年代那样的数百万年、数千万年的尺度，就会认为岩石和土壤的$^{87}Sr/^{86}Sr$没有发生变化，也没有什么影响。因此，$^{87}Sr/^{86}Sr$可以作为岩石与土壤的识别指标。此外，植物对Sr的吸收及代谢过程中$^{87}Sr/^{86}Sr$值并无区别，植物中$^{87}Sr/^{86}Sr$值反映的是土壤交换性的$^{87}Sr/^{86}Sr$值，所以植物的$^{87}Sr/^{86}Sr$值可以作为反映生长发育场所的指标。此特性被应用在葡萄酒的产地识别当中，并相继得出各产地葡萄酒的$^{87}Sr/^{86}Sr$值。

2.1.2 稳定同位素技术应用现状

2.1.2.1 植物源性农产品

植物源性初级农产品是指种植业、林业中不经加工的各类产品，包括烟叶、毛茶、食用菌、瓜果蔬菜、粮油作物、林业产品等。近几年，有关稳定同位素用于植物源性农产品溯源的研究主要集中在谷物产品、茶产品、瓜果蔬菜产品、食用菌及其他产品方面，具体见表2-2。

表2-2　稳定同位素在植物源性初级农产品溯源中的相关研究

产品名称	样品来源及数量	分析手段	数据分析	参考文献
小麦	印度（6个省，20个）	IRMS	AVONA	Rashmi等，2017
小麦	中国（江苏省6个、山东省8个）、澳大利亚（5个）、美国（5个）、加拿大（5个）	EA-IRMS	AVONA	Wu等，2015
小麦	澳大利亚（5个）、美国（5个）、加拿大（5个）、中国（江苏省10个）	IRMS	AVONA	Luo等，2015
小麦	中国河北省（27个）	IRMS	ANOVA、PCA	Liu等，2015
小麦	丹麦（18个）、意大利（17个）	EA-IRMS、GC-C-IRMS	AVONA、LDA	Paolini等，2015
大米	中国黑龙江省（15个）、辽宁省（2个）、江苏省（6个）	IRMS、ICP-MS	LDA、PCA	邵圣枝等，2015
糙米	日本（44个）、美国加利福尼亚（13个）、澳大利亚（3个）、中国（4个）、越南（1个）、韩国（1个）	IRMS、ICP-MS	LDA	Oda等，2002
大米	泰国（5个省，105个）	EA-IRMS	ANOVA、LDA、雷达图	Kukusamude等，2018

（续表）

产品名称	样品来源及数量	分析手段	数据分析	参考文献
糙米	柬埔寨（14 个）、中国（6个）、日本（10 个）、韩国（12 个）、菲律宾（13 个）、泰国（4 个）	IRMS、ICP-MS	ANOVA、PCA、OPLS-DA	Chung 等，2018
精米	中国（130 个）、东南亚地区（39 个）	EA-IRMS、ICP-MS	ANOVA、PCA	Liu 等，2019
杨梅	中国浙江省（28 个）、江苏省（6 个）、福建省（1 个）、云南省（13 个）、贵州省（6 个）	EA-IRMS、ICP-MS	ANOVA、PCA、LDA	胡桂仙等，2017
苹果	意大利（4 个地区，128 个）	IRMS	AVONA、HSD test、PCA、LDA	Mimmo 等，2015
草莓、覆盆子、黑莓、蓝莓、加仑	罗马尼亚、意大利、波尔多（190 个）	IRMS、NMR	ANOVA、HSD test、PCC	Perini 等，2019
洋葱	韩国（6 个省，130 个）	IRMS	ANOVA、PCA、LDA	Park 等，2019
有机大蒜	斯洛文尼亚（38 个）	IRMS、XRF	ANOVA	Opatić 等，2017
生菜、甜菜、番茄	斯洛凡尼亚、澳大利亚、意大利、西班牙	IRMS	LDA、QDA	Opatić 等，2017
番茄	斯洛凡尼亚（4 个）、意大利（12 个），西班牙（10 个）、摩洛哥（4 个）	IRMS、XRF	ANOVA、MDA	Opatić 等，2018
大蒜、芋头	日本（210 个）、中国（193个）	IRMS、ICP-MS	ANOVA，雷达图	Aoyama 等，2017
山药	中国河北保定（16 个）、山东菏泽（10 个）、山西运城（5个）、河南焦作（6 个）	TIMS	AVONA	李向辉等，2018
胡萝卜	罗马尼亚（103 个）、欧盟（21 个）、中国（1 个）	IRMS、ICP-MS	ANOVA、LDA	Magdas 等，2018
马铃薯	塞尔维亚（4 个）、意大利（12 个）、西班牙（10 个）、摩洛哥（4 个）	IRMS、EA-ICP-MS	ANOVA	Opatić 等，2018
蘑菇	韩国（6 个地区，17 个）	IRMS	LSD、PLS-DA、PCA	Chung 等，2018
干香菇片	韩国（10 个地区，82 个）、中国（65 个）	IRMS	OPLS-DA	Chung 等，2019

注：EA-IRMS 为元素分析-同位素质谱；ICP-MS 为电感耦合等离子体质谱；XRF 为 X 射线荧光光谱；NMR 为低场核磁共振；GC-C-IRMS 为气相色谱燃烧同位素质谱；TIMS 为热电离质谱；ANOVA 为方差分析；IRMS 为同位素质谱；LSD 为最小显著差异法；PCA 为主成分分析；DA 为判别分析；LDA 为线性判别分析；QDA 为二次判别分析；MDA 为多元判别分析；PCC 为皮尔逊相关系数；CDA 为典型判别分析；PLS-DA 为偏最小二乘判别分析；OPLS-DA 为正交投影潜在结构判别分析；HSD test 为 HSD 检验；CART 为分类回归树；k-NN 为 k-最近邻算法；RF 为随机森林。

在植物源性特色农产品方面，Peng 等（2019）利用同位素比值质谱法对安徽祁门、东至和贵池 3 地的祁门红茶中的 δ^{13}C 值和 δ^{15}N 值进行检测，研究能否通过同位素含量的不同实现不同产地祁门红茶的产地判别，并探究品种类型、叶子成熟度和生产过程等因素对判别结果的影响。结果表明，通过 δ^{15}N 的含量能准确地对 3 个产地的祁门红茶进行区分，所建立的 k-最近邻算法模型的交叉验证的准确率高达 91.6%，成功利用同位素指纹技术实现了对祁门红茶的产地判别。次顿等测定了安徽、福建、贵州、山东、四川、浙江、西藏 7 个地区的绿茶样品的 δ^{13}C、δ^{15}N、δ^2H、δ^{18}O 和 δ^{34}S 五种同位素，发现同位素存在一定差异且多同位素指标组合判别准确率可达 84.8%，因此利用稳定性同位素指标与多元统计分析方法相结合可以对不同地域来源的绿茶进行有效区分。Ni 等分析了从不同产地绿茶样品中的多种元素含量和稳定同位素特征，测试了线性判别分析（LDA）、偏最小二乘判别分析（PLS-DA）和决策树（DT）辨别茶叶地理来源的能力，发现上述三种方法的预测准确性均大于 70%，表明多种元素含量和稳定的同位素特征可以实现绿茶的有效溯源。为了证明茶叶的采后加工方式对茶叶内稳定同位素的影响，刘志等（2018）研究了五种烘干方式后西湖龙井中 δ^{13}C、δ^{15}N、δ^2H、δ^{18}O 同位素的差异率，发现个别同位素比有变化，但多因素椭圆置信区间测试结果显示五种烘干之间并没有显著差异，基于此测试了浙江（西湖）、山东和重庆三个地区的溯源，经过 2000 次随机循环，发现准确度均高达 90.0%，充分验证了溯源的有效性及判别模型的稳定性。

吕伟等（2009）分析了辽宁、山东、广东花生产区的土壤以及相对应花生样品中 δ^{13}C 和 δ^{15}N 值的差异，采样收集了一些可能与同位素分馏相关的信息，并收集了一些样品资料，与决定碳、氮同位素比值相关，例如花生在种植过程中的往年耕作情况、施肥情况等，对土壤和花生样品间 δ^{13}C 值和 δ^{15}N 值出现的与各种地域性差异因素进行了各种相关性分析，结果显示利用土壤中的 δ^{15}N 值以及环境条件（平均气温和出现极端气温最高天数）对花生中 δ^{15}N 值进行预测并建立起了预测模型，相关系数达到 0.924，而测定花生中 δ^{13}C 值，溯源效果不明显，测定花生中的 δ^{15}N 值对花生进行产地溯源是可行的。Simon Branch 等（2003）测定了来自加拿大、美国和欧洲不同地域的小麦样品的 δ^{15}N、δ^{13}C、Se、Cd、Pb 和 Sr 6 项指标，结果发现，仅 δ^{13}C 一项指标就能完全将三个不同地域来源的小麦样品区分开，并用其初步建立了判别模型，但 δ^{15}N 对小麦地域判别不很理想。Suzuki 等对来自 3 个国家同一品种的 14 个精米测定了 C、N 元素含量和 δ^{13}C、δ^{15}N、δ^{18}O 同位素比值，结果显示使用含有 C、N 含量及 δ^{13}C、δ^{15}N、δ^{18}O 值的信息雷达图，可以将 3 个国家精米很好区分开。

Horn 等用热电离质谱仪（TIMS）对葡萄酒进行$^{87}Sr/^{86}Sr$值的测定，葡萄酒$^{87}Sr/^{86}Sr$值的标准值，佛拉斯卡帝（意大利）产的是 0.70835，瓦波利切拉（意大利）产的是 0.70889 和 0.70900，表明产地间存在显著性差异。也有学者对日本大米与外国大米进行识别，大米样品来自日本的 44 个、美国（加利福尼亚）的 15 个、澳大利亚的 3 个、中国的 4 个和越南 1 个。日本供试的 44 个大米样品$^{87}Sr/^{86}Sr$值在 0.706~0.711 的范围内，在此当中，相当于 34 个大米样品中 77% 的比值不到 0.710。澳大利亚大米样品的$^{87}Sr/^{86}Sr$值是 0.715~0717，比其他国家样品显示出的值要高。美国（加利福尼亚）大米的$^{87}Sr/^{86}Sr$值是 0.703~0.707，多数样品的数值显示都低于日本大米。中国大米以及越南产米的$^{87}Sr/^{86}Sr$值是 0.710~0.712，多数比日本米的数值要高。也就是说，在$^{87}Sr/^{86}Sr$值的分布范围中，日本大米与来自澳大利亚、中国、越南、美国（加利福尼亚）产的大米可以通过$^{87}Sr/^{86}Sr$值的不同来进行区别。日本与外国大米$^{87}Sr/^{86}Sr$值的不同，是由于土壤基本材料岩石的$^{87}Sr/^{86}Sr$值不同造成的。对比日本岩石的，中国岩石的$^{87}Sr/^{86}Sr$值总体比较高。而美国（加利福尼亚）附近的岩石的$^{87}Sr/^{86}Sr$值要么与日本的相同，要么比日本的低。

2.1.2.2 畜禽产品

动物源性食品中，$^2H/^1H$ 和 $^{18}O/^{16}O$ 比值特征来自动物饮用水和食物中的水，可溯源地域信息；$^{15}N/^{14}N$ 比值变化与营养级、海洋和陆地植物、农业生产情况密切相关，$^{13}C/^{12}C$ 比值变化与饲料中 C3、C4 植物比例有关，利用同位素 N、C 追溯原材料产地的食品信息；$^{34}S/^{32}S$ 比值由细菌决定。硫氧化细菌可将海水中的还原态硫化物氧化生成硫酸盐，其 $\delta^{36}S$ 值约为 23‰。海洋中的硫酸盐以气溶胶形式沉积在海洋的作物上，这些作物又被用于家禽饲料，通过测定 S 同位素可追溯原材料水域的食品信息；$^{87}Sr/^{86}Sr$ 来源于岩石中能被生物体利用的含 Sr 矿化物，不同地区岩石中的 Rb 放射衰变产生不同含量的^{87}Sr，可追溯潜在的地质学信息、地域信息、当地区域饲养的动物信息，弥补气候相似条件下轻同位素区分产地效果不佳的问题。一般情况，H、O 与当地水源有直接关系，也随饮用水进入禽类体内，通过代谢进入禽制品中，故 H、O 与禽类及其制品的地理来源有良好相关性。动物产品中 C、N 同位素组成与生产系统有关，和地理来源无关，与 H、O 等同位素结合可作为地理来源的间接指标。

在动物源性特色农产品方面，牛肉的溯源是国际上起源最早的溯源体系之一，所以目前对牛肉的溯源研究较多且较深入，Schmidt 等（2005）利用同位素比例质谱仪（Isotope ratio mass spectrometer，IRMS）测定了北欧、美国和巴西牛肉的碳同位素，结果显示 3 个地区牛肉 $\delta^{13}C$ 值有显著差异，分别为

（−21.6±1.0）‰、（−12.3±0.1）‰和（−10.0±0.6）‰，可以作为牛肉产地判别的溯源指标。Simon Kelly 等（2002）收集了来自欧洲、美洲、印度和巴基斯坦不同地域的大米样品，并筛选出 $\delta^{13}C$、Mn、Rb、Se、$\delta^{18}O$、B、Ho、Gd 和 W 9 个有效的判别指标。Camin 等（2007）通过检测欧洲不同地区羔羊肉中 C、H、N 和 S 同位素进行溯源分析，研究发现不同地区羊肉脱脂蛋白中的多个同位素值均有显著性差异，其 δ^2H 值与当地环境水源 δ^2H 呈显著相关，$\delta^{13}C$ 值和 $\delta^{15}N$ 值与饲料和气候相关，$\delta^{34}S$ 值与地质条件相关，从而实现不同产地羊肉的溯源判别。Guo 等（2010）研究来自中国不同省份 59 种牛样品中 $\delta^{13}C$、$\delta^{15}N$ 值的变化，发现脱脂牛肉、粗脂肪和尾毛的 $\delta^{13}C$、$\delta^{15}N$ 值存在一定的区域性，$\delta^{13}C$ 值在尾毛处的变化最显著，$\delta^{15}N$ 值在脱脂牛肉中变化最显著。Behkami 等（2017）也验证了牛肉和牛尾毛之间的相关性，并确定在开发牛奶地理可追溯性数据库中使用牛尾毛 $\delta^{13}C$ 和 $\delta^{15}N$ 值的可行性。由此可知，可以根据牛肉、牛尾毛、牛奶之间的较强的相关性，建立可追溯数据库，实现连续溯源。郭波莉等（2018）随后也证实了牛肉中 $\delta^{13}C$、$\delta^{15}N$、δ^2H 三种稳定同位素与牧草及水源之间的关系可以用于牛肉的产地溯源。

米瑞芳等（2021）从中国（内蒙古、新疆、宁夏）、新西兰和意大利 5 个地区采集羊肉样品并利用稳定同位素技术进行产地溯源，判别准确率达 100%。Sun 等测定了我国 5 个不同地区 2 种饲养方式下绵羊肌肉和羊毛中的 $\delta^{13}C$、$\delta^{15}N$ 和 δ^2H 值，结果表明，羊肉和羊毛的 $\delta^{13}C$、$\delta^{15}N$ 和 δ^2H 组合的判别准确率分别为 88.9% 和 83.8%，且羊肉与羊毛中的 3 种稳定同位素比值呈线性相关。郄梦洁等（2023）采用 $\delta^{13}C$、$\delta^{15}N$、δ^2H 和 $\delta^{18}O$ 通过建立主成分分析、正交偏最小二乘判别分析和线性判别模型对甘肃省庆阳市环县境内 3 个乡镇的羊毛和羊血的 4 种稳定同位素比值进行判别分析，并对羊毛和羊血中的稳定同位素比值进行相关性分析，结果表明，3 个乡镇的羊毛原始判别准确率为 95.0%，交叉验证判别准确率为 91.3%；羊血原始判别准确率和交叉验证判别准确率均为 97.5%。Erasmus 等（2019）测定了不同地区南非羔羊的腰长肌匀浆肉和脱脂肉碳氮同位素比值，产地判别的准确率 90%，由此说明，稳定同位素对不同来源的羔羊肉具有足够的鉴别能力。Piasentier 等（2021）对欧洲 6 个国家 3 种饲养方式羔羊肉进行了分析，结果表明在相同饲养方式下，$\delta^{15}N$ 值在不同国家有显著性差异；采用典型判别分析方法对饲养方式进行了分析，结果表明：91.7% 的肉样被正确分配，说明稳定同位素可用于羊肉的判别分析。王倩等（2021）利用同位素比率质谱仪（IRMS）测定不同部位脱脂羊肉中 $\delta^{13}C$ 和 $\delta^{15}N$ 值，进而比较不同产地来源［新西兰和中国（宁夏、甘肃、安徽）］的羊肉、全骨粉、脱脂骨粉与骨胶原中 $\delta^{13}C$ 和 $\delta^{15}N$ 值，结果显示：后腿、排骨与胸叉、腹腩、脖子中 $\delta^{13}C$ 值具有显著性差异（$P<0.05$），$\delta^{15}N$ 值在后腿、胸叉、排骨、腹腩和脖子 5 个部位间无显著差异（$P>0.05$）。不同产地［中国（宁夏、甘肃、安徽）和新西兰］的脱脂羊肉、全骨粉、脱脂骨粉与骨胶原中 $\delta^{13}C$ 和 $\delta^{15}N$ 值差异显著（$P<0.05$），其中脱脂羊肉对产地溯源判别效果最佳，原始判别正确率为 84.9%，交叉验证判别正确率为 82.4%。全骨粉与骨胶原对产地判别正确率达 65% 以上。相关性分析结果表明脱脂羊肉、全骨粉、脱脂骨粉与骨胶原中 $\delta^{13}C$、$\delta^{15}N$ 具有极显著相关性（$P<0.01$），骨胶原与脱脂骨粉、全骨粉中碳同位素相关性最高，相关系数分别为 0.903 和 0.866。利用稳定同位素技术对肉羊进行产地溯源是可行的。

北方的肉鸡主要以玉米-豆粕型饲料为主，南方的肉鸡则以小麦麸皮、稻米的副产品为主。湖南长沙鸡肉中的 $\delta^{13}C$ 值为 -25.6‰，相比于北京、山东、广东地区鸡肉中 $\delta^{13}C$ 值（-17.5‰~-15‰）更偏负。Zhao 等测定来自黑龙江、山西、江西、福建的鸡胸肉 $\delta^{15}N$、$\delta^{13}C$ 值和 12 种元素值。四个产地鸡胸肉中的 $\delta^{13}C$ 为 -17.5‰~-15.7‰，表明饲料主要成分为玉米和 C4 植物，而江西鸡胸肉中的 $\delta^{13}C$ 值低于其他三个地方，这可能的原因是江西省是我国最大水稻生产之一，饲料中水稻含量高。所有鸡胸肉中的 $\delta^{15}N$ 值在 1.8‰~4.2‰，江西鸡胸肉中 $\delta^{15}N$ 值也低于其他三个省份，一方面原因可能是用作饲料的植物被施以化肥生长，导致植物中的 $\delta^{15}N$ 偏低，另一方面是含有豌豆和大豆饲料可直接利用大气氮，导致 $\delta^{15}N$ 值偏低。采用主成分分析（PCA）、判别分析（DA）得出四个产地鸡肉样品分类鉴别准确率 100%。Bettina 等（2008）对巴西、法国、德国、匈牙利、瑞士的鸡胸肉 $\delta^{18}O$ 和 $^{87}Sr/^{86}Sr$ 进行测定，结论为 $\delta^{18}O$ 区分了不同国家的家禽，$^{87}Sr/^{86}Sr$ 来追溯家禽的来源没有表现出明显的地理上不同，解释为在笼里育肥的商业化家禽与外界环境接触的相对较少，家禽使用的饲料种类大多在全球交易，导致 Sr 同位素差异不大。Rees 等（2016）测定巴西、法国、德国等 17 个国家的鸡和火鸡的 $\delta^{13}C$、$\delta^{15}N$、$\delta^{2}H$、$\delta^{18}O$、$\delta^{36}S$、$^{87}Sr/^{86}Sr$ 和 53 种元素，交叉验证判别分析结果 88.3% 的家禽地理来源被正确分类，对中国、巴西、欧洲、智利、泰国、阿根廷的产地鉴别准确率分别为 100%、94.1%、92%、82.6%、70.3%、50%。根据鸡组织中 C 同位素值变化范围来判断饲料中含玉米或大米，可将欧洲和主要以玉米为食的南美洲、泰国和中国等地饲养的家禽进行区分。Swanson 等（1983）将 ^{76}Se 添加至鸡的饲料中，经一段时间喂养，测得鸡不同组织中 ^{76}Se 的富集程度不同。在蛋黄、肝脏、蛋清、鸡胸肉的富集程度依次降低。日本家禽中，鸡的颈部、胸部、背部、翅膀和腿的 $\delta^{13}C$ 值分别为 -15.8‰、-15.0‰、-15.8‰、-15.2‰、-15.3‰，之间差异很小。来自中国、日本和美国的鸡翅中的 $\delta^{13}C$ 值分别为

−18.5‰、−17.2‰、−16.6‰，差异明显不同。Pelícia 等（2018）在肉鸡不同生长阶段，喂养 C3 或 C4 类型植物组成的饲料，根据肉鸡组织中的 $\delta^{13}C$ 来评估不同生长阶段肉鸡组织的碳周转率。胸肌的碳半衰期为 1.78~8.20 d，龙骨的碳半衰期为 1.91~12.24 d，胫骨的碳半衰期为 2.32~10.71 d，腿部肌肉的碳半衰期为 1.87~9.43 d，肠黏膜的碳半衰期为 0.8~1.58 d，血浆的碳半衰期为 0.64~1.71 d，血液的碳半衰期为 2.61~11.07 d，羽毛生长期为 1.84~28.41 d。幼年肉鸡组织的代谢速度较快，随着肉鸡年龄的增长，代谢速度减慢。因此，这些组织可用于追溯肉鸡生命各个阶段饲料和地理起源。稳定同位素技术在禽类及其制品产地溯源的研究，还须进一步了解样品收集，样品制备方法对测定同位素组成的影响。Rock 等（2013）对 7 个不同生产系统鸡蛋成分的 C、N、O、S 同位素进行测定，相隔 4 个月收集两组鸡蛋。研究发现，随着时间的推移，特定生产系统的"同位素指纹"保持很好的一致性。禽蛋中含有 50% 以上的脂质，样品中脂质含量差异会混淆对 C 同位素的解释，一般去除脂质或采用算术校正来解释同位素丰度偏正的原因。为规范同位素研究中的样品制备方法，得出脂质提取过程不会改变所选组织（鸡胸肉、鸡腿、肝脏）和鸡蛋的 C、N 同位素值，及抗凝剂的使用也不会干扰血液和血浆的 C、N 同位素值。脂肪提取、干燥和抗凝剂等样品制备方法对鸡组织中 C、N 同位素分析是可行的。氯仿−甲醇比石油醚提取禽类组织中脂质效果好，可以更彻底地去除脂质。表 2-3 列举了稳定同位素技术在禽类及其制品产地溯源中的应用。

表 2-3　稳定同位素技术在禽类及其制品产地溯源中的应用

样品种类	研究对象	测定元素	仪器	数据处理	产地	文献来源
清远阳山鸡、周心鸡、麻鸡	鸡胸肉、鸡翅和鸡腿	$\delta^{13}C$、$\delta^{15}N$	EA-IRMS	ANOVA	中国广东清远	王耀球等
藏鸡、普通鸡	鸡胸肉	$\delta^{13}C$、$\delta^{15}N$、$\delta^{18}O$、δ^2H	EA-IRMS	ANOVA、PCA、PLS-DA、HCA、DA	中国西藏、山西、江西、福建、吉林	Zhaxi 等
不同种类鸟	蛋壳	$\delta^{13}C$、$\delta^{15}N$、$\delta^{18}O$	CF-IRMS、EA-IRMS	Mann-Whitney U test	美国	Mackenzie 等
鸡	鸡胸肉、鸡饲料、鸡饮用水	$\delta^{13}C$、$\delta^{15}N$、$\delta^{18}O$、δ^2H	EA-IRMS	ANOVA、Duncan's Multiple Momparison、LDA	中国	王慧文

（续表）

样品种类	研究对象	测定元素	仪器	数据处理	产地	文献来源
鸡	鸡胸肉	$\delta^{13}C$、$\delta^{15}N$、$\delta^{18}O$、δ^2H、$\delta^{34}S$	EA-IRMS	MANOVA、Duncan's Multiple Momparison、PCA	中国湖南、山东、广东、北京	孙丰梅等
鸡	鸡胸肉	$\delta^{13}C$、$\delta^{15}N$、Na、Mg、K、Ca	EA-IRMS	PCA、DA	中国黑龙江、山西、江西、福建	Zhao等
鸡	鸡胸肉	$\delta^{18}O$、$^{87}Sr/^{86}Sr$	MC-ICP-MS、IRMS	ANOVA	巴西、法国、德国、匈牙利、瑞士	Bettina等
鸡、火鸡	鸡肉	$\delta^{13}C$、$\delta^{15}N$、$\delta^{18}O$、δ^2H、$\delta^{34}S$ $^{87}Sr/^{86}Sr$、Mg、Ti、Mo	EA-IRMS、TIMS、ICP-MS	CV、CA	欧洲、中国、巴西等	Rees等
鸡	蛋黄、蛋清、肝脏、鸡胸肉	^{76}Se	IDMS、GC-MS	MANOVA	英国	Swanson等
鸡	颈部、胸部、背部、翅膀、腿	$\delta^{13}C$	IRMS	—	日本、美国、中国	Noriko等
鸡	胸肌、龙骨、胫骨等不同组织	$\delta^{13}C$	EA-IRMS	时间指数函数	美国	Pelícia等
不同生产系统的鸡蛋	蛋清、蛋黄、蛋壳、蛋膜	$\delta^{13}C$、$\delta^{15}N$、$\delta^{18}O$、$\delta^{34}S$	IRMS	ANOVA	英国	Rock等
鸡	鸡蛋、胸肌、大腿、肝脏、血	$\delta^{13}C$、$\delta^{15}N$	IRMS	GLMs、MANOVA、ANOVA	巴西	Denadai等
欧洲椋鸟	蛋黄、蛋清、蛋壳、体羽、尾羽	$\delta^{13}C$、$\delta^{15}N$	IRMS	GLMs	德国	Yohannes等
大西洋海鹦	羽毛	$\delta^{15}N$	IRMS	回归模型	加拿大	Kouwenberg等
圈养大天鹅、绿头雁、藤壶鹅、粉脚鹅	血液、羽毛、爪子、蛋组织	$\delta^{13}C$、$\delta^{15}N$	EA-IRMS	LDA	欧洲	Hahn等

样品种类	研究对象	测定元素	仪器	数据处理	产地	文献来源
海鸭	蛋黄、蛋清、蛋壳、蛋壳膜	$\delta^{13}C$、$\delta^{15}N$	CF-IRMS	CA、ANO-VA	美国阿拉斯加	Federer 等
特日岛犀牛海雀、日本鸬鹚、黑背鸥、瑞日岛黑尾鸥	蛋黄	$\delta^{13}C$、$\delta^{15}N$	EA-IRMS	同位素混合模型、ANO-VA	日本	Ito 等

稳定同位素在畜禽方面的溯源研究较多，其中 $\delta^{13}C$、$\delta^{15}N$ 同位素应用最为广泛，但目前市面上对畜禽肉的溯源主要集中在生肉制品，而 Epova 等（2018）研究了干腌火腿中 $\delta^{87}Sr$ 值的差异，发现产品中添加的盐是造成 $\delta^{87}Sr$ 差异的主要原因，通过生肉和盐 $\delta^{87}Sr$ 值测定可以区分腌制火腿的地理起源，故对于简单肉加工制品，可以通过添加非传统元素如 $\delta^{87}Sr$ 和 $\delta^{204}Pb$，统一量化加工过程中产生的元素变化，以达到产品溯源的目的。

2.1.2.3 水产品

水产品营养价值丰富，含有人体所需的各种氨基酸，特别是人体需求量最大的亮氨酸和赖氨酸，不同地区养殖的水产品口感品质存在差别，市场上以次充好、冒充知名地方品牌的现象屡见不鲜，因此需要一种有效的水产品鉴别技术。造成水产品同位素差异的原因主要是养殖环境和养殖方式的不同。动物源食品产地溯源在国外开始较早，我国的同位素溯源研究尚处在探索阶段，尤其在水产品溯源方面的研究较少。

吴浩等（2020）从深圳口岸获取我国三文鱼主要进口国（挪威、智利、加拿大和澳大利亚等）的三文鱼样品共 16 份，并采集中国产三文鱼（虹鳟）样品 2 份，分析三文鱼肌肉、表皮、鳞片以及骨骼中的碳、氮、氢、氧、硫稳定同位素比值，比较不同产地以及不同部位同位素分布差异，采用判别分析对不同产地进行判别。三文鱼的碳、硫以及氢、氧稳定同位素具有显著的产地差异。不同组织之间同位素呈现明显的同位素分馏效应。鳞片以及表皮同位素比值对产地的指示效果优于肌肉和骨骼，结果表明采用稳定同位素能完全将以上产地的样品区分开，且还能将中国的虹鳟与进口的三文鱼进行区分。对市场随机购买的 6 份三文鱼样品的产地鉴别结果表明，稳定同位素技术能有效鉴别市场中三文鱼的产地造假行为，可用于对市场上三文鱼的产地追溯。Doucett 等于 1996 年采用碳、氮稳定同位素发现养殖的三文鱼幼年时期 85% 左右的食物来源于外来环境，成年后三文鱼的营养等级比幼年时高了 2.5 个营养级。

Johnson 等（2022）研究比较了不同品种三文鱼的食物来源，从而判断三文鱼栖息地的食物结构。Turchini 等（2016）也报道了采用氧稳定同位素可以判断三文鱼的养殖水域。另外，Molkentin 等报道用同位素区分野生和养殖三文鱼。以上研究结果都表明，稳定同位素技术可对三文鱼食物来源、水源地和生产方式进行有效识别。Camin 等（2018）测量了来自意大利不同养殖场虹鳟鱼的饲料、储罐、脂质和脱脂鱼片中 $\delta^{13}C$、δ^2H、$\delta^{18}O$、$\delta^{15}N$ 值，发现可以根据饲料的类型追踪虹鳟鱼地理起源，此外根据饲料还可以进行白虾、鳗鱼、虎虾等水产品淡水养殖和野生的快速辨别（Sun et al.，2019；Vasconi et al.，2019；Gopi et al.，2019）。Zhao 等（2018）测定了我国不同地区的野生和人工培养的日本海参样品的氨基酸 $\delta^{13}C$ 值。通过多变量统计分析，区分了不同采样子区域的样品，对于野生样品和人工养殖样品，8 个日本海参采样子区域的总体正确分类率为 100%，交叉验证率为 100%，表明稳定同位素对水产品溯源和鉴别的适用性。

2.1.3 同位素分析技术局限性及展望

稳定同位素技术不需要复杂的前处理步骤，处理后的样品不容易变性或受到污染，准确性高，稳定性好，在食品溯源方面发挥着重要的作用，具有广阔的应用前景。近年来已经在畜禽肉、乳制品、水产品、谷物、葡萄酒、茶叶、果蔬等溯源方面取得了一系列成果。

但该技术仍存在一些局限性，由于地域的不同，不同地区的生物体内同位素的丰富度自然会存在着不同，所以可以通过判断农产品内同位素含量的丰富程度来达到农产品溯源的目的，但有时在进行溯源的过程中，常需同时检测农产品内的几种同位素，实验室一次性投入较大，且该技术对检测设备要求比较高，存在无法有效判别相近区域同类产品的缺点和局限性。碳的同位素组成可以反映饲料的变化，生物的地域来源信息常常可能会被饲料的混用掩盖；受氮肥使用和气候条件的影响，产品中 $\delta^{15}N$ 的丰度值会产生波动；来自气候和地形相似地区的产品中的氢和氧的同位素组成可能因气候，降水等环境因素影响而无法有效区分；硫同位素的影响因素较为复杂，变化规律不明显，而锶等重同位素在动物体内含量极低（项洋等，2015）。因此要想获得有效的溯源指标，还需针对影响每种同位素指标稳定性因素进行系统研究，探寻稳定的同位素溯源指标表征地域信息。

对于食品的产地识别，已经显示了由 C、N、O、H、S 稳定同位素比来进行产地识别的可能性。特别是 O、H 同位素比包含了栽培场所的地理信息（纬度、高度、水分条件等），所以其作为产地识别方法备受期待。但是 O、H 同位素比, 在分析法方面需要注意的地方很多, 需要谨慎对待。此外, 植物与动物的稳定同位素比, 伴随着气候变化和饲料情况的变化也有发生变化的可能性, 再加之年份的变动, 有必要进行数据的更新。比如中国与日本的纬度、气候等环境因素比较相似, 稳定同位素比的分布出现重合, 存在仅凭稳定同位素比难以进行高精度产地识别的可能性。从数据上找出判别的明灰色地带后, 如何正确地使用非常重要。此外, 在天然稳定同位素比变化比较微弱的情况下, 要在肥料或饲料上下功夫, 通过对稳定同位素比稍加人工控制, 进行科学性的区别, 这也是今后的发展方向。虽然存在一些需要克服的问题, 但毫无疑问, 同位素比是一个作为产地识别主要因素的分析技术, 通过与具有不同特征的其他分析技术相结合, 提高识别精度, 开发出强有力的产地识别技术才是最重要的课题。

2.2 矿物质元素指纹溯源技术及应用现状

2.2.1 原理及特点

近年来, 由于电感耦合等离子体发射光谱 (Inductively coupled plasma optical emission spectroscopy, ICP-OES) 的价格低廉化及性能的提高, 已可以相对简便地对农产品中的无机元素进行定量分析。此设备也被称为 ICP-AES (Inductively coupled plasma atomic emission spectroscopy, 电感耦合等离子体-原子发射光谱), 由于一次可对多种元素进行简单快捷的定量分析, 因此被应用于很多领域。此外, 比 ICP-OES 价格稍贵, 却能定量检测更低浓度的 ICP-MS (Inductively coupled plasma mass spectroscopy, 电感耦合等离子体质谱) 其价格低廉化和性能的提高, 被应用于很多领域。ICP-MS 可在 2~3 min 内同时测定数十毫克每千克至数百毫克每千克范围内的 20~30 种元素。目前, 在元素的定量分析方面, 已作为通用设备得到了普及。利用此设备, 可以相对简单地分析出农产品所含多种元素的浓度信息。在日本最早阶段进行产地识别的方法中, 其中一部分已经被利用于农产品的检查中。这是日本最为普遍的产地识别法, 在国外也称得上是最先进的方法之一。

矿物质元素溯源技术是一种根据不同地区生长作物体内含有的矿物质元素含量的不同来实现农产品产地溯源的一种技术。主要是由于产地的土质不同, 像水稻这样需要大量水资源的农作物, 因为土质和水质的不同会反映到元素组成上, 从而进行产地识别。当然这也要视元素对象而定, 比如即使相邻的土地, 由于土质和水质以及施肥状况等栽培条件不同, 农作物的元素组成也会相应发生变化。如果恰当地将多种元素进行组合，由于正常水平的栽培条件发生变化而引起元素组成的变化，虽说比起产地不同的差异而言影响力很小，但是为了确立可信度更高的识别法，需要收集同一产地多个农田的元素数据。数据收集得越多，就越容易明确哪种元素对产地识别是有效的，进而建立可信度更高的识别法。由于每年都对所有田地的数据进行分析是不太现实的，因此准确识别率也不可能达到100%。但是，想要识别产地所生产农作物的浓度差异很大时，正确识别是很有可能的。此外，数据积累越多，正确识别的可信度就越高。目前已被广泛应用于农产品产地溯源之中（马楠等，2016），如枸杞（Bertoldi et al.，2019）、贝类（Bennion et al.，2019）等。

2.2.2 矿物元素指纹分析技术应用现状

2.2.2.1 植物源性农产品

（1）葡萄酒。虽然矿物元素指纹图谱技术的研究在国内起步较晚，但伴随着国民消费水平的提升，越来越多的家庭开始关注从农田到餐桌的全程动态的食品安全，对植物源性农产品的产地溯源意识不断增强。葡萄酒是矿物元素指纹图谱技术应用最典型植物源性农产品，最早由欧洲学者 Baxter 等在1997 年应用矿物元素对西班牙内 3 个产地的葡萄酒以及英国与西班牙的白葡萄酒进行区分，英国与西班牙的白葡萄酒区分达到 95%。Korenovska 等（2005）采用原子吸收光谱法对斯洛伐克与其他欧洲地区的葡萄酒测定 Ca、Mg、Rb、Sr、Ba、V 元素的含量，并提出了斯洛伐克葡萄酒溯源模型，从模型上可以看出，欧洲葡萄酒的 Ca、Mg、Rb 和 Sr 元素含量差异显著，对葡萄牙、意大利、西班牙和部分法国葡萄酒的鉴别区分最明显。学者们为了满足酿酒学研究和满足葡萄酒工业技术发展和经济增收的要求，又对葡萄酒中的特征单体化合物进行了研究。Bertoldi 等（2014）应用矿物元素指纹图谱技术，测定了葡萄、橡木、苦胆和栗子等 10 种不同植物的 120 种单宁的 57 种矿物元素值，并且得到了 100% 的鉴别区分结果。Geana 等（2010）采用电感耦合等离子体质谱（ICP-MS）对罗马尼亚东南部两个主要葡萄酒产区 Valea Calugareasca 和 Murfatlar 以及摩尔多瓦地区（罗马尼亚东部）的葡萄酒进行产地区分，研究结果表明，基于 Valea Calugareasca 地区的 Ni、Ag、Cr、Sr、Zn 和 Cu，Murfatlar 地区的 Rb、Zn 和 Mn，Moldova 地区的 Pb、Co 和 V 实现了罗马尼亚葡萄酒产地区分。吕真真等（2023）分析了新疆天山北麓产区与其他 4 个产区（宁夏、甘肃、河北、山东）赤霞珠葡萄酒中的 23 种矿质元素含量，结合多元统计方法，构建有效的葡萄酒产地溯源模型。天山北麓与宁夏、甘肃、河北、山东产区葡萄酒中 P、Mg、Sr、Ti、Al、Cu、Ba 具有显著（$P<0.05$）或极显著差异（$P<0.01$），可以作为区分不同产区葡萄酒的特征性元素。以 23 种矿质元素为依据的 Fisher 判别分析，筛选出 P、Sr、Al 3 种对产地判别显著的元素，建立的判别函数对天山北麓和其他 4 个产区葡萄酒的初始验证和交叉验证整体正确判别率分别为 96.43% 和 89.29%。基于矿质元素分析能够对赤霞珠葡萄酒进行产地溯源，区分新疆天山北麓与宁夏、甘肃、河北、山东产区的葡萄酒。目前可用于酒类产品溯源的矿物元素主要有 Cu、Ca、Fe、Mg、Mn、Zn、Se、As、Cr、Cd 和 Pb。其中最具代表性的丹阳黄酒，香气浓郁，是我国重要的地理标志酒类产业。Catarino 等（2018）发现，葡萄牙杜奥产区葡萄酒特征元素为 Li、Rb 和 Cs，其含量远高于葡萄牙其他产区。Liu 等（2021）使用 ICP-MS 和 ICP-OES 测定 4 种配方的重庆沱茶中的 84 种统计学显著元素，证实 ^{114}Cd、^{95}Mo、^{85}Rb、Co、Cs 和 P 是鉴别茶叶真伪的重要化学指标。

　　表 2-4 概述了不同国家元素的识别能力和浓度范围。常量元素因其含量高，且具有成熟的检测方法，在葡萄酒产地鉴别发挥着重要作用，大量研究表明，自然因素是造成不同国家和地区葡萄酒中元素含量差异的主要原因，酿造设备和酿酒方式也会影响酒中元素含量，如 Na 含量会受橡木桶陈年影响，在西班牙里奥哈葡萄酒中得到验证（Rapa et al., 2023）。然而，仅使用常量元素进行葡萄酒产地鉴别的应用较少，通常会与微量元素和 REEs（稀土元素）共同使用。矿质元素具有地理属性，其含量和种类主要受植株根系吸收效率、土壤岩石组成及气候条件等自然因素和栽培管理、酿酒工艺及环境污染等人为因素影响，在不同产地表现出明显差异，从而使酒中保留了相应的地理指纹信息。近年来，部分碱金属和碱土金属元素含量及其同位素比值被发现受地质因素影响较大，而其他因素影响小，被认为是可靠的产地识别指标。REEs 在葡萄酒产地鉴别上的应用具有可行性，但膨润土添加后对其影响较大。

表 2-4　基于矿质元素指纹的葡萄酒产地鉴别研究

国家	产区	常量元素	微量元素	稀土元素	仪器	数据处理	文献来源
西班牙	卡斯蒂利亚-拉曼查、瓦尔德佩涅斯、朱米拉、乌迭尔雷格纳、博尔哈	—	Ba、Cr、Mn、Pb、V、Ni、Co	La、Pr、Nd、Sm、Eu、Gd、Tb、Dy、Ho、Er、Tm、Yb、Lu	ICP-MS	PCA、ANOVA	Cerutti 等

（续表）

国家	产区	常量元素	微量元素	稀土元素	仪器	数据处理	文献来源
西班牙	加那利群岛	—	Fe、Cu、Zn、Se、Mn、As、Cd、Hg、Pb、Ag、Al、Au、Ba、Be、Co、Cr、Mo、Ni、Sb、Sn、Sr、Th、Ti、Tl、U、V、Ga、Ta、Pt、Bi、Nb、In	La、Ce、Pr、Nd、Sm、Eu、Gd、Tb、Dy、Yb、Ho、Er、Tm、Yb、Lu、Y	ICP-MS	Spearman、PCA、ANOVA	Alonso 等
	加利西亚	K、Mg、Ca、Na	Fe、Li、Be、B、Al、V、Cr、Mn、Co、Ni、Cu、Zn、Ga、As、Se、Rb、Sr、Mo、Ag、Cd、Ba、Pb、Bi、Th	La、Ce、Pr、Nd、Sm、Eu、Gd、Tb、Dy、Ho、Er、Tm、Yb、Lu、Y、Sc	ICP-OES、ICP-MS	RF、ANN、SVM	Astray 等
法国	波尔多、勃艮第、朗格多克-鲁西荣、罗纳河谷	K、Mg、Ca、Na	Mn、Fe、Rb、Sr、Zn、Al、Cu、Pb、B、Ti、Cr、Ba	Sc	ICP-MS、ICP-OES	ANOVA、Tukey test、PLS-DA、ANN	Wu 等
意大利	托斯卡纳	Mg、Na	Ba、Fe、Mn、Rb、Sr、As、Co、Li、Ni、Ti、Tl、V、Re、Ta	La、Ce、Pr、Nd、Sm、Eu、Gd、Tb、Dy、Ho、Er、Tm、Yb、Lu、Y	ICP-MS	PLS-DA	Bronzi 等
葡萄牙	杜奥、奥比都斯、帕尔梅拉	Ca、Mg、Na	Li、Be、Rb、Sn、Cs、Al、Ti、V、Cr、Mn、Fe、Co、Cu、Ga、Ge、As、Rb、Sr、Sn、Sb、I、Cs、Ba	La、Ce、Pr、Nd、Sm、Eu、Gd、Tb、Dy、Ho、Er、Tm、Yb、Lu	ICP-MS	PCA、DA	Catarino 等
罗马尼亚	摩尔多瓦、多布罗加、蒙特尼亚、奥尔泰尼亚	—	Mn、Pb、Cu、Zn、V、Ni、Cr、Rb、Sr、Co	—	ICP-MS	ANOVA、DA	Geana 等
	克卢格雷亚斯克谷乡、摩尔多瓦、穆法特拉	K	As、Be、Bi、Co、Cr、Cu、Li、In、Tl、Se、Rb、V、U、Ba、Al、Cd、Fe、Ag、Ni、Zn	—	ICP-MS	PCA	Dinca 等
	奥尔特尼亚山、多瑙河梯田	K、Mg、Ca、Na	Li、Ga、Se、Ag、Tl、Pb、Ni、Cr、Ba、Zn、Mn、Sr、Rb、Fe、Al、Cu、$^{87}Sr/^{86}Sr$	—	FAAS、GFAAS、ICP-MS	ANOVA、LDA	Geana 等

（续表）

国家	产区	常量元素	微量元素	稀土元素	仪器	数据处理	文献来源
美国	华盛顿州	K、Ca、Na、P、S	B、Al、Si、As、Rb、Sr、Zr、Cs、Ba、Th、Ti、Mn、Fe、Co、Ni、Cu、Zn、Pb	La、Ce、Pr、Nd、Sm、Eu、Gd、Dy、Ho、Er、Tm、Yb	ICP-MS	ANOVA、PCA、LDA	Orellana 等
澳大利亚	玛格丽特河、亚拉河谷	K、S	Ba、Sr、Si、Mn、Li、Rb、Th、Co、Ni	Eu	ICP-MS	LDA	Martin 等
	库纳瓦拉、亚拉河谷、大南部	Mg、Ca	Ba、Sr、Si、Cs、Mn、Ni、Tl、Cr、Fe、Rb				
	彭伯顿、猎人谷、塔斯马尼亚岛	S	Si、Be、Rb、Cs、Li、Ba、Fe、Nb、Pb				
	西澳大利亚：玛格丽特河、天鹅谷、彭伯顿、大南部	Na	Si、Rb、Sb、Ba、Be、Bi、Te	Er			
	维多利亚：亚拉河谷、莫宁顿半岛、吉隆	—	Li、Rb、Se、Cs、Si	—			
中国	东北、黄土高原、西南高山、贺兰山东麓、新疆	Mg	Li、Be、Ti、V、Cr、Mn、Co、Ni、Cu、Zn、As、Rb、Sr、Mo、Cd、Sn、Sb、Ba、Tl、Pb、Bi、U、Al、Cs	La、Ce、Sc	ICP-MS	PCA、LDA、PLSDA	程文娟等
	沙城、贺兰山东麓、通化	—	—	Sc、Y、La、Ce、Pr、Nd、Sm、Eu、Gd、Tb、Dy、Ho、Er、Tm、Yb、Lu	ICP-MS	ANOVA、PCA、PLSDA	赵芳等
巴西	高乔山谷、东南部山脉	Ca、Mg	Mn、Li、Rb	—	FAAS	ANOVA、Tukey test	Dutra 等

（续表）

国家	产区	常量元素	微量元素	稀土元素	仪器	数据处理	文献来源
匈牙利	埃格尔	—	—	La、Ce、Pr、Nd、Sm、Eu、Gd、Tb、Dy、Ho、Er、Tm、Y、Lu	ICP-SFMS	AHC	Tatár 等
斯洛文尼亚	普里莫斯基、波萨维、波德拉夫、科利奥	K、Ca、Mg、Na	Al、B、Cu、Fe、Mn、Zn、Li、Be、Ti、V、Cr、Co、Ni、Ga、Ge、As、Se、Zr、Nb、Mo、Ru、Pd、Ag、Sn、Sb、Ba、Ta、W、Re、Os、Ir、Pt、Au、Hg、Pb、Bi	La、Ce、Nd、Gd、Dy、Y、	ICP-MS、ICP-OES	CPANN、PCA	Selih 等
捷克共和国	波希米亚	K、Ca、Mg、Na	Al、Co、Ba、Li、Mn、Mo、Rb、Sr、V、Sr/Ba、Sr/Ca、Sr、Mg、Zn、As、Cr、Cs、Cu、Fe、Ni、Pb、Sb、Sn、Th、U	Ce、Y	ICP-MS、ICP-OES	ANOVA、PCA、DA	Sperkova 等
日本	北海道、山形、广岛、大分、长野、山梨、岛根	K、Na、Mg、Ca、S、P	Li、B、Rb、Si、Mn、Co、Ni、Ga、Sr、Mo、Ba、Pb		ICP-AES	NMDS、KPCA、ANOVA、SVM	Akamatsu 等
	山梨、长野、北海道、山形	K、Mg、Ca、Na、P、S	Mn、Ni、Ga、Rb、Mo、Ba、Li、B、Si、Co、Sr、Pb		ICP-MS、ICP-AES	LDA、ANOVA、Tukey test	Shimizu 等

注："—"表示文献中未提及；PCA 表示主成分分析；ANOVA 表示方差分析；Spearman 表示秩相关；Tukey test 表示图基检验；PLS-DA 表示偏最小二乘判别分析；ANN 表示人工神经网络；RF 表示随机森林；SVM 表示支持向量机；AHC 表示聚合层次聚类；DA 表示判别分析；LDA 表示线性判别分析；CPANN 表示反向传播人工神经网络；NMDS 表示非量度多维排列；KPCA 表示核主成分分析。

（2）茶叶。茶叶很容易因质量信息不对称而被仿冒，其质量在很大程度上取决于气候条件和加工方法。茶叶产品证实即确认所述茶叶产品的真实性，它包括许多方面,如识别和量化其产品的特征成分、添加剂、污染物和对不同质量要求的验证等,这些贯穿于产品的加工和储存过程、植物和地理来源。茶叶的真实性必须要求质量合格,当茶叶产品质量信息对称,茶叶产品就是正宗的。因此,茶叶产品证实主要包括确认是否使用其他产地的茶叶,是否降低品级,是否缩短或延长陈年时间,以及是否用类似但品质较低的茶叶品种原料替代。

近年来基于多元素对茶叶产品证实已经开始应用。主要在产地证实方面,康海宁等(2006)利用不同产地和种类的茶叶中的 Mg、Al、P、Ca、Cr、Mn、Fe、Co、Ni、Cu、Zn、Sr 和 Pb 元素,对茶叶的产地和种类(红、绿、乌龙和黑茶)进行了正确的判别。聂刚等(2014)利用 ICP-MS 对陕南地区茶叶的16 种稀土元素进行检测,并结合 PCA 和 HCA 对茶叶成功进行产地识别,稀土元素可以作为重要标记。Ma 等(2016)利用电感耦合等离子体质谱法对 32 份正宗洞庭碧螺春、23 份形似洞庭碧螺春的非洞庭碧螺春样品和来自浙江省 28 份绿茶样品中 37 种矿物质元素的含量进行了测定,并利用主成分分析、聚类分析和线性判别分析对测定的数据进行了处理分析。结果表明,所建立的线性判别分析模型拥有 98.2% 的识别率和 96.4% 的预测率,实现了对相同和不同产地品牌绿茶的产地判别,有效保护了特色绿茶的品牌经济效益。Zhang 等(2017)采用微波消解结合电感耦合等离子体质谱法对云南 98 份普洱茶生茶和普洱茶熟茶中的 41 种元素进行了评价,采用主成分分析和线性判别分析对不同地区普洱茶进行了判别。Ye 等(2017)使用 ICP-OES 和 ICP-MS 分析 64个白茶样品的 26 个矿物元素,利用线性判别分析(LDA)、支持向量机(SVM)和 K-最近邻算法(K-NN)方法结合矿物元素含量,可以成功地对不同产地的茶叶样品进行区分,准确率分别达到 98.44%、95.31% 和 100%,为白茶鉴别提供参考。Zhang 等(2018)对贵州省湄潭凤岗、安顺、雷山 3 个茶叶产区 87 个茶叶样品中的 40 种矿物元素进行了分析,化学计量学评价采用单因素方差分析(ANOVA)、PCA、LDA 和 OPLS-DA 进行,LDA 的正确率为98.9%,OPLS-DA 的正确率为 100%。11 个元素(Sb、Pb、K、As、S、Bi、U、P、Ca、Na、Cr)可作为茶叶样品地理来源鉴定的重要指标,多元素分析结合化学计量学可以用于茶叶的地理来源鉴定。为探讨元素指纹图谱在鉴别凤凰单枞和其他中国茶叶地理来源方面的可行性,采用 ICP-MS 共分析了 45 种元素,通过元素指纹图谱的相似性和线性判别分析,Zhang 等(2018)对茶叶样品进行了分类;按产地分类的结果令人满意,相似度分类率为 93.3%,线性判别分析交叉验证的预测能力为 96.6%,元素指纹图谱可用于鉴定凤凰单枞茶的真伪。Zhang 等(2020)以都匀毛尖茶为样品,采用 ICP-MS 结合多元统计分析，对相邻 5 个产区采集的都匀毛尖的矿物元素进行了分析，共 39 个元素有差异性，S-LDA 模型显示良好的预测能力（88.3%），通过交叉验证的正确分类率能达到 96.0%；ICP-MS 结合 S-LDA 可以成功地作为一种快速、可靠的茶叶产地鉴定方法。

在产品证实的其他方面的应用较少，Han 等（2014）对我国 35 个红茶、乌龙茶和绿茶样品进行了 ICP-MS 分析，对中国茶叶样品按来源和类型进行成功判别和分类，分选效率达 100%。Ma 等（2019）对中国代表性省份的 313 份茶叶样品中的 33 种元素进行了分析，不同类型茶（绿茶、红茶和普洱茶）的元素含量不同，绿茶在三种茶中元素含量最低。通过线性判别分析，对三种不同发酵程度茶叶的识别率为 98.4%，预测能力为 97.8%。Zhao 等（2011）用 ICP-MS 测定了 3 个绿茶品种 2 个等级的 Ba、Fe、Mn、Cr、Mg、Ca、Cu 和 Al，不同品种、不同等级的绿茶中矿质元素含量不同，为消费、品种鉴定和等级判断提供了依据。Meng 等（2020）测定了 3 个茶叶等级的 18 种矿物元素的含量，利用 PLS-DA 和反传播人工神经网络（CP-ANNs）两种分类模型结合识别茶叶品级的可行性很高。PLS-DA 分类模型得到了更好的结果，准确率为 0.900，特异性为 0.960，敏感性为 0.923；为以矿质元素含量作为茶叶品级标识提供了一个新的视角。

（3）谷物产品。Cheajesadagul 等（2013）通过高分辨 ICP-MS 分析了 31 种泰国茉莉香米和 5 种其他国家（法国、印度、意大利、日本和巴基斯坦）大米样品，结果表明，通过雷达图和多元数据分析可以区分泰国茉莉香米和其他国家的大米，判别分析（DA）可以区分泰国每个产区（泰国北部、东北部或中部地区）的茉莉香米；Qian 等（2019）利用 ICP-MS 检测龙粳 31 水稻所含的矿质元素，表明水稻中 Fe、Co、Ni、Se、Rh、Eu、Pr、Tl 和 Pt 等元素受化肥影响显著，Al、Co 和 Ni 等元素受农药影响显著，排除化学指标干扰后，Fisher 判别法对地理起源的总体和交叉验证正确率分别为 98.9% 和 97.8%。Zhao 等（2012）通过分析河北省赵县、河南省辉县和陕西省杨凌市 10 种小麦品种，研究了原产地、基因型及其相互作用对小麦籽粒多元指纹谱的影响，证实 Na、Ca、Fe、Zn 和 Mo 是区分小麦地理来源的合适化学指标。金晓彤等（2022）采用电感耦合等离子体质谱（ICP-MS）测定东北三省主要水稻产区土壤-作物籽实中 Li、B、Be 等 23 种微量元素含量，利用相关分析、方差分析、偏最小二乘回归分析等多种分析方法对不同产地大米及土壤中微量元素含量进行分析，建立识别东北三省大米产地的判别模型。结果表明，大米中 Mo、Zn 含量与土壤中 Mo、Zn 含量呈显著正相关（$P<0.01$）；3 个省份大米中 Ga、Pb、Sr、Zr、Ba 元素分布表现出一致性，而另外 18 种元素表现出显

著差异性（$P<0.05$）。对 18 种显著差异元素建立产地识别模型，发现正交偏最小二乘回归分析和多层感知器神经网络分析建立的判别模型能较好地对东北三省大米进行有效区分和识别，多层感知器神经网络分析中整体检验组的综合正确判别率为 96.3%；在 Fisher 判别分析中利用逐步判别法筛选出的 7 种元素建立的判别模型能有效识别东北三省大米产地，判别正确率为 93.8%。崔晨等（2022）利用电感耦合等离子质谱仪（ICP-MS）和同位素质谱仪（IRMS）测定样品中的 12 种矿物元素和 δ^{13}C、δ^{15}N 同位素含量对吉林省 8 个大米产区的大米样品进行判别分析，线性判别分析结果准确率和回代正确率分别为 80.1%、74.0%；支持向量机模型结果的准确度和精确度分别为 90.245%、87.549%。得到吉林省大米最优判别因子合集为 {Si、Mn、Ca、Mg、Al、Na、Cr、P、δ^{13}C}。

（4）油类产品。矿物元素指纹图谱技术在油类产品的产地溯源方面也有所应用，除了能对不同国家的橄榄油产品进行区分，还可以对橄榄油的橄榄渣和土壤的微量元素分析进行产地溯源。经过 10 多年的发展，学者们不断提高鉴定特级初榨橄榄油样本的地理来源的能力，已经建立橄榄油的分类图谱模型，同时对不同国家的南瓜籽油的微量元素进行了分析测定。Beltran 等（2015）分别对土壤（W、Fe、Mg、Mn、Ca、Ba、Li、Bi）、橄榄渣（W、Fe、Na）和橄榄油（W、Fe、Na、Mg、Mn、Ca、Ba、Li）的矿物元素进行了测定，结果表明应用矿物元素指纹图谱可以对 93% 的样品实现正确的产地溯源。Sayago 等（2018）通过矿物元素指纹图谱技术对西班牙多个地理区域的 125 份油样测定了 55 种元素的浓度，建立了数学模型来研究橄榄油的矿物组成，结果表明，该模型可以对大西洋海岸、地中海沿岸和内陆地区 3 种地理区域进行区分。初榨橄榄油的多元素组成的地理可追溯性可以通过与生产区域相关的化学物质来实现，该技术不仅适用于橄榄油的溯源研究，在对南瓜籽油的产地溯源中也有一定的适用性。Bandoniene 等（2013）应用矿物元素指纹图谱技术，测定了来自奥地利、俄罗斯和我国的南瓜籽和南瓜籽油微量元素，结果表明，可实现对奥地利、俄罗斯和我国的油品溯源。无论是对于蔬菜的有机鉴别还是产地认证，越来越倾向于多种技术融合，多维参数共同参与构建模型的趋势。Beltrán 等（2015）对西班牙韦尔瓦省 4 个城市 17 个橄榄油庄园的初榨橄榄油的微量元素进行了分析，并在相应的橄榄果渣和土壤中测定了相同的元素，证实土壤（W、Fe 和 Na）、橄榄渣（W、Fe、Na、Mg、Mn、Ca、Ba 和 Li）和橄榄油（W、Fe、Mg、Mn、Ca、Ba、Li 和 Bi）中元素具有一定的共性，该特性可用于产地溯源。

2.2.2.2 畜禽产品

宗万里等（2022）采用电感耦合等离子体质谱及电感耦合等离子体发射

光谱对西藏自治区的达孜、阿里、类乌齐和亚东 4 个不同产地来源的牦牛肉中 40 种矿物元素含量进行测定，并结合多重方差分析、聚类分析、主成分分析和判别分析对数据进行统计分析。结果显示，K、Na、Mg、Al、Fe、Cu、Zn、V、Cr、Mn、Co、Ni、Ga、As、Se、Rb、Ag、Cd、Ba、Tl、Pb、Ti、Sn、Sb、Y、La、Ce、Pr、Nd、Sm、Eu、Gd、Tb、Dy、Ho、Er、Tm、Yb 共 38 种矿物元素在产地之间差异显著（$P<0.05$）；Fisher 判别分析的总体原始正确判别率为 100%，交叉验证正确判别率为 97%；建立的偏最小二乘法判别分析（PLS-DA）模型和基于正交信号校正的偏最小二乘判别分析（OPLS-DA）模型能够对西藏自治区的 4 个不同产地的牦牛肉进行区分，其中 OPLS-DA 模型的区分效果较好，所以，基于矿物元素分析能够实现西藏自治区牦牛肉产地溯源。项洋等（2022）采用电感耦合等离子体（ICP-MS）分析了 4 个地域 40 个牦牛肉样品中 50 多种矿物质的含量，使用多元统计分析方法确定最相关的溯源指标，通过显著性分析（$P<0.05$），选择 8 种元素（Na、Fe、As、Se、Mo、Cd、Cs 和 Ti）用于进一步分析，最终选择 3 种矿物质元素（Cd、Cs、Ti）建立牦牛肉可追溯性的判别模型。经线性判别分析得出的整体正确分类率为 70%，交叉验证率为 67.50%，表明将矿物质多元指纹作为鉴定牦牛肉地理起源的指标是可行的。

2.2.3　矿物元素溯源技术的局限性

从种类繁杂的元素中将与食品产品产地溯源密切相关且稳定的元素指纹信息筛选出来，是食品产地溯源指纹分析技术的关键所在。可通过逐步判别分析和方差分析等数学方法协助，有效地将矿物元素筛选出来。矿物质元素可根据农产品产地的地理环境、土质条件、水资源条件、气候因素和饲料添加等因素来选择。但是由于采样产地与研究范围的不同，不同实验者通过矿物质元素溯源法筛选出来的指标会有不同，难以形成统一的指标。且由于施肥、气候等因素的影响同一地区的同一种农作物在不同生长年份体内的矿物质含量也会有明显的不同，这会影响矿物质元素指纹溯源技术的准确性。

2.3　代谢组学技术在农产品产地溯源中的应用现状

2.3.1　原理及特点

代谢组学是研究生物体受病理生理刺激或基因改变而引起的体内代谢物动态变化的一门新学科，很多研究和方法还处于起步阶段，国内外相关学者相继将代谢组学的主要技术在产地溯源、品种鉴定和真伪识别等领域进行了尝试和应用，并取得了一定的成果。代谢组学常用的技术手段有核磁共振、质谱技术、色谱技术、液质联用技术等，并且这些技术在各个领域已经有所应用。同时，代谢组学是一种高通量、高精度、全阵列分析技术，可作为现代食品安全评价标准的有力补充，同时为解决食品安全风险监测中的难点提供了一种新的思路和技术方法。

2.3.2　代谢组学技术应用现状

赣南脐橙是柑橘的一种，其色泽、风味和口感独特，但其化学成分十分复杂，对于其产地溯源的分析，单一的检测器分析可能有所欠缺，因此有必要多种分析技术融合。祝爱燕等（2018）利用 SPME-GC-MS（固相微萃取-气质）和 UPLC-QTOF-MS/MS（超高压液相色谱-飞行时间质谱仪）对其挥发性成分和水溶性成分进行定性分析，并且应用代谢组学方法进行产地溯源分析以及潜在生物标志物的探索，结果表明，根据构建 OPLS-DA 模型可以区分赣南脐橙和不同产地的脐橙。QqQ（三重四级杆质谱）质量分析器适用于代谢物的定量分析。Acierno 等（2018）应用流动注射串联 ESI-MS 研究了可可豆的产地溯源，包括地理来源和植物来源，实现了非洲、亚洲与南美洲可可豆生产的巧克力的区分，证实可可豆中各种类型的代谢物含量因产地而异，可有效用于产地溯源。Hori 等（2016）使用 LC-ESI-TOF-MS 结合多变量分析，鉴别了来自 6 个种植区的可可豆样品，表明酚类化合物是构建预测模型的重要化学指标。Willenberg 等（2021）开发了包含酚类化合物的初榨橄榄油极性提取物的前处理方案，建立了不同原产国（西班牙、意大利、葡萄牙和希腊）的初榨橄榄油 HPLC-ESI-QTOF-MS 检测分类方法；Gil-Solsona 等（2016）使用非靶向代谢组学方法，通过 UHPLC-QTOF-MS 对来自 6 个西班牙地区的 90 个初榨橄榄油样品进行分析，确定了甘油三酯、维生素 D_3 相关化合物和有机酸等 12 种化学指标，产地判别正确率可达 90.0%。Guo 等（2017）通过 HPLC-TOF-MS 对来自中国 5 个地区的 7 种猕猴桃的 51 份猕猴桃汁样品进行了分析，表明（-）-表儿茶素、（+）-儿茶素、原花青素 B_1 和咖啡酸衍生物是果汁中的主要酚类化合物，通过 PCA 和逐步线性判别分析（SLDA）获得 92.2% 的产地判别正确率。Dittgen 等（2019）通过 LC-ESIQTOF-MS 分析了生长在巴西 6 个地区的 2 种黑米，表明橙皮素、香草酸、槲皮素-3-O-葡萄糖苷和对香豆酸是用于产地溯源的最关键化学指标。Xiao 等（2018）采用 UHPLC-QTOF-MS 研究了不同耕作方式对大米代谢产物的影响，结果表明有 8 种次级代谢产物可用于区分有机大米和常规大米。Zhao 等（2021）构建了一种灵敏的 UHPLC-QqQ-

MS/MS 方法，通过极性成分区分了不同地区栽培的 17 种当归，表明 L-谷氨酰胺可作为当归的潜在地理标志物。Klockmann 等（2017）结合代谢组学建立了基于 20 种非极性代谢物的 LC-QqQ-MS/MS 靶向筛查方法进行快速定量，有效区分了来自 6 个国家的榛子，Bat 等（2018）通过 UPLC-QqQ-MS/MS 检测苹果汁的初级和次级代谢物，用于不同产地苹果的溯源研究，结果表明，酚类化合物、黄酮醇和黄烷醇是产地区分的有效标志物，见图 2-1。

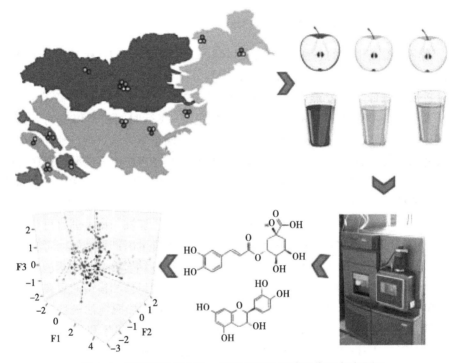

图 2-1　基于酚类化合物、黄酮醇和黄烷醇的苹果产地溯源
（Bat 等，2018）（见书后彩图）

2.4　近红外光谱技术在农产品产地溯源中的应用现状

2.4.1　原理及特点

近红外光是波长在可见光与中红外光间的一段电磁波，美国材料与试验协会将其波长范围定为 780～2526 nm。有机物分子中含有氢基团（O—H、N—H、C—H、S—H），在近红外光的照射下，氢基团受激发而发生跃迁，近红外光的部分能量被待测物吸收，得到近红外光谱。由于不同地域来源的食品或原料所处的生长环境（如气候、土壤、水质）有所不同，会导致食品的主要化学成分（如蛋白质、脂肪、水分等）的结构和含量存在一定差异，这种差异可在近红外光谱上得到反映，借助相应的化学计量学方法分析光谱之间的差异，建立判别模型。因此，近红外光谱技术可以反映待测样品中有机物的组分和含量，从而进行植物源性农产品的真假鉴别和产地溯源。

近红外光谱分析技术的特点：

（1）检测速度快。近红外光谱分析无须样品前处理，且采集光谱仅需 2 min 左右，可实现多个指标同步检测。

（2）操作简单。近红外光谱分析技术操作简单，其主要的分析过程主要包括：近红外光谱采集、数据预处理与农产品产地溯源模型的建立、待测样品的产地预测。模型建立后，未知样品检测仅需近红外光谱采集，待测样品产地可由计算机自动预测。

（3）重现性好。近红外光谱分析技术的稳定性好，有更好的重现性。

（4）无须有机试剂，绿色环保。在近红外光谱分析技术分析过程中，不需要化学试剂和复杂的前处理，具有低成本、环保、绿色等优点。

2.4.2　近红外光谱分析技术在农产品产地溯源中的研究现状

2.4.2.1　近红外光谱分析技术在水果溯源中的应用

近红外光谱分析技术作为一种快速、无损的检测技术，在农产品产地溯源方面有广泛的应用。苏学素等（2012）通过对来自江西、重庆和湖南 3 个产地脐橙样品1140～1170 nm波段的近红外光谱进行一阶导数（9 点平滑）预处理，分别建立了 3 个产区脐橙的产地鉴别模型，结果表明，所建模型对 3 个产地的样品的识别率均为 100%，拒绝率分别为 85.7%、83.3%、100%。庞艳苹等（2013）对来自成安和非成安的 225 个草莓采用因子化法、合格性测试和主成分分析法进行建模分析，结果表明，3 种模式识别方法对于其他产地草莓的识别正确率均高于 93.3%。吴建虎等（2016）利用光谱仪采集了来自山西永和枣、山西板枣和新疆和田枣 3 种干枣的漫反射光谱，并利用多元散射校正法、一阶导数法和二阶导数法对所采集的光谱进行预处理，采用主成分分析和建模分析，结果表明，建立的模型对 3 个产地的枣校正和验证判别准确率都达到100%。Arana 等（2005）对来自西班牙 Cadreita 和 Villamayor de Monjardin 2 个地区的葡萄利用光谱仪进行扫描，所得光谱结合偏最小二乘法建立模型，结果表明识别准确率分别达到了 97.2% 和 79.2%。李敏（2014）采集来自山东和陕西的苹果的光谱数据，然后将其进行降维降噪处理，同时利用 Fisher 判决

（Fisher discriminant analysis，FDA）提取特征，最后利用 K-最近邻算法建立分类识别模型，结果显示，识别准确率达到 97.5%，证明近红外光谱分析技术能鉴别不同产地的苹果。Fu 等（2007）采用傅里叶变换近红外漫反射光谱仪对来自浙江檀溪和淳安的枇杷进行分析，并结合主成分分析-概率神经网络进行产地鉴别，结果发现其校正集和验证集样品的识别率分别为 97% 和 86%，能有效地将 2 个地区的枇杷分开。张鹏等（2014）对来自天津、陕西和北京 3 个产地富士苹果进行了产地鉴别，利用近红外光谱分析技术结合主成分分析、偏最小二乘法建立产地鉴别模型，结果显示校正集的鉴别正确率为 100%，预测集的鉴别正确率为 98.33%。由此可见，近红外光谱分析技术可用于鉴别水果类的固体样品产地，识别率较高，但为解决试样的空间非均质性造成的结果不准确的问题（钱丽丽等，2015），在测定同种固体类的样品时应选择外形相似的样品，或进行多点采集光谱取平均值的方法提高预测准确度。

2.4.2.2 近红外光谱分析技术在谷物溯源中的应用

谷物主要包括大米和小麦等，是亚洲人的传统主食。近红外光谱分析技术在谷物产地溯源得到了广泛应用。钱丽丽等（2017）利用近红外光谱分析技术结合聚类分析和 PLS 对黑龙江省 3 个地区的地理标志性产品大米进行产地溯源研究。结果表明，运用鉴别分析法和聚类分析法建立的模型对大米产地预测正确率分别为 100%、95.83%、100%；采用 PLS 建立的判别模型的预测正确率分别为 95.83%、100%、95.83%，产地预测正确率达 95% 以上，实现了大米产地溯源。宋雪健等（2017）选取来自肇源和肇州 2 个地区的 144 份小米样品，应用近红外漫反射光谱技术结合化学计量学对不同状态的小米进行产地溯源研究，结果表明，采用因子化法和偏最小二乘法建立的模型对 2 个产地的小米的正确鉴别率均在 90% 以上。Davrieux 等（2007）采用近红外光谱分析技术对泰国的香味大米和非香味大米，应用 PLS 建立判别模型，结果显示，鉴别正确率高达 97.40%。赵海燕等（2011）应用近红外光谱分析仪检测中国 2007/2008 和 2008/2009 2 个年度、4 个省份的 240 份小麦样品，近红外光谱经均值标准化、一阶求导和多元散射校正处理结合偏最小二乘判别分析法，结果显示，4 个地区的小麦籽粒样品总体正确判别率分别为 87.5%、91.7%、48.3%、82.5%。夏立娅等（2013）采集 209 个地理标志产品响水大米和非响水大米的光谱，将其采用一阶导数和平滑处理建立凝聚层次聚类和 Fisher 判别模型（FDA），结果表明，2 种方法的准确率均为 100%，可以正确地区分响水大米和非响水大米。Kim 等（2003）采用近红外光谱分析技术结合 PLS 模式识别方法，对来自韩国的 280 份和其他地区的 220 份大米样品建立模型，鉴别率达到 100%。李勇等（2017）利用傅里叶变换近红外分析仪采集了来自江苏、辽宁、湖北、黑龙江4个省份的169个大米样品的光谱数据，继而采用主成分分析和线性判别分析方法进行产地溯源分析，结果表明预测集判别4个省份的大米产地的准确率在93.00%以上。

以上案例表明，近红外光谱分析技术在谷物产品产地溯源中应用较多，建立的模型可有效区分不同产地的谷物产品，仍需进一步深入研究不同产地谷物产品的勾兑掺假鉴别，以保证谷物产品真实性。

2.4.2.3 近红外光谱分析技术在食用油溯源中的应用

食用油产地溯源主要集中在高价油，例如橄榄油和茶油。Galtier等（2007）利用近红外光谱数据定量评估了125组来源于法国5个地区的初榨橄榄油试样中的脂肪酸和三酰甘油，并对样品组建立了PLS-DA产地溯源模型，模型预测正确判别率分别为91%、88%、90%、85%和83%，结果表明，近红外光谱分析技术可识别初榨橄榄油产地。Luna等（2013）利用近红外光谱分析技术结合多元分类法来鉴别转基因和非转基因大豆油，应用PCA提取光谱数据中的相关变量并进行降维降噪处理，然后采用支持向量机判别分析（Support vector machine discriminant analysis，SVM-DA）和PLS-DA进行分类，结果表明应用SVM-DA预测结果正确率分别为100%和90%，PLS-DA预测结果正确率分别为95%、100%。文韬等（2016）利用近红外光谱仪采集湖南、江西、安徽和浙江4个不同产地茶油的光谱数据，结合Savitzky-Golay平滑、多元散射校正、一阶导数和矢量归一化等方法进行预处理，同时构建主成分分析-BP（Back propagation）神经网络和偏最小二乘-BP神经网络模型，实验结果表明，2种模型对未知产地样品正确率均大于90%，证实该模型可较准确地鉴别茶油的原产地。Bevilacqua等（2012）将近红外光谱分析技术与化学计量法结合，对来自有原产地认证的Sabina的20组橄榄油样品和其他产地的37组样品进行产地溯源，用预处理后的光谱数据建立的PLS-DA和SIMCA模型，验证模型的识别率均为100%。Casale等（2008）运用近红外光谱仪对来自意大利利古里亚区195个橄榄油样品进行分析，结合一系列化学计量方法进行预处理，并初步建立了识别模型，验证结果表明模型的鉴别准确性较高，灵敏度高。

2.4.2.4 近红外光谱分析技术在其他产品溯源中的应用

除水果、谷物和食用油外，近红外光谱分析技术也被应用于其他农产品的产地溯源研究。汤丽华等（2011）用近红外光谱仪扫描了来自宁夏、甘肃、青海、内蒙古、河北等8个不同产地40种枸杞样品，运用简易分类法模式识别原理分别建立相关模型，结果表明在950~1650 nm全光谱波长范围内，光谱经一阶导数和标准化归一变换预处理后，采用SIMCA模式识别法可建立稳健的枸杞产地溯源模型，结果显示，除青海枸杞外，其他产地枸杞样品均可 100% 被正确识别，表明该方法可用于枸杞产地溯源。Ren 等（2013）对来自 7 个不同产茶区的 140 个红茶样品进行近红外光谱扫描，采用因式分解法建立红茶产地判别的识别模型。结果表明，该识别模型的正确判别率高达 94.3%。除了在植物源农产品溯源方面的应用之外，近红外光谱分析技术在动物源农产品溯源中也得到了应用。史岩等（2014）采集了来自辽宁大连、河北遵化、潍坊坊子、潍坊昌邑、潍坊诸城 5 个产地的 100 个鸡肉样品的光谱数据，并利用主成分分析、聚类分析，建立了相应的鸡肉产地溯源的定性判别模型，结果显示，5 个模型的识别率和拒绝率均为 100%。张宁等（2008）采用近红外光谱结合簇类独立软模式法对来自山东济宁、河北大厂、内蒙古临河、宁夏银川 4 个产地的羊肉样品建立了产地溯源模型，采集的光谱数据经光谱经平滑与多元散射校正预处理，结果表明 SIMCA 模式识别方法验证集模型的识别率分别为 100%、83%、100%、92%，拒绝率均为 100%。孙淑敏等（2011）对来自 5 个地区的 99 份羊肉样品采用二阶求导和多元散射预处理后，结合线性判别分析建立判别模型，结果表明，其对样本的整体判别率为 91.9%。这一系列研究表明，近红外光谱分析技术可应用于动物源农产品的产地溯源。

2.4.3 近红外光谱溯源技术的局限性

近红外光谱分析技术因分析时间短、样品用量少、无损检测、绿色环保、低成本、可在线检测等特点在农产品产地溯源研究方面得到广泛应用，但该方法也存在一定的局限性，主要包括：

（1）近红外光谱分析技术的准确性容易受到样品来源、环境条件等因素的影响，且农产品在贮藏、运输过程中有机成分组成发生变化，导致判别模型鉴别正确率降低。因此，建模样品的选取应该具有代表性，考虑品种、环境、运输与贮藏条件的影响，保证建立稳健的产地溯源模型。

（2）近红外光谱分析技术对于均质、流体状态的农产品的鉴别准确率高于固体类的农产品（马东江等，2011；管骁等，2014），因此需要降低其孔隙度达到均匀分布，为了保证预测的精度，可考虑对样品进行适当的处理。

（3）前期工作发现近红外光谱分析法可将不同产地的农产品区分开，但仍无法实现不同产地间农产品的掺假鉴别，需要发展新型化学计量学方法，提高模型精度，以提高近红外技术的检测速度和鉴别精度。

2.5 电子鼻技术在农产品产地溯源中的应用现状

2.5.1 原理及特点

电子鼻（Electronic nose）是一种融合了传感器技术、模式识别算法的智能仿生嗅觉系统。其工作原理为样品挥发性气体与传感器反应产生电信号，经模式识别算法对比数据后完成检测或鉴别。作为一种无须预处理、实时快速的无损检测技术，从 1994 年 Gardner 首次提出概念至今，电子鼻在农业、食品、环境等的应用取得了长足进展（Berna，2010；Persaud，1982；刘洋等，2021）。

2.5.2 电子鼻技术在农产品产地溯源中的研究现状

电子鼻技术于 20 世纪 90 年代末兴起并迅速发展，它利用气敏传感器阵列对挥发性气味物质的响应来识别简单和复杂气味信息，实现了气味的客观化表达，使气味成为可以量化的指标，从而辅助专家进行系统化与科学化的气味监测、鉴别、判断和分析。以其检测快速、结果客观、无需复杂的样品前处理过程、可分析有毒样品或成分等优势，电子鼻技术已在食品、农畜产品品质检测、环境监测、医学诊断、爆炸物检测等领域得到广泛应用。对枸杞子挥发物组成和含量的研究发现，不同品种、同品种不同产地枸杞子挥发物在组成和含量上存在明显差别（曲云卿等，2015；李冬生等，2004；Altintas，2006；Chung，2011），这为电子鼻检测不同品质、产地的枸杞子奠定了理论基础。

地沟油含有超标的重金属和毒素。消费者仅从外观和感官上难以分辨掺假的食用油，而电子鼻技术则为快速检测地沟油提供了选择。地沟油含有大量杂质，受热后会产生不同于合格食用油的物质。食用油加热汽化后收集气味信息，深圳市赛亿科技开发有限公司研究团队通过电子鼻将其与标准参数对比，可识别出掺入地沟油的食用油（李光煌等，2018）。为了谋取利益，一些不良商家用平价或劣质肉冒充优质肉。电子鼻检测 7 种肉类混合物（100% 纯牛肉、10% 混猪肉、25% 混猪肉、50% 混猪肉、75% 混猪肉、90% 混猪肉和 100% 纯猪肉），Sarno 等（2020）收集 120s 的数据就可鉴别掺假牛肉，该方法还可用于肉类纯度鉴定、清真食品认证。Kalinicheko 等（2020）基于气味模式识别算法以及概率神经网络（Probabilistic neural network，PNN），电子鼻可快速识别掺入大豆蛋白的香肠。Górska-Horczyczak 等（2017）将新鲜猪肉、解冻猪肉和变质肉混合制成肉制品，电子鼻结合 PCA 算法以及反向传播神经网络

（Back propagation neural network，BPNN）建立了猪肉掺假检测模型，识别准确率达80%。王之莹等（2019）发现电子鼻可用于鲑鱼、鳕鱼、凤尾鱼的掺假鉴别；摆小琴等（2021）通过电子鼻有效区分新鲜花生、陈年花生与返鲜花生；马泽亮等（2019）通过电子鼻检测获得白酒"指纹数据"，掺假白酒识别正确率达100%。田晓静等（2018）通过检测分析3种不同产地（甘肃瓜州、青海柴达木和宁夏中宁）枸杞气味，发现主成分分析和典则判别分析均能将3种不同产地枸杞子区分开，且典则判别分析结果图中数据点的集聚性更好；采用BP神经网络建立产地的预测模型能有效预测枸杞子的产地（正确识别率为96%）。

2.5.3　电子鼻技术的局限性

在食品安全检测应用中，虽然电子鼻在快速检测使用较多，但目前还主要处于实验室阶段。为此，电子鼻技术需要提高其灵敏性、精确性、稳定性，实现真正走向市场，但其在传感器、信号预处理及识别计算方面仍面临着以下问题。

（1）传感器漂移现象以及阵列数量。传感器及其阵列是电子鼻最核心、最关键的部件。然而，传感器受其材料的原因，受到检测环境的温湿度、气压、样品的状态及组分等的影响均会引起电子鼻传感器基线漂移，导致传感器的输出响应值发生改变，灵敏度不够。以应用广泛的金属半导体传感器为例，其受环境温度和湿度影响较大，当基线漂移明显时，对相似化合物的区分能力较弱，从而影响结果的可靠性；茶鲜叶样品挥发性物质种类多且离体后转化快，导致电子鼻采集气体信息受干扰。

（2）混合气体的采集和识别模式算法的误差。在食品混放或混包的超市货柜或仓储环境，电子鼻由于多品类气体信息相互干扰，传统的模式识别算法影响电子鼻检测精度。在真实环境中，采集混合气数据对于电子鼻而言是很大的挑战。真实的混合气体数据杂乱而无规律，气体浓度呈现随机性，连续数据采集耗时长。此外，虽然目前已有PCA、DFA、PLS等相对成熟的算法，但电子鼻需要分析密闭环境的顶空气体，如何优化算法以克服多品类混合气体环境所带来的计算误差依旧值得期待。

随着消费者对食品安全的重视程度不断加强，以电子鼻为代表的智能仿生检测应用依旧前景广阔。未来将会出现更专业性、更具有针对性的电子鼻检测设备（如肉制品专用、水产专用）。而随着传感技术、新材料以及数字化信息技术等学科进一步交叉融合，实现电子鼻设备的小型化及集成化等综合手段，将会有助于扩大电子鼻技术的检测优势，使其进一步为食品安全保驾护航。

2.6　小结

随着社会的发展，人们对食品安全的问题越来越重视，食品生产企业也希望通过努力获得消费者的信赖，产品溯源能够为消费者提供产品生产到销售的全过程信息，也能够在一定程度上保障企业的权益。从技术手段的发展历程来看，植物源性农产品产地溯源分析技术主要是开发有效准确的现代化检测技术，筛选特异性指标，构建准确的溯源数学模型。但事实上，植物源性农产品受到施肥、气象条件以及农田土壤特征等各方面的差异的影响，使产地识别的不确定性和复杂性大大增加。所以，单一的产地溯源技术已不能满足人们对植物源性农产品追溯和真伪鉴别的要求，未来越趋向于多种技术融合来鉴定植物源性农产品的真假和产地溯源。要与时俱进、坚持改革创新，在未涉及的植物源性农产品种类领域中不断探索创新，更好地建立健全植物源性农产品的精准溯源体系。

食品地理来源分析的趋势在于，首先是使用多种分析技术融合策略并建立不同方法之间的联系，相互解释样本数据特征，使用多种方法的融合指标建立模型，在实际应用场景也应加大样本数量从而提高结果预测的准确率；其次未来在广大学者的努力下，不断完善多种食品的指纹图谱数据库并建立模型库，如光谱、色谱、代谢组学、元素等，通过模型迁移相关算法直接调用模型库，能大大提高食品地理来源鉴定效率，以此为基础建立一套方法标准，进而完善食品安全质量管理体系。

3 枸杞品质及质量安全现状

枸杞是一种传统的道地药材及功能食品，其性味甘平，含有多种对人体健康有益的营养组分，主要包括糖类、黄酮类、生物碱、类胡萝卜素、维生素等物质（Wang et al., 2010；张森燊，2017）。据《本草汇言》记载，枸杞具有"气可充，血可补，阳可生，阴可长，风湿可去，有十全之妙焉"的功效，也有归肝、肾经、益精明目等功效（许生陆，2016）记载。

目前，科研领域关于枸杞功效机制方面的研究也取得重大进展，且多项研究结果表明，枸杞在增强免疫力、抗肿瘤、抗衰老、降血脂、抗氧化和增强造血功能等方面具有良好的药理作用（Cheng et al., 2015；Ulbricht et al., 2015）。枸杞总糖是对枸杞中全部游离的单糖、双糖和低聚糖的总称。枸杞总糖为干果枸杞中的主要营养成分，所占比例为 40%~70%（张晓煜等，2005），也是枸杞中甜味物质的主要来源，其含量的高低对枸杞品质、深加工难易程度及口感等方面均有较大影响，同时在标准 GB/T 18672—2014《枸杞》等级评判中起着决定性作用。枸杞多糖是枸杞中一种主要生物活性成分和药用成分，也是枸杞总糖的一部分，其化学组成分子量大，结构复杂，是由葡萄糖、鼠李糖、阿拉伯糖、木糖、甘露糖、半乳糖组成的水溶性多糖类化合物。黄酮类物质（吕海英等，2012）又称为黄酮体、生物类黄酮、黄碱素，基本结构式为：C6-C3-C6，其分子结构中含有酮基，颜色多为黄色，无毒，是植物界中分布最为广泛的一种物质，亦是植物的一种次级代谢产物，具多种生物性活性（李淑珍，2009）。研究表明，黄酮类物质是枸杞中的一种重要营养组分及活性成分，主要包括芦丁、槲皮素、桑色素和山奈酚等。枸杞中含有的生物碱主要有天仙子胺、甜菜碱、颠茄碱等，但主要以甜菜碱为主（郝凤霞，2014）。甜菜碱属于季铵盐化合物，形态为棱状结晶状，味属甜，有强烈的吸湿作用。研究记载，甜菜碱不仅在机体内具有提供甲基供体、保护肾脏、促进脂肪代谢及抗脂肪肝等药理作用（于淑艳，2014），还在降血压、抗肿瘤、解决胃肠功能等方面发挥着重要作用。杞色素是指枸杞中所有的显色物质，可分为类胡萝卜素和其他呈色物质两类（吴灿军，2010）。其中，类胡萝卜素为枸杞的主要呈色物质，在枸杞中含量丰富，种类多样，是一种不饱和化合物，根据其溶解性及化学结构又可分为胡萝卜素类系共轭烯烃和叶黄素类系共轭多烯烃含氧衍生物两类，其中前者主要包括易溶于苯、石油醚的 β-胡萝卜素、α-胡萝卜素、番茄红素和 γ-胡萝卜素等物质；后者主要包括易溶于乙醇的呈色物质，如玉米黄素、隐黄素和叶黄素等物质（黄丽等，2012）。

枸杞作为我国高原特色资源，怎样把握住机遇，利用科学技术推进枸杞产业的健康发展，是保障高原特色资源健康发展的关键。枸杞的枝叶、果实营养丰富，由于枸杞这种独特的生长特性和生理特点，使其成为病虫害多发的最为严重的农作物之一，农药残留的严重性问题也就随之产生。有关学者研究发现，我国枸杞病虫害有 20 余种。其中，发生在枸杞上的主要病虫害有 3 种，分别是白粉病、蚜虫和螨虫。严重的病虫害危及果树、花和幼果的成长，对枸杞产量和品质造成了较大的影响。一些农户为了追求个人利益，就施用大量的农药来防治，不可否认，短期几年内提高了自己的经济效益，然而，这种方法严重危害消费者的生命安全。一旦药效不显著，就盲目加大用药量，很可造成病虫害的抗药性，如此恶性循环，既得不到理想的经济效益，还会造成枸杞农药残留的逐年增大。为此，我国相关部门制定颁布了有关食品中的农药残留限量标准，规定了 400 多种农药在日常农产品中的限量标准，基本包括了我国农业生产使用的常用农药。中华人民共和国农业农村部制定和颁布了枸杞的相关行业标准，其中限定了在枸杞中常用的农药多菌灵等 15 种农药的最大限量标准值，以规范农户合理使用农药，杜绝滥用农药。枸杞是病虫害多发的植物，仅有的 15 种农药残留限量标准很难涉及农户及企业在生产活动中所使用的农药种类，不足以保障人们的健康，不能达到人们对枸杞的放心安全消费。怎样合理制定枸杞的最大农药残留限量，制定我国相关法律法规，确保枸杞产业健康快速发展成了亟待解决的问题。

随着人们对重金属需求的增加，对其开采行为也越加快速，这种工业行为不仅对农作物的生长环境造成危害，还会严重影响农产品的质量安全。虽然低剂量的重金属不会对农作物造成严重威胁，一旦超过最大抵抗剂量，农作物的产量就会大幅降低，严重影响经济效益。重金属及有害元素还会在人体内蓄积，不同人群会产生不同的中毒现象。因此，重金属的污染会对人体的正常生理活动造成很大威胁，给人们造成很大困扰。目前对重金属的定义并没有明确统一，对农作物危害比较大的重金属主要是砷（As）、镉（Cd）、铬（Cr）、铜（Cu）、汞（Hg）、铅（Pb）。枸杞干果产品和土壤资源环境的双重保护为枸杞行业的健康快速发展铺平了道路。

3.1 枸杞品质现状

3.1.1 不同时期、不同品种枸杞有效成分含量

新疆农业大学食品科学与药学学院马雪分析了不同时期、不同品种新疆精河枸杞总酚和总黄酮含量差异，识别其多酚类化合物成分，并对主要成分进行定性定量分析。不同时期、不同品种枸杞中总多酚含量见图3-1。由图3-1可知，2020年枸杞7#、1801#、9#总酚含量在6.855~9.438 mg/g，其中夏果枸杞总酚含量在6.855~8.041 mg/g，秋果枸杞总酚含量在8.932~9.438 mg/g，7#（夏/秋果）总酚含量均最高。2021年枸杞总酚含量在8.461~10.814 mg/g，夏果枸杞总酚含量在8.461~9.4676 mg/g，秋果枸杞总酚含量在9.556~10.814 mg/g，2020年、2021年秋果枸杞总酚含量均高于夏果，分别是夏果枸杞的1.18~1.23倍、1.07~1.15倍，不同时期同一个品种枸杞总酚含量有统计学差异（$P<0.05$），其中1801#差异最明显。有研究表明，适当的加长光照时间和升高温度会使多酚含量增加，本研究的夏果枸杞每茬成熟期短（采收三茬），秋果枸杞成熟周期长（采收一茬），成熟周期的加长，使光

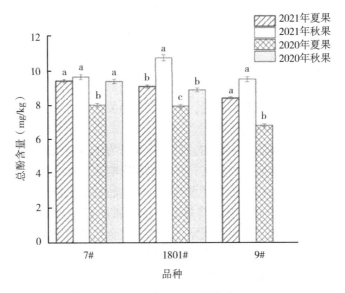

图3-1 不同品种枸杞总酚含量对比（$n=3$）

注：9#无秋果，不同小写字母表示同一品种不同时期具有统计学差异，$P<0.05$，下同。

照时间加长，有利于多酚含量增加，因此，秋果枸杞含量明显高于夏果枸杞。2021 年枸杞（夏/秋果）中总酚含量相较于 2020 年枸杞（夏/秋果）增加，可能与成熟期有关，2020 年枸杞成熟期在 6 月初，而 2021 年成熟期接近于 6 月下旬，采摘时间相差 20 d，成熟周期加长，有利于营养成分累积。

不同时期、不同品种枸杞中总黄酮含量见图 3-2。由图 3-2 可知，2020 年枸杞 7#、1801#、9#总黄酮含量在 13.740~26.714 mg/g，夏果枸杞总黄酮含量在 13.740~18.516 mg/g，秋果枸杞总黄酮含量在 20.221~26.714 mg/g，7#（夏/秋果）总黄酮含量最高，2021 年枸杞总黄酮含量在 15.895~29.500 mg/g，夏果枸杞总黄酮含量在 15.895~20.299 mg/g，秋果枸杞总黄酮含量在 26.267~29.500 mg/g，7#（夏果）总黄酮含量最高，1801#（秋果）总黄酮含量最高，2020 年、2021 年秋果枸杞总黄酮含量明显高于夏果，分别是夏果枸杞的 1.44~1.47 倍、1.45~1.65 倍，不同时期同一个品种枸杞总黄酮含量有统计学意义（$P<0.05$），1801#差异依然变化最明显，但 7#枸杞含量变化差异较小，可能与其成熟期有关，宁杞 7#枸杞的成熟期与 2020 年相差不大，可能是管理水平、施肥方式一致，造成多酚含量变化不显著。2021 年枸杞整体上总黄酮含量相较于 2020 年枸杞含量增加，这与采摘期有关系。由于植物生长受水分、光照和温度、土壤条件等多种环境因子相互制约，采摘期不同，环境因子不同，其活性成分含量不同，2021 年枸杞采摘期推迟，

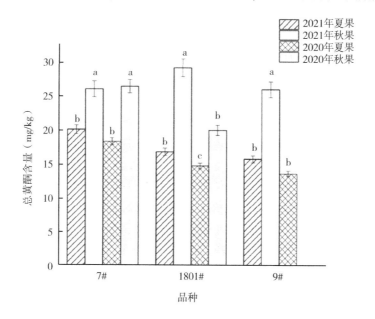

图 3-2　不同品种枸杞总黄酮含量对比（$n=3$）

总黄酮受光照时间加长，温度发生变化使总黄酮含量显著增加。

青海大学农林科学院李晨等对柴达木地区枸杞主栽品种的果实进行综合评价，包括9个枸杞主栽品种果实的农艺性状（干果百粒重、干果果形指数、单果鲜干比、单株产量）和主要内含物的含量（多糖、总糖、总黄酮、蛋白质、总酸、甜菜碱、维生素C、总氨基酸），具体结果见表3-1。通过显著性差异分析，9个主栽枸杞品种之间的12个方面的性状和品质特征在不同程度上均存在差异。除青杞1号和宁杞2号的干果百粒重没有显著差异外，其余各主栽品种之间的干果百粒重均表现出显著的差异性。在干果果形指数方面，各品种间具有显著差异，但是显著差异表现不明显。在单果鲜干比方面，蒙杞1号、宁杞4号、宁杞5号3个品种之间没有显著差异并且与其他品种有着较大显著差异。在单株产量方面，蒙杞1号、宁杞6号与其他品种都存在显著差异；青杞1号和宁杞1号与其他品种都存在显著差异；宁杞2号、宁杞3号、宁杞4号与其他品种都存在显著差异；宁杞7号与其他品种都存在显著差异。在多糖含量方面，各品种之间不存在显著差异。总糖含量方面，除宁杞1号、宁杞3号、宁杞4号这3个品种以及宁杞3号与宁杞7号之间存在显著差异，其他品种之间不存在显著差异。总黄酮含量方面，除青杞1号、宁杞1号、宁杞4号之间以及蒙杞1号、宁杞2号之间分别不存在显著差异，其余品种间都存在显著差异。在总酸含量方面，青杞1号、宁杞2号、宁杞3号、宁杞5号、宁杞7号之间不存在显著差异，在甜菜碱含量方面，各品种间不存在显著差异。在维生素C含量方面，各品种间存在显著差异，但是显著差异表现不明显。在总氨基酸含量方面，各品种之间不存在显著差异。

新疆林业科学经济林研究所刘凤兰对新疆主栽品种精杞1号、精杞2号、宁杞1号、宁杞5号、宁杞7号夏果和秋果17种氨基酸成分进行了检测分析，结果见表3-2。夏、秋果中蛋白质含量见图3-3。枸杞鲜果中氨基酸种类齐全，包括7种人体必需氨基酸（色氨酸未测）：苏氨酸、蛋氨酸、缬氨酸、赖氨酸、亮氨酸、异亮氨酸和苯丙氨酸，2种儿童必需氨基酸是组氨酸和精氨酸，及8种其他氨基酸，5个品种枸杞夏果氨基酸总量为1.860%~2.280%，精杞1号最低，精杞2号最高；秋果氨基酸总量为2.900%~4.030%，精杞1号最低，宁杞5号最高。相同品种的秋果中总氨基酸含量高于夏果。在夏果的各类氨基酸中，天冬氨酸含量最高，占总氨基酸的17.82%~23.66%，其次是谷氨酸和脯氨酸，甲硫氨酸含量最低，仅为0.65%~1.00%；秋果的各类氨基酸中，最高为谷氨酸，占总氨基酸的19.66%~27.05%，其次是脯氨酸和天冬氨酸，最低为甲硫氨酸，仅为0.58%~0.82%。

表3-1　9个枸杞主栽品种果实的主要品质性状

样品	干果百粒重 (g)	干果果形指数	单果鲜干比	单株产量 (kg)	多糖 (g/100 g)	总糖 (g/100 g)	总黄酮 (mg/100 g)	蛋白质 (g/100 g)	总酸 (g/100 g)	甜菜碱 (%)	维生素 C (mg/100 g)	总氨基酸含量 (g/100 g)
蒙杞1号	81.00b	4.02a	2.51ef	4.98e	0.80ab	20.4b	31.59d	3.12ab	3.55de	0.187a	1.28ab	2.812a
青杞1号	35.7e	3.80ab	3.69abe	14.78a	1.03ab	19.1c	44.75a	3.08ab	4.80a	0.148a	0.85abc	2.517ab
宁杞1号	32.79f	3.15c	3.35bed	14.94a	1.26a	16.3d	45.33a	2.81ab	3.97bed	0.143a	0.64c	2.133ab
宁杞2号	34.83e	2.86c	3.91ab	7.6d	0.54b	13.1f	32.26d	2.69abe	4.48ab	0.111a	0.77bc	2.435ab
宁杞3号	29.73g	3.30be	3.57abed	7.38d	0.69ab	15.6de	39.38b	2.61bc	4.48ab	0.157a	0.59c	2.135ab
宁杞4号	95.40a	2.94c	2.97de	7.21d	0.79ab	16.4d	4.82a	2.49bec	3.82cde	0.148a	0.53c	2.145ab
宁杞5号	44.87d	3.20be	3.08ede	9.61c	0.93ab	19.3c	25.06f	3.40a	4.42abc	0.202a	0.81abec	3.184ab
宁杞6号	62.37c	3.25be	3.17d	5.67e	0.80ab	21.8a	30.25e	3.17ab	3.23e	0.203a	1.38a	2.526ab
宁杞7号	41.97h	3.11c	4.02a	10.96b	0.82ab	14.8e	36.79c	3.20ab	4.64a	0.139a	1.09abe	2.778ab
标准差	22.10	0.36	0.46	3.45	0.19	2.70	6.95	0.29	0.51	0.030	0.29	0.340
平均值	50.97	3.29	3.36	9.24	0.85	17.42	36.69	2.95	4.15	0.160	0.88	2.520
变异系数 (%)	43.37	10.91	13.59	37.36	22.77	15.49	18.95	9.93	12.17	18.39	32.42	13.49

注：数字后的不同字母表示显著差异（P<0.05）。

表3-2 新疆主栽品种枸杞中氨基酸含量

单位:%

样品	夏果					秋果				
	精杞1号	精杞2号	宁杞1号	宁杞5号	宁杞7号	精杞1号	精杞2号	宁杞1号	宁杞5号	宁杞7号
天冬氨酸	0.440	0.420	0.360	0.360	0.420	0.450	0.340	0.440	0.500	0.500
苏氨酸	0.076	0.089	0.078	0.081	0.077	0.100	0.120	0.120	0.140	0.100
丝氨酸	0.130	0.140	0.140	0.140	0.140	0.200	0.180	0.200	0.200	0.150
谷氨酸	0.280	0.460	0.370	0.380	0.380	0.570	0.600	0.800	1.090	0.760
甘氨酸	0.050	0.062	0.062	0.058	0.050	0.067	0.092	0.082	0.096	0.087
丙氨酸	0.100	0.160	0.150	0.200	0.120	0.200	0.220	0.240	0.300	0.180
胱氨酸	0.028	0.036	0.026	0.032	0.034	0.058	0.060	0.053	0.056	0.056
缬氨酸	0.083	0.090	0.084	0.078	0.089	0.096	0.120	0.120	0.140	0.110
甲硫氨酸	0.012	0.017	0.014	0.015	0.020	0.022	0.024	0.020	0.025	0.022
异亮氨酸	0.043	0.058	0.054	0.051	0.038	0.064	0.081	0.074	0.092	0.078
亮氨酸	0.073	0.098	0.092	0.085	0.068	0.100	0.140	0.120	0.160	0.130
酪氨酸	0.038	0.048	0.046	0.038	0.036	0.042	0.056	0.048	0.058	0.051
苯丙氨酸	0.045	0.066	0.054	0.055	0.046	0.060	0.086	0.072	0.089	0.076
组氨酸	0.060	0.064	0.061	0.058	0.062	0.100	0.098	0.120	0.120	0.100
赖氨酸	0.070	0.076	0.084	0.072	0.068	0.094	0.120	0.110	0.120	0.110
精氨酸	0.210	0.180	0.140	0.140	0.190	0.140	0.160	0.180	0.200	0.200
脯氨酸	0.120	0.220	0.200	0.160	0.180	0.540	0.440	0.620	0.640	0.380
氨基酸总和	1.860	2.280	2.020	2.000	2.000	2.900	2.940	3.420	4.030	3.090

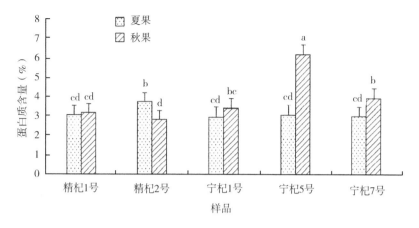

图 3-3 新疆主栽品种枸杞中蛋白质含量

3.1.2 不同产地枸杞有效成分含量

青海大学农林科学院郑耀文等对新疆、青海和甘肃对枸杞中总糖、多糖、总黄酮、甜菜碱及 β-胡萝卜素 5 种具代表性的生物活性成分进行比较分析。结果表明，不同产区枸杞中 5 种营养组分的差异性分析对数据进行单因素方差分析，结果如表 3-3 所示，5 种营养组分在枸杞中所占含量比例为总糖（46.04% ~ 68.30%）>枸杞多糖（3.12% ~ 5.44%）>甜菜碱（1.21% ~ 1.56%）>总黄酮（0.32% ~ 0.68%）>β-胡萝卜素（0.01‰ ~ 0.04‰），该结果可以清楚地得知枸杞中各营养组分的分布情况，以期进一步加强消费者对枸杞营养成分的了解。对数据进行 Levene 方差齐性检验，发现总糖、枸杞多糖、总黄酮和甜菜碱含量的数据方差满足齐次性，β-胡萝卜素含量的数据方差不齐性，因此，前者使用 LSD 法，后者使用 Games-Howell 法对数据进行多重比较。结果如表 3-2 所示，新疆枸杞的总糖、枸杞多糖、总黄酮和 β-胡萝卜素含量分别与青海枸杞和甘肃枸杞相比，均在 $P<0.05$ 水平上表现差异性显著，但这 4 个指标含量在青海和甘肃两产地间均表现为差异性不显著，分析可能由于青海和甘肃枸杞种植地的温度、降水量等气候条件相似导致两地部分枸杞的营养品质相近，因此，枸杞的总糖、枸杞多糖、总黄酮和 β-胡萝卜素含量指标可以很好地区分新疆枸杞；甘肃枸杞的甜菜碱含量分别与新疆枸杞和青海枸杞相比，均在 $P<0.05$ 水平上表现显著性差异，而该指标在新疆和青海两产地间表现为差异性不显著，因此，枸杞甜菜碱含量指标可以很好地区分甘肃枸杞。对 5 种营养组分在 3 个产区枸杞内的含量百分比数值大小进行比较，分析

可得，青海产区枸杞的枸杞多糖、总黄酮、甜菜碱和 β-胡萝卜素含量平均值均高于新疆、甘肃两地的枸杞，而新疆枸杞的总糖含量却是 3 个产区中最高的，由此可见，不同产区间枸杞的品质存在一定差异性，其营养组分含量具有一定地理表征。

表 3-3　不同产区枸杞的 5 种营养组分

枸杞产区	总糖 (g/100g)	枸杞多糖 (g/100g)	总黄酮 (g/100g)	甜菜碱 (g/100g)	β-胡萝卜素 (μg/100g)
新疆	65.89±2.41[a]	3.65±0.53[a]	0.36±0.06[a]	1.44±0.12[a]	15.72±3.27[b]
青海	49.91±2.66[b]	4.32±1.12[a]	0.55±0.13[a]	1.44±0.12[a]	29.94±8.48[b]
甘肃	49.97±2.41[b]	4.07±0.86[a]	0.53±0.11[a]	1.29±0.08[b]	24.66±5.21[a]

　　新疆农业大学张瑞对新疆精河县和宁夏中宁县两个产地枸杞 102 个样品中的 17 种氨基酸含量进行方差分析，结果显示，不同地域来源的枸杞样品中氨基酸含量有其各自的特征（表 3-4）。Asp、Val、Tyr、Phe、Lys 这 5 种氨基酸含量均存在显著的地域差异，其中 Val 存在极显著性差异（$P<0.01$），Asp、Tyr、Phe、Lys 这 4 种氨基酸存在显著性差异（$P<0.05$）。新疆精河县和宁夏中宁县样品的 Glu 含量最高，其次是 Asp、Pro，而 Cys 氨基酸含量最低；与宁夏中宁县枸杞相比，新疆精河县枸杞 Ala、Pro 氨基酸含量高于宁夏中宁县枸杞，其余 Asp、Thr、Ser、Glu、Gly、Cys、Val、Met、Ile、Leu、Tyr、Phe、His、Lys、Arg 15 种氨基酸含低于宁夏中宁县枸杞。

表 3-4　不同产地枸杞 17 种氨基酸含量差异

氨基酸	新疆精河县（$n=50$） $\overline{X}±S$	宁夏中宁县（$n=52$） $\overline{X}±S$
天冬氨酸*	1.57±0.25	1.80±0.32
苏氨酸	0.35±0.05	0.40±0.06
丝氨酸	0.55±0.09	0.65±0.08
谷氨酸	1.58±0.36	2.00±0.40
甘氨酸	0.27±0.05	0.34±0.06
丙氨酸	0.76±0.14	0.71±0.16
半胱氨酸	0.10±0.03	0.15±0.03
缬氨酸**	0.32±0.05	0.40±0.07
蛋氨酸	0.06±0.01	0.08±0.01

氨基酸	新疆精河县（n=50）	宁夏中宁县（n=52）
	$\bar{X}\pm S$	$\bar{X}\pm S$
异亮氨酸	0.24±0.05	0.30±0.06
亮氨酸	0.42±0.07	0.50±0.09
酪氨酸 *	0.14±0.03	0.19±0.04
苯丙氨酸 *	0.23±0.05	0.32±0.07
组氨酸	0.23±0.04	0.30±0.04
赖氨酸	0.32±0.05	0.44±0.07
精氨酸	0.78±0.13	0.85±0.13
脯氨酸	1.03±0.19	0.88±0.23

注：* 表示该元素在组间有显著性差异（$P<0.05$）；** 表示该元素在组间有极显著性差异（$P<0.01$）。

3.2 枸杞质量安全现状

3.2.1 枸杞中农药残留现状

乔浩（2017）对柴达木盆地枸杞中的农药质量安全进行评价研究。检测的 150 个枸杞样品中，有 96 个样品检出都检测出了农药，占比为 64%，实验检测到了 27 种农药种类（毒死蜱和氯氰菊酯是中毒农药，其余的 25 种农药均属于低毒），其检出农药的样品数、检出率和含量水平值见表 3-5。被检测到的所有农药中，啶虫脒和吡虫啉的检出率最高，分别为 51.3% 和 40.7%；6 种农药的检出率相对较高，在 10.7%～24.7%；13 种农药的检出率在 1.3%～9.3%；其余的 6 种农药的检出率均在 1% 以下。检出的 27 种农药，除了国标规定的吡虫啉和氯氰菊酯两种农药外，其余的 25 种农药中国尚未制定枸杞中的最大残留限量。检测的 150 个枸杞样品中，有 32 个样品农药残留超过欧盟最大残留限量标准，其中超标率最高的是哒螨灵，达到了 9.3%。

表 3-5　柴达木盆地枸杞中 27 种农药的残留水平

农药	毒性	最大残留限量（mg/kg）	检出残留的样品数	检出率（%）	残留水平（mg/kg）
多菌灵	低毒		32	21.3	0.0040～1.0023

（续表）

农药	毒性	最大残留限量（mg/kg）	检出残留的样品数	检出率（%）	残留水平（mg/kg）
烯酰吗啉	低毒		2	2	0.0339~0.0695
三唑酮	低毒		5	3.3	0.0173~0.0358
三唑醇	低毒		25	16.7	0.0043~1.1160
毒死蜱	中毒		16	10.7	0.0168~0.8537
克螨特	低毒		34	22.7	0.0001~1.4318
螺螨酯	低毒		17	11.3	0.0048~0.1711
哒螨灵	低毒		37	24.7	0.0058~0.1072
氟硅唑	低毒		3	2	0.0067~0.1461
乙螨唑	低毒		1	0.7	0.0088
丙环唑	低毒		1	0.7	0.0498
噻虫嗪	低毒		5	3.3	0.0333~1.2640
腈菌唑	低毒		3	2	0.0124~0.2792
四螨嗪	低毒		2	1.3	0.0217, 0.1477
己唑醇	低毒		1	0.7	0.2898
二甲戊灵	低毒		2	1.3	0.0188, 0.0384
灭幼脲	低毒		1	0.7	0.0056
啶虫脒	低毒		77	52.3	0.0051~1.8568
吡虫啉	低毒	1	61	40.7	0.01~1.1203
双甲脒	低毒		4	2.7	0.0315~0.0586
溴螨酯	低毒		6	4	0.1116~0.1724
虫螨腈	低毒		7	4.7	0.0403~0.0954
氯氰菊酯	中毒	2	14	9.3	0.01~0.2
氯菊酯	低毒		7	4.7	0.0702~0.1756
五氯硝基苯	低毒		1	0.7	0.1031
乙烯菌核利	低毒		5	3.3	0.0878~0.1101
苯醚甲环唑	低毒		1	0.7	0.0057

新疆农业科学院陈霞等（2016）对新疆枸杞中农药残留污染物进行风险评估研究，研究结果表明：检测的25个枸杞样品中，48%的样品检出了农药残留，共检出农药12种。在检出的12种农药中，5种农药的检出率在5%以上，以毒死蜱、氰戊菊酯、苯醚甲环唑的检出率最高，分别为20%、12%和

16%；7 种农药的检出率均为 4%。检出的 12 种农药中，丙溴磷、联苯菊酯、氰戊菊酯、溴氰菊酯、甲氰菊酯、克螨特、戊唑醇 7 种农药中尚未制定枸杞中的最大残留限量。检出的 12 种农药均具有危害性，以后应注意其使用情况。枸杞中 12 种农药的残留水平见表 3-6。

表 3-6　新疆枸杞中 12 种农药的残留水平

农药	最大残留限量（mg/kg）	检出残留的样品数	检出率（%）	残留水平（mg/kg）
毒死蜱	≤0.10	5	20	0.109~0.275
丙溴磷	—	1	4	0.5280
联苯菊酯	—	1	4	0.0164
氯氟氰菊酯	≤0.20	1	4	2.2200
哒螨灵	≤0.01	2	8	0.194，1.09
氯氰菊酯	≤0.05	1	4	0.1940
氰戊菊酯	—	3	12	0.284~0.616
溴氰菊酯	—	2	8	3.11，3.59
苯醚甲环唑	≤0.01	4	16	0.0784~0.212
甲氰菊酯	—	1	4	0.1480
克螨特	—	1	4	0.1450
戊唑醇	—	1	4	0.4120

3.2.2　枸杞中重金属污染现状

新疆农业科学院陈霞等（2016）开展新疆枸杞重金属污染物风险评估研究。根据《绿色食品枸杞及枸杞制品》中规定的限量值来做安全性评价。通过分析比较 15 个枸杞干果制品、10 个枸杞鲜果中重金属含量，结果表明枸杞鲜果和干果中汞含量均低于方法检出限，砷、铅、镉含量均低于《绿色食品枸杞及枸杞制品》中规定的限量值，标准中未规定汞、铜的最大残留限量值，砷、铅、镉含量虽然并未超过《绿色食品枸杞及枸杞制品》中规定的限量标准，但属于今后需要重点关注的危害因子。新疆枸杞（干果制品）中重金属含量及安全性评价见表 3-7，新疆枸杞（鲜果）中重金属含量及安全性评价见表 3-8，研究结果表明：砷、铅、汞、镉 4 种重金属 100%检出，一定程度上说明枸杞中重金属含量不低，是枸杞中重金属重点防控的危害因子，做好防控措施。

表 3-7　新疆枸杞（干果制品）中重金属含量及安全性评价　　单位：mg/kg

样本来源	样本数	汞	砷	铜	铅	镉
农户	3	<0.003	0.12	8.3	0.10	0.023
企业	2	<0.003	0.056	9.6	0.067	0.029
交易市场	4	<0.003	0.13	8.3	0.078	0.023
农贸市场	5	<0.003	0.14	8.9	0.11	0.018
加工厂	1	<0.003	0.15	9.5	0.21	0.026
最小值	—		0.056	8.3	0.067	0.018
最大值	—		0.15	9.6	0.21	0.029
平均值	—		0.12	8.9	0.11	0.024
限量标准	—		≤1	—	≤1	≤0.3

表 3-8　新疆枸杞（鲜果）中重金属含量及安全性评价　　单位：mg/kg

样本来源	样本数	汞	砷	铜	铅	镉
农户	7	<0.003	0.11	3.24	0.052	0.010
企业	1	<0.003	0.005	8.20	0.035	0.011
生产基地	2	<0.003	0.11	2.90	0.042	0.010
最小值	—		0.005	2.90	0.035	0.010
最大值	—		0.11	8.20	0.052	0.011
平均值	—		0.008	4.78	0.043	0.010
限量标准	—		—	—	≤0.2	≤0.05

3.3　小结

不同产区间枸杞的品质存在一定差异性，其营养组分含量具有一定地理表征，可以作为枸杞产地识别的可选指标。

枸杞中农药残留和重金属均有部分指标检出，枸杞整体质量处于安全水平，但检出指标存在一定风险，应加强管理和防范。

4 宁夏不同品种及生育期枸杞中元素差异性研究

宁夏作为中国枸杞的原产地和道地产区，人工种植枸杞的历史已达 600 年之久，由于得天独厚的地理位置和自然条件，使宁夏生产的枸杞粒大、皮薄、肉厚、色泽鲜艳、含糖高，不仅外观赏心悦目，内在品质更属上乘，现已成为宁夏一张亮丽的名片，枸杞子已然是宁夏地理标志产品之王牌。自1987 年，国家卫生部已将枸杞列为药食同源植物之一，国家医药管理局将宁夏确定为全国唯一药用枸杞基地，并列为全国十大药材生产基地之一。枸杞产业已成为宁夏农村经济社会发展、农业增效、农民增收的重要特色优势产业。

随着环境污染和食品安全问题的日趋严峻，食品的地域来源普遍受到各国管理部门和消费者的高度关注。各国纷纷出台政策，保护地区名牌，保护特色产品。中国于 2008 年 2 月 1 日实施了《农产品地理标志管理办法》，以保护地区名优特农产品。消费者希望了解所购买食品的安全性和可靠性的需求日益增加，在高价值食品中掺入低品质组分或将高价值食品替换为低品质组分的现象令人堪忧，将廉价的产品使用虚假标签标注为高价值品牌，然后作为顶级产品出售，也可以获取高额利润，对于与特定产地相关的食品而言尤其如此。因此，为了保护宁夏枸杞品牌、杜绝假冒伪劣产品，需要使用科学的技术手段进行监测和检查。食品产地溯源和确证技术是近年来各国学者研究和发展的一项新技术，它能够为地理标志产品、地区名优特产品的追溯和甄别提供技术支撑。

矿质元素不仅能凸显农产品的区域特征，而且较其他成分稳定，是理想的溯源指标。国内外研究发现，矿质元素指纹分析技术结合多元统计学方法可以应用在植物源性农产品的产地溯源领域，产地溯源正确率较高，效果较好。前人从地域特征指标筛选、技术方法的可行性分析，到判别模型建立、验证等方面，均进行了不同程度的探索。但是目前产地溯源的可行性、有效性研究多，而溯源指标稳定性及探讨机理研究少，尤其是矿物元素、近红外光谱、有机成分等溯源技术机理研究非常薄弱。

近年来，国家大力实施品牌兴农、质量强农战略，一大批具有鲜明地域特色的名优产品被认定为国家地理标志产品，有效地推进了农业生产的标准化、产品品牌价值的提升和产业集群发展，对区域经济的发展贡献度不断加大。以宁夏枸杞为例，自2006年实施地理标志产品保护以来，逐渐成为宁夏枸杞种植的龙头和支柱产业。对食品的原产地进行认证和追溯是欧盟、美国、日本、新西兰等许多发达国家和地区的通行做法，通过食品产地追溯体系的建设，一方面为原产地标识的保护提供技术支撑，另一方面也是实施"从农田到餐桌"安全全程控制的必要手段。因此，研发可靠有效的产地判别技术，成为构建产地追溯体系、保护地理标志产品、落实食品标签法规和保障食品安全的迫切需求。

食品产地溯源及确证技术是基于能够表明食品地域特征的化学分析方法和多元数理统计方法建立的一套甄别食品地域来源的技术体系。目前食品产地溯源技术主要采用稳定性同位素指纹分析、矿物元素指纹分析、近红外光谱指纹分析、有机成分指纹分析等不同分析方法，结合多元数理统计方法，从地域特征指标筛选、技术方法的可行性分析，到判别模型建立、验证等方面，建立起能区分农产品产地来源的特征指纹图谱，从而对不同种类农产品进行产地溯源。

农产品产地溯源的关键是探寻表征不同地域来源食品的特异性地理指纹信息。食品种类繁多、生长区域广阔，而且地理指纹信息还受季节、年际等因素的影响，需要不断探索研究与食品地域密切相关，且相对稳定的溯源指标体系，建立稳定、有效、实用的地域判别模型。此外，食品产地溯源及确证技术方法的标准化、规范化，判别模型和数据库的信息化、网络化能提高其应用效率，扩大其应用范围，是今后重要的研究方向。

矿物元素指纹溯源技术检测指标比较多，不同研究者针对不同地域、不同研究对象检测的元素种类差异很大。因此，矿物元素指纹溯源技术研究中指标筛选非常重要，需要结合研究区域的土壤、地质情况，研究对象对矿物元素的富集情况，以及不同地域之间矿物元素指纹的差异等进行分析，筛选出稳定、有效的溯源指标，用于建立判别模型。食品组成成分复杂，其产地溯源及确证研究中检测指标多，数据量大，对产地特性信息的提取需要依靠包括方差分析、多重比较分析、聚类分析、主成分分析和判别分析等的化学计量学方法实现。目前产地溯源的可行性、有效性研究较多，但溯源指标稳定性及机理探讨的相关研究较为缺乏，虽然采用更多的溯源指标建立的产地判别模型可以提高产地判别的正确率，但是不稳定的溯源指标不仅增加了溯源的工作量，也浪费了溯源成本。

鉴于此，以宁夏基地枸杞为模拟试验对象，采用电感耦合等离子体质谱技术，分析枸杞产地土壤及枸杞整个成熟期（幼果期、青果期、黄变前期、黄变后期、红熟期）及不同茬枸杞中的矿物元素含量，探明矿物元素在生长期内的变化规律，筛选枸杞的"成熟度区分因子"；研究矿物元素在土壤-枸杞系统中的迁移转化规律，解析矿物元素来源，确定可有效表征枸杞地域信息的稳定溯源指标。研究成果可为枸杞产地矿物元素指标体系的建立提供理论依据和数据支撑。

4.1　实验材料和分析方法

4.1.1　实验材料

不同品种枸杞样品：供试的 4 个品种［宁杞 1 号（$n=8$）、宁杞 5 号（$n=4$）、宁杞 7 号（$n=8$）和宁杞 9 号（$n=6$）］均采自宁夏中宁县枸杞基地。于 2018 年 7—10 月采集鲜果，自然晒干，在 50℃烘箱中烘干，烘干后的枸杞样品进行充分研磨，放置在-20℃冰箱中保存备用。

杞样品采自宁夏中宁、固原、银川 3 个产地的 3 个基地（37°19′10″~37°28′19″N，105°34′25″~105°55′8″E），不同成熟度枸杞于二茬果成熟前后的 5 个成熟阶段（7 d 幼果期、14 d 青果期、21 d 黄变前期、28 d 黄变后期和 35 d 红熟期）采集鲜果，见图 4-1。同时采集 1~4 茬/5 茬成熟的鲜果样品。鲜样经晒干后，置于 50℃烘箱中烘 1~2 d，然后进行充分研磨，过 100 目筛后放置在-20℃冰箱中保存备用。

4.1.2　仪器与试剂

ELAN DRC-e 型 ICP-MS 仪（美国 Perkin Elmer 公司）；Mars6 Xpress 微波消解仪（美国 CEM 公司），内置双光路温度控制系统和全罐异常压力监控系统；石墨炉消解仪（北京莱伯泰科公司）；Milli Plus 2150 超纯水处理器（美国 MILLIPORE 公司）；梅特勒-托利多电子天平（AL104）；元素分析-同位素比率质谱仪（英国 Elementar 公司）。

本项目选择 4 组混合标准溶液。包括 As、Ba、B、Bi、Be、Cd、Co、Cr、Cs、Cu、Fe、Li、Mg、Mn、Eu、Ni、Pb、Rb、Se、Sr、Tl、V、Zn、Ge、Mo、Nb、Ca、Ce、Dy、Gd、Ho、Nd、Pr、Sm、Tb、Lu、Tm、Y、Yb、Er、La、Sc、Sb、Sn、Ti、Zr、Pd、Ag、Ta、Hf、W、Ir、Pt、Ga、Hg、Rh 元素，外加

幼果期　　　　　　　　　青果期
（7d）　　　　　　　　　（14d）

黄变前期　　　　黄变后期　　　　红熟期
（21d）　　　　（28d）　　　　（35d）

图4-1　不同成熟度枸杞（见书后彩图）

Hg元素标准溶液，共计57种元素。硝酸、盐酸均为优级纯；试验用水为一级水。

标准物质GBW10047（生物成分分析标准物质——胡萝卜）为中国地质科学院地球物理地球化学勘查研究所研制。

4.1.3　试验方法

4.1.3.1　样品前处理

采用微波消解法处理样品，消解后的样品用ICP-MS测定。具体步骤如下。

微波消解法消解样品，具体操作步骤：称取0.5 g（精确到0.0001 g）枸杞样品或者胡萝卜质控样品置于微波消解管中，加入10 mL硝酸，常温静置3 h后，放入微波消解仪中进行样品消解，选择温度控制，5 min爬升至120℃，保持10 min；5 min爬升至150℃，保持20 min；5 min爬升至185℃，保持30 min，消解完毕后冷却，轻轻拧开盖子，将微波消解管置于赶酸仪上，120 ℃赶酸2 h，然后冷却至室温，用一级水洗至50 mL刻度试管中，并用一级水定容至 25.0 mL，摇匀；同时做试剂空白。

4.1.3.2 标准溶液配制

采用外标法进行定量，精密量取"4.1.2"项下混合标准品溶液适量，置于 10 mL 容量瓶中，分别加 3% 硝酸溶液稀释，制成质量浓度分别为 0.5 μg/L、1.0 μg/L、5.0 μg/L、10.0 μg/L、25.0 μg/L、50.0 μg/L、100.0 μg/L、200.0 μg/L、500.0 μg/L、1000.0 μg/L 的系列混合标准溶液；另精密量取 Hg 单元素标准溶液适量，置于 10 mL 容量瓶中，加 3% 硝酸，制成质量浓度为分别 0.005 μg/L、0.01 μg/L、0.05 μg/L、0.1 μg/L、0.5 μg/L、1.0 μg/L、2.0 μg/L、4.0 μg/L、8.0 μg/L、10.0 μg/L 的系列 Hg 标准溶液。3 次重复测定。

4.1.3.3 检出限与定量限考察

采用 ICP-MS 测定枸杞中矿物元素含量，具体的工作条件为：发生器功率为 1300 W；雾化器流量为 0.95 L/min；等离子炬冷却气流量为 17.0 L/min；辅助器流量为 1.20 L/min；检测器模拟阶电压为 -2350V；离子透镜电压为 6.00V。仪器测定枸杞样品及胡萝卜标准物质中 57 种元素，标准物质测定值在标准值范围内，连续测定试剂空白溶液 11 次，以信号响应值的 10 倍标准偏差（10SD）对应的元素质量浓度值作为定量限，以信号响应值的 3 倍标准偏差（3SD）对应的元素质量浓度值作为检出限，仪器元素的检出限和定量限见表 4-1。

因此，可初步建立同时准确测定 57 种元素的电感耦合等离子体质谱检测方法。称样量为 0.5000 g，定容体积为 25 mL 时，57 种元素的方法检出限在 0.0041~103.7 μg/kg 范围内。

4.1.4 数据分析

应用 SPSS 25.0 统计学软件对不同产地枸杞样品中元素含量进行多重比较分析和差异显著性检验；对枸杞中元素进行 Person 相关性分析；采用主成分分析（PCA）对枸杞样品中的元素指标进行主成分分析；采用 Fisher 判别分析法和正交-偏最小二乘法（OPLS-DA）对不同成熟阶段枸杞、不同茬次及不同产地枸杞样品进行判别模型的构建；应用 Origin 8.5 绘制不同成熟阶段、不同茬次枸杞中矿物元素的变化规律；采用 R 语言绘制不同茬次枸杞与土壤中矿物元素的相关性热图。

表 4-1 ICP-MS 仪器测定矿物元素标准曲线、检出限和定量限

元素	工作方程	相关系数	检出限 (μg/kg)	定量限 (μg/kg)	元素	工作方程	相关系数	检出限 (μg/kg)	定量限 (μg/kg)
As	$Y=4.2093x$	0.99989	0.25	0.83	Pr	$Y=18.7562x$	0.99999	0.00051	0.0017
B	$Y=3.9865x$	0.99963	1.55	5.2	Rb	$Y=56.7714x$	0.99980	0.000097	0.00032
Ba	$Y=32.081x$	0.99998	0.0056	0.019	Sb	$Y=4.43408x$	0.99999	0.035	0.12
Be	$Y=3.95556x$	0.99948	0.39	1.3	Sc	$Y=24.658x$	0.99990	0.019	0.063
Bi	$Y=30.1709x$	0.99998	0.00039	0.0013	Se	$Y=0.987727x$	0.99993	5.69	19.0
Cd	$Y=13.5238x$	0.99992	0.0033	0.011	Sm	$Y=7.14982x$	0.99999	0.0086	0.029
Ce	$Y=23.6502x$	0.99999	0.00043	0.0014	Sn	$Y=6.34448x$	0.99998	0.024	0.080
Co	$Y=12.2957x$	0.99997	0.011	0.037	Sr	$Y=110.688x$	0.99957	0.00021	0.00070
Cr	$Y=13.8042x$	0.99995	0.032	0.11	Tb	$Y=71.1227x$	0.99996	0.000028	0.000093
Cs	$Y=33.6096x$	0.99998	0.00011	0.00037	Ti	$Y=11.8888x$	0.99995	0.099	0.33
Cu	$Y=11.7554x$	0.99989	0.014	0.047	Th	$Y=52.2083x$	0.99998	1.27	4.23
Dy	$Y=16.8151x$	0.99997	0.0010	0.0033	Tl	$Y=90.1821x$	0.99984	0.000074	0.00025
Er	$Y=27.982x$	0.99995	0.00051	0.0017	Tm	$Y=136.841x$	0.99988	0.000006	0.000023
Eu	$Y=35.3856x$	0.99997	0.00015	0.00050	U	$Y=89.6305x$	0.999963	0.000052	0.00017
Gd	$Y=12.4234x$	0.99998	0.0017	0.0057	V	$Y=17.9969x$	0.99994	0.085	0.283
Ge	$Y=7.88732x$	0.99991	0.039	0.13	Y	$Y=97.1769x$	0.99976	0.000027	0.000090
Hg	$Y=134.757x$	0.99342	0.000034	0.00011	Yb	$Y=46.5331x$	0.99987	0.000076	0.00025

（续表）

元素	工作方程	相关系数	检出限（μg/kg）	定量限（μg/kg）	元素	工作方程	相关系数	检出限（μg/kg）	定量限（μg/kg）
Ho	$Y=140.913x$	0.99987	0.0000063	0.00002	Fe	$Y=2.39789x$	0.99846	107.6	359
La	$Y=16.8928x$	0.99999	0.0050	0.017	Zn	$Y=6.88732x$	0.99962	0.42	1.40
Li	$Y=9.35304x$	0.99979	0.021	0.070	Ta	$Y=134.574x$	0.99986	0.000041	0.00014
Lu	$Y=155.069x$	0.99985	0.0000041	0.000014	Ir	$Y=38.9155x$	0.99994	0.00013	0.00043
Mg	$Y=11.3828x$	0.99988	0.29	0.97	Pt	$Y=10.2651x$	0.99996	0.0057	0.019
Mn	$Y=14.9002x$	0.99997	0.017	0.057	W	$Y=22.2521x$	0.99995	0.00079	0.0026
Mo	$Y=21.1072x$	0.99972	0.0042	0.014	Hf	$Y=45.8788x$	0.99989	0.00014	0.00047
Nb	$Y=70.7508x$	0.99979	0.000056	0.00019	Pd	$Y=7.593x$	0.99996	0.022	0.073
Nd	$Y=18.7188x$	0.99996	0.0013	0.0043	Ga	$Y=18.8203x$	0.99992	0.007	0.023
Ni	$Y=4.87906x$	0.99990	0.30	1.0	Zr	$Y=32.5949x$	0.99987	0.0012	0.0040
Pb	$Y=17.1022x$	0.99999	0.0014	0.0047	Ca	$Y=24.748x$	0.99977	103.7	348.8
Rh	$Y=50.5563x$	0.9999	0.00016	0.00053					

4.2 宁夏不同品种枸杞中元素含量分析

枸杞品种差异是否会影响产地溯源判别是需要明确的溯源关键。对中宁地区采集的 4 个枸杞品种中 26 种元素进行方差分析及多重比较（表 4-2），结果显示：7 号枸杞与 9 号枸杞中 B、1 号枸杞与 5 号枸杞中 Li、5 号枸杞与 1 号和 9 号枸杞中 Co、7 号枸杞与 5 号枸杞中 La 存在显著性差异（$P < 0.05$），而其他元素在不同品种枸杞中不存在显著差异，说明同一产地的不同品种枸杞对矿物元素的累积效应不存在显著差异。本研究对枸杞主产区中宁县的 4 个枸杞品种的产地溯源研究表明，枸杞品种对产地溯源鉴别并无明显影响，而此前 Damak 等对橄榄油、赵海燕等（2011）对小麦产地溯源的研究也得出了类似的结论。枸杞品种主要影响的是枸杞中的有机成分。

4.3 不同成熟阶段枸杞中矿物元素分布特征

矿物元素分析技术是被公认的植物源性食品产地判别中最有效、最有前景的方法之一，已被广泛应用。但目前溯源指标稳定性及机理探讨的相关研究较为缺乏，不稳定的溯源指标不但增加了溯源的工作量，也可能影响稳定溯源模型的建立，因此，本试验以宁夏中宁、固原、银川 3 个产地基地枸杞为研究对象，检测分析枸杞二茬果实成熟前后不同成熟阶段枸杞中 57 种矿物元素含量，阐明不同成熟阶段枸杞元素含量变化特征，研究结果以期为枸杞产地溯源提供数据支撑。

4.3.1 不同成熟阶段枸杞矿物元素含量分析

对固原、银川、中宁 3 个产地幼果期、青果期、黄变前期、黄变后期和红熟期 5 个成熟期枸杞中 57 种矿物元素含量进行方差分析，结果见表 4-2。由表 4-2 可知，所有元素在枸杞中 5 个成熟阶段均有检出。为了方便讨论，将57 种矿物元素按照其在枸杞生长过程中的作用分为有益元素、稀土元素、有害金属元素和其他元素。

表4-2　不同品种枸杞中26种元素含量（mg/kg）及方差分析

品种	Al	As	B	Ba	Cd	Cr	Co
1号	242.2±70a	0.035±0.012a	10.7±2.0ab	0.70±0.40a	0.086±0.07a	0.67±0.24a	0.059±0.04b
5号	270.3±152a	0.033±0.018a	10.4±0.32ab	1.27±0.65a	0.027±0.02a	0.91±0.13a	0.119±0.05a
7号	244.9±88a	0.040±0.020a	8.6±0.63b	0.80±0.37a	0.031±0.007a	0.62±0.18a	0.091±0.02ab
9号	338.3±123a	0.041±0.020a	12.4±4.4a	1.11±0.58a	0.038±0.02a	0.79±0.28a	0.067±0.02b

品种	Se	Hg	Cu	Li	Mg	Mn	Mo
1号	0.036±0.019a	0.0026±0.0009a	8.30±2.8a	0.90±0.48b	1337±144a	10.2±3.8a	0.22±0.09a
5号	0.027±0.003a	0.0029±0.0017a	7.53±2.6a	1.81±0.31a	1349±140a	11.1±3.2a	0.28±0.18a
7号	0.031±0.005a	0.0029±0.0015a	7.43±1.7a	1.20±0.33ab	1200±196a	9.8±1.9b	0.34±0.05a
9号	0.030±0.011a	0.0018±0.0008a	5.20±2.7a	1.31±0.52ab	1273±258a	10.3±1.5a	0.30±0.13a

品种	Ni	Sc	Rb	La	Sr	Ti	Th
1号	0.82±0.40a	0.039±0.012a	5.85±5.0a	0.058±0.036ab	5.64±4.0a	6.5±2.0a	0.019±0.015a
5号	0.74±0.33a	0.030±0.009a	5.43±5.7a	0.032±0.014b	11.1±5.0a	8.0±6.5a	0.027±0.002a
7号	0.66±0.33a	0.035±0.009a	2.90±0.8a	0.084±0.040a	7.1±3.1a	5.1±2.2a	0.014±0.006a
9号	0.63±0.24a	0.029±0.010a	5.23±2.3a	0.043±0.021ab	12.6±8.2a	8.4±6.1a	0.021±0.010a

品种	Fe	Zn	P	Ca	Pb
1号	61.5±20a	15.3±3.3a	2315±268a	910±240a	0.21±0.13a
5号	62.8±20a	19.1±13.7a	2558±466a	773±277a	0.15±0.09a
7号	64.0±16a	17.3±2.7a	2031±512a	638±173a	0.19±0.09a
9号	59.1±14a	13.9±6.6a	2492±437a	707±147a	0.14±0.05a

注：同列中不同小写字母表示在$P<0.05$水平上差异显著。

枸杞果实中微量元素的含量与枸杞的药用价值密切相关，很多微量元素有害或无害是相对的，有益必需的微量元素，若改变其存在状态或浓度，它就会产生毒害作用。例如，V 是植物生长非必需的微量元素，低浓度 V 会促进植物生长发育，但高浓度 V 对植物产生毒性作用。由表 4-3 可知，对枸杞 5 个成熟阶段样品中的 11 种有益元素进行检测分析，并计算 Fe/Mn 比值。由表 4-2 可知，3 地各成熟期的干果中 Cu、Co、B、Mg、Mn、Mo、Fe、Zn、Ca、Se、V 含量范围分别为 6.2~16.6 mg/kg、0.056~0.23 mg/kg、9.5~15.5 mg/kg、1483~3749 mg/kg、15.9~40.6 mg/kg、0.19~0.84 mg/kg、49.4~92.0 mg/kg、9.1~57.0 mg/kg、714~3273 mg/kg、0.0060~0.044 mg/kg、0.051~0.14 mg/kg。枸杞作为一种药食同源食品，是一种常用的中药材，中药的功效不是由单一成分的多少决定，而是由多种成分按照合理的比例共同作用的结果，中药中微量元素的生理作用也不能从单一元素的绝对含量来分析，而应该结合不同元素的比例来看，牛艳等研究认为，适当的 Fe/Mn 比值可能是宁夏中宁枸杞品质较好的重要原因之一，有研究表明，中药药性从温热到寒凉与 Fe/Mn 比呈正相关，热药的 Fe/Mn 比在 0.7 左右，温药为 3.0 左右。中宁、银川枸杞果实中 Fe/Mn 比在 2.10~3.92，红熟期的 Fe/Mn 比值最高，可以确定中宁、银川枸杞属于温药，而固原枸杞果实中 Fe/Mn 比在 1.47~2.31，红熟期的 Fe/Mn 比值最低，可以确定固原枸杞介于热药和温药之间。利用 ANOVA 单因素方差分析比较了不同成熟阶段枸杞中有益元素含量差异性，除中宁枸杞 Se 元素外，其余有益元素在枸杞不同成熟阶段均具有显著性差异（$P<0.05$）。

稀土元素是元素周期表中 15 种镧系元素、Sc 元素和 Y 元素的总称，在植物体内相对比较稳定。稀土元素以不同形态广泛分布于土壤中，通常主要以难溶残渣态的形式存在，但也存在可被植物吸收利用的水溶态、可交换态和有机态。植物源性农产品中稀土元素来源与地域环境具有较强的关联性，近年来，稀土元素已被广泛应用于农产品产地溯源研究中。本书对不同成熟阶段枸杞中的 16 种稀土元素含量进行分析，结果见表 4-3。各成熟阶段枸杞中 16 种稀土元素含量均较低，其中 La、Ce、Nd 轻稀土元素及 Sc、Y 含量在枸杞中的分布较其他稀土元素丰富。La 含量最高，为 0.053~0.18 mg/kg，其次是 Ce、Nd、Sc、Y，含量分别为 0.035~0.12 mg/kg、0.014~0.049 mg/kg、0.011~0.034 mg/kg、0.0044~0.024 mg/kg，之后是 Pr、Eu、Yb、Dy、Er、Gd、Sm，含量为 10^{-9} 数量级，Tb、Ho、Tm、Lu 含量较低，含量为 10^{-10} 数量级，枸杞中稀土元素显示出轻稀土元素富集、重稀土元素亏欠的特征，这与齐国亮等（2014）的研究结果相同。利用 ANOVA 单因素方差分析比较了不同成熟阶段枸杞中稀土元素含量差异性，结果表明，除了 Eu、Tb、Tm、Lu 外，其余 12 种

表4-3 构杞不同成熟阶段矿物元素特征平均值及总体差异性比较

阶段	产地	Cu	Co	B	Mg**	Mn	Mo	Fe	Zn	Ca**	Se
幼果期	银川	8.0±0.1b	0.057±0.001c	12.5±0.2c	3.60±0.20a	31.9±2.8b	0.34±0.007c	88.4±1.8b	12.3±0.7b	2.26±0.21a	0.007±0.001e
	中宁	15.6±0.57a	0.21±0.01b	13.6±0.5b	3.32±0.1a	29.3±1.0a	0.53±0.01b	83.8±3.9b	29.5±1.6b	3.23±0.06a	0.020±0.01a
	固原	8.8±0.42b	0.12±0.005c	13.9±0.8a	3.31±0.16a	40.2±0.6a	0.70±0.0c	91.8±0.2a	26.4±1.6b	2.92±0.03a	0.040±0.005a
	平均值	10.8±4.2A	0.12±0.07A	13.3±0.7A	3.±1.2A	33.8±1.1A	0.52±0.2A	88.0±4.1A	22.8±9.2A	2.80±0.5A	0.02±0.02A
青果期	银川	9.2±0.4a	0.064±0.006b	15.3±0.3a	3.58±0.1a	36.0±1.9a	0.41±0.0a	80.1±1.8a	16.6±0.4a	2.24±0.1a	0.010±0.001d
	中宁	16.2±0.49a	0.22±0.01a	14.2±0.0a	3.03±0.03b	28.4±0.0a	0.62±0.03a	66.6±0.2b	28.5±0.4b	2.36±0.01b	0.026±0.004a
	固原	8.9±0.39b	0.15±0.008a	13.1±0.4a	2.74±0.14b	36.7±1.4ab	0.74±0.02b	83.6±1.8b	24.4±1.8b	1.95±0.01b	0.031±0.01abc
	平均值	11.42±4.1A	0.14±0.07A	14.2±1.1A	3.11±0.42AB	33.7±2.3A	0.59±0.2A	76.7±8.7ab	23.2±6.1A	2.18±0.2B	0.02±0.01A
黄变前期	银川	9.3±0.7a	0.072±0.004a	14.4±0.8b	3.00±0.05b	32.5±0.4b	0.40±0.0b	68.6±0.9a	16.1±2.1a	1.86±0.03b	0.013±0.000c
	中宁	13.4±0.0b	0.13±0.004c	12.2±0.2c	2.22±0.06c	19.0±0.4b	0.48±0.02c	50.2±0.2c	24.3±0.1c	1.62±0.01c	0.021±0.001a
	固原	10.0±3.0a	0.13±0.04b	13.2±2.8b	1.06±0.04b	36.6±14ab	0.84±0.3a	75.2±24c	31.0±11a	1.58±0.64c	0.033±0.007ab
	平均值	10.91±2.2A	0.11±0.03A	13.3±1.0A	2.65±0.4B	29.4±5.6A	0.58±0.2A	64.7±13.0B	23.8±7.5A	1.68±0.15B	0.02±0.01A
黄变后期	银川	9.6±0.05a	0.073±0.003a	12.1±0.09c	2.15±0.01c	24.4±0.4c	0.34±0.007d	67.9±9.2a	16.0±0.1a	1.32±0.04c	0.028±0.001a
	中宁	12.7±0.04b	0.12±0.006d	11.2±0.5d	1.81±0.11d	16.8±1.2c	0.41±0.00d	50.0±0.8c	22.8±0.4c	1.34±0.06d	0.026±0.007a
	固原	8.7±0.1b	0.11±0.002c	10.1±0.04b	1.75±0.0c	25.8±0.1c	0.56±0.0d	62.8±11d	19.8±0.4c	1.00±0.02d	0.026±0.001ab
	平均值	10.32±2.1A	0.09±0.02A	11.1±1.0B	1.90±0.21C	22.3±3.1A	0.43±0.11A	60.2±9.2B	19.5±3.4A	1.22±0.19C	0.02±0.00A
红熟期	银川	6.2±0.1c	0.060±0.006bc	9.3±0.2d	1.38±0.11d	15.6±1.8d	0.20±0.007e	64.2±8.1c	9.3±0.0c	0.72±0.0d	0.023±0.004b
	中宁	13.3±0.86b	0.11±0.002d	9.6±0.2e	1.522±0.06e	16.2±0.1c	0.32±0.01e	58.4±0.9a	56.2±1.1a	1.02±0.0e	0.029±0.004a
	固原	6.8±0.6c	0.10±0.04c	10.2±0.1b	1.21±0.02d	32.3±9.8b	0.44±0.04e	47.6±6.0e	15.8±3.2d	0.64±0.06e	0.022±0.001c
	平均值	10.32±3.98A	0.09±0.02A	11.1±0.5B	1.90±0.16C	21.4±5.9A	0.43±0.1A	55.2±6.6B	27.1±25.4A	1.22±0.20C	0.02±0.00A
LSD P值		0.895	0.747	0.001	0	0.149	0.317	0.01	0.967	0.00	0.969

（续表）

阶段	产地	V	La	Ce	Nd	Sc	Y	Pr*	Eu*	Yb*	Dy*
幼果期	银川	0.088±0.007a	0.099±0.04a	0.074±0.004a	0.031±0.004a	0.018±0.007b	0.022±0.001a	7.5±0.7a	1.2±0.1a	2.6±0.2a	5.4±0.5a
	中宁	0.10±0.005a	0.11±0.03a	0.090±0.001a	0.034±0.001a	0.026±0.001a	0.020±0.0007a	7.5±0.7a	1.2±0.1a	2.3±0.3a	5.6±0.4a
	固原	0.031±0.006a	0.14±0.04a	0.11±0.04a	0.040±0.01a	0.028±0.001ab	0.021±0.0007a	11.0±4.0a	1.2±0.1a	2.2±0.7ab	5.8±1.0a
	平均值	0.10±0.02A	0.13±0.03A	0.09±0.01A	0.03±0.0A	0.02±0.01AB	0.02±0.01A	8.67±2.0A	1.2±0.0A	2.37±0.2A	5.65±0.1A
青果期	银川	0.068±0.006b	0.056±0.001a	0.055±0.003b	0.020±0.001b	0.025±0.000ab	0.020±0.005a	5.5±0.7b	0.8±0.1b	1.8±0.4ab	3.8±0.3b
	中宁	0.080±0.007b	0.068±0.01b	0.068±0.005b	0.028±0.006ab	0.026±0.006a	0.017±0.001b	6.0±0.0a	1.1±0.0a	2.5±0.7a	4.0±0.5b
	固原	0.033±0.001a	0.098±0.03a	0.15±0.008a	0.037±0.004a	0.035±0.007a	0.017±0.001a	9.5±0.7ab	1.2±0.2ab	3.0±0.4a	6.2±0.0a
	平均值	0.09±0.04A	0.07±0.02B	0.07±0.01AB	0.02±0.01AB	0.02±0.01AB	0.02±0.01A	7.00±2.2A	1.02±0.2AB	2.43±0.6A	4.70±1.3A
黄变前期	银川	0.064±0.008b	0.096±0.003a	0.052±0.004b	0.024±0.004ab	0.034±0.004a	0.016±0.001a	5.5±0.7b	0.8±0.1b	1.4±0.6b	3.6±0.1b
	中宁	0.052±0.002d	0.068±0.03b	0.038±0.005c	0.017±0.003c	0.028±0.005a	0.012±0.0007a	4.5±0.7b	0.65±0.1bc	1.3±0.1b	3.2±0.0bc
	固原	0.023±0.008b	0.092±0.004a	0.13±0.04a	0.026±0.01a	0.030±0.004ab	0.013±0.007ab	7.0±3.0ab	1.0±0.0003ab	1.7±0.6b	4.6±2.0ba
	平均值	0.07±0.02A	0.08±0.01B	0.05±0.01B	0.02±0.0AB	0.03±0.0A	0.01±0.01A	5.67±1.3A	0.82±0.2B	1.47±0.2A	3.78±0.7B
黄变后期	银川	0.096±0.02a	0.056±0.02a	0.056±0.001b	0.022±0.001b	0.036±0.005a	0.020±0.001a	5.0±0.0b	0.8±0.0b	1.7±0.0ab	3.6±0.1b
	中宁	0.056±0.002d	0.079±0.02b	0.038±0.005c	0.016±0.003c	0.020±0.005ab	0.013±0.0c	4.0±0.0b	0.50±0.0c	1.2±0.1b	2.6±04c
	固原	0.016±0.0007c	0.078±0.04a	0.11±0.002a	0.020±0.004a	0.014±0.004b	0.013±0.0b	4.5±0.7b	0.60±0.1b	1.4±0.1b	3.2±0.5a
	平均值	0.07±0.02A	0.06±0.01B	0.04±0.01B	0.01±0.0B	0.02±0.01AB	0.01±0.0A	4.50±0.5A	0.63±0.2B	1.42±0.3A	3.15±0.6B
红熟期	银川	0.064±0.008b	0.066±0.02a	0.078±0.003a	0.031±0.004a	0.016±0.005b	0.018±0.004a	6.5±0.7ab	0.70±0.0b	2.0±0.5ab	4.2±1.0ab
	中宁	0.072±0.005c	0.074±0.02b	0.058±0.005b	0.024±0.0bc	0.015±0.000b	0.018±0.002b	6.5±0.7a	0.80±0.0b	2.0±0.1ab	3.8±0.2b
	固原	0.019±0.006c	0.072±0.02a	0.10±0.04a	0.025±0.003a	0.020±0.005ab	0.019±0.002ab	6.0±1.3ab	0.85±0.2ab	1.4±0.2b	3.8±1.0a
	平均值	0.07±0.0A	0.06±0.0B	0.04±0.01B	0.01±0.0B	0.02±0.00B	0.01±0.0A	6.33±0.3A	0.78±0.08B	1.82±0.3A	3.97±0.2B
LSD P 值		0.224	0.009	0.038	0.031	0.148	0.292	0.127	0.004	0.502	0.017

（续表）

阶段	产地	Er*	Gd*	Sm*	Tb*	Ho*	Tm*	Lu*	Pb	Cd	As
幼果期	银川	2.5±0.3a	6.5±0.7a	3.6±0.2a	1.1±0.2a	1.1±0.3a	0.43±0.01a	0.50±0.04a	0.16±0.02a	0.024±0.001b	0.026±0.002a
	中宁	2.1±0.4a	7.0±0.2a	4.2±0.2a	0.97±0.1a	0.73±0.06a	0.30±0.03a	0.25±0.1a	0.28±0.0007a	0.072±0.005a	0.035±0.0a
	固原	2.7±0.6ab	8.0±3.0a	4.8±1.0a	1.1±0.3a	0.88±0.3a	0.31±0.08a	0.30±0.0a	0.088±0.0007a	0.034±0.0007a	0.031±0.0a
	平均值	2.43±0.3A	7.18±0.8A	4.20±0.6A	1.06±0.08A	0.92±0.2A	0.35±0.07A	0.35±0.1A	0.17±0.09A	0.04±0.02A	0.03±0.0A
青果期	银川	1.4±0.1b	4.4±0.1b	2.8±0.5b	0.74±0.1b	0.53±0.0b	0.30±0.02ab	0.25±0.7b	0.13±0.001ab	0.032±0.0002a	0.024±0.006a
	中宁	1.6±0.1ab	5.5±0.8b	3.2±0.1b	0.69±0.1b	0.62±0.1a	0.24±0.01ab	0.25±0.1a	0.16±0.007b	0.074±0.002a	0.030±0.003ab
	固原	3.1±0.0a	7.3±0.6a	4.2±0.6a	1.2±0.0a	0.96±0.0a	0.32±0.06a	0.30±0.0a	0.064±0.0007a	0.034±0.004a	0.030±0.002a
	平均值	2.07±0.9AB	5.73±1.5AB	3.43±0.7AB	0.87±0.3AB	0.71±0.2AB	0.29±0.04AB	0.27±0.03AB	0.11±0.05A	0.04±0.02A	0.02±0.0AB
黄变前期	银川	1.4±0.2b	4.6±0.1b	2.4±0.2b	0.78±0.2ab	0.48±0.0b	0.25±0.04b	0.20±0.0b	0.11±0.004b	0.032±0.004a	0.025±0.004a
	中宁	1.2±0.1b	3.0±0.5c	2.2±0.1c	0.52±0.1b	0.36±0.1b	0.13±0.04c	0.15±0.1a	0.084±0.01b	0.058±0.000b	0.020±0.001c
	固原	1.7±0.6b	6.4±3.0a	3.5±2.0a	0.85±0.3a	0.80±0.3a	0.28±0.2a	0.25±0.1ab	0.070±0.01a	0.036±0.01a	0.032±0.01a
	平均值	1.47±0.3B	4.65±1.7B	2.73±0.7B	0.72±0.2B	0.55±0.2B	0.22±0.08B	0.20±0.05AB	0.08±0.02A	0.04±0.01A	0.02±0.0AB
黄变后期	银川	1.6±0.1b	4.4±0.7b	2.6±0.0b	0.66±0.03b	0.60±0.0b	0.22±0.04b	0.20±0.0b	0.089±0.008b	0.033±0.001a	0.022±0.003a
	中宁	1.0±0.1b	3.0±0.1c	2.0±0.4c	0.52±0.2b	0.36±0.2b	0.14±0.01c	0.10±0.0a	0.12±0.04b	0.052±0.001bc	0.020±0.003c
	固原	1.8±0.6b	4.0±0.5a	2.6±0.2a	0.62±0.0a	0.50±0.0a	0.16±0.07a	0.15±0.0b	0.068±0.02a	0.030±0.005a	0.018±0.001b
	平均值	1.48±0.3B	3.78±0.7B	2.42±0.3B	0.060±0.07B	0.49±0.1B	0.18±0.04B	0.15±0.05B	0.09±0.02A	0.03±0.01A	0.02±0.0C
红熟期	银川	1.5±0.4b	5.4±1.1ab	2.8±0.1b	0.75±0.03b	0.60±0.1b	0.22±0.01b	0.20±0.1b	0.12±0.025ab	0.024±0.005b	0.020±0.004a
	中宁	1.8±0.1ab	4.6±0.2b	3.2±0.3b	0.57±0.0b	0.54±0.0ab	0.21±0.01b	0.15±0.1a	0.18±0.07b	0.046±0.004c	0.026±0.005c
	固原	1.5±0.1b	4.5±0.8a	2.6±0.4a	0.82±0.2a	0.58±0.2a	0.17±0.07a	0.20±0.0b	0.060±0.004a	0.024±0.002a	0.019±0.001b
	平均值	1.60±0.2B	4.87±0.5B	2.87±0.3B	0.71±0.1B	0.57±0.03B	0.20±0.03B	0.18±0.03B	0.09±0.06A	0.03±0.01A	0.02±0.0BC
LSD P值		0.125	0.032	0.018	0.044	0.083	0.022	0.095	0.422	0.873	0.04

（续表）

阶段	产地	Hg*	Cr	Ni	Ba	Tl*	Sb*	Sn*	U*	Bi*	Be*
幼果期	银川	4.1±1.0a	1.54±0.05a	1.00±0.1a	1.37±0.01a	13.0±3.0a	8.2±1.0a	2.0±0.0a	7.8±0.6a	6.0±0.0008a	0.90±0.7a
	中宁	2.8±0.5a	3.38±0.08a	1.74±0.03b	2.36±0.09a	6.6±0.1a	12.0±1.0a	2.0±0.0a	5.0±04a	2.4±0.3a	2.1±1.1a
	固原	2.4±0.7a	2.24±0.3a	1.53±0.01a	1.68±0.04a	2.3±0.3a	9.0±2.0a	2.5±0.7a	4.7±0.7a	2.0±0.0a	2.2±0.9a
	平均值	3.13±0.8A	2.38±0.93A	1.42±0.4Aa	1.80±0.5A	7.27±5.3A	9.68±1.9A	2.17±0.3A	5.83±1.7A	3.45±2.2A	1.76±0.7A
青果期	银川	2.5±0.1a	1.70±0.01a	0.69±0.01b	1.34±0.2a	7.7±0.7b	9.1±1.0a	1.5±0.7ab	5.2±0.5b	3.3±0.3b	1.2±0.2a
	中宁	2.2±009a	1.98±0.06b	1.94±0.11a	1.84±0.06b	6.6±0.4a	9.7±1.1ab	2.0±0.0a	3.9±0.1b	2.0±0.7ab	1.0±0.0a
	固原	2.4±0.1a	1.58±0.1b	1.58±0.08a	1.36±0.05ab	2.1±0.1a	7.2±1.2ab	2.0±0.0ab	4.8±0.1a	1.2±0.0b	0.6±0.3a
	平均值	2.38±0.1AB	1.76±0.2AB	1.40±64A	1.51±0.3AB	5.47±3.0A	8.68±1.3A	1.83±0.3AB	4.65±0.7AB	2.15±1.1A	0.97±0.3A
黄变前期	银川	2.2±1.0a	1.62±0.06a	0.68±0.04b	1.0±0.04b	6.0±1.0b	6.0±0.1b	1.0±0.0b	4.5±0.3bc	2.6±0.6b	0.6±0.6a
	中宁	2.2±0.2a	1.18±0.05c	1.72±0.01b	0.99±0.06c	6.0±0.0a	6.7±2.2b	1.0±0.0b	2.7±0.3c	1.0±0.2b	1.2±0.001a
	固原	1.2±0.6a	1.46±0.4b	1.53±0.2a	1.14±0.4bc	2.4±0.7a	7.0±2.0ab	1.5±0.7ab	3.6±1.0a	1.2±0.5b	1.0±0.8a
	平均值	1.88±0.6B	1.42±0.2BC	1.31±0.6A	1.05±0.08B	4.80±2.1A	6.62±0.5A	1.17±0.3B	3.62±0.9B	1.60±0.9A	0.98±0.3A
黄变后期	银川	1.9±0.0a	1.66±0.2a	0.76±0.1b	0.92±0.02b	5.6±0.04b	8.4±0.4a	1.0±0.0b	4.0±0.1c	2.4±0.1b	1.5±0.3a
	中宁	1.9±0.0a	0.97±0.01d	1.54±0.04c	0.85±0.04c	5.6±0.3a	8.6±1.0a	1.0±00b	3.2±0.5bc	1.5±0.4ab	0.6±0.0a
	固原	1.2±0.6a	1.08±0.03bc	1.54±0.2a	0.73±0.01cd	1.8±0.1a	4.9±0.3b	1.0±0.0b	3.1±0.4a	1.2±0.0b	1.8±0.3a
	平均值	1.65±0.4B	1.24±0.37BC	1.28±45A	0.83±0.09B	4.33±2.2A	7.30±2.1A	1.00±0.0b	3.47±0.5B	1.68±0.6A	1.23±0.6A
红熟期	银川	2.6±0.0a	1.00±0.04b	0.42±0.01c	0.60±0.2c	5.1±0.01b	5.0±0.2b	1.0±0.0b	4.2±0.04bc	2.4±0.3b	1.2±0.2a
	中宁	2.3±0.1a	0.90±0.06d	1.38±0.04d	0.90±0.01c	6.0±0.2ab	8.6±1.3ab	1.0±0.0b	3.6±0.1b	1.4±0.5ab	2.1±1.0a
	固原	1.2±0.1a	0.77±0.03c	1.20±0.2a	0.68±0.06d	1.9±0.3a	3.9±1.4b	1.0±0.0b	3.0±0.6a	0.75±0.0b	0.8±0.0a
	平均值	2.07±0.8B	1.24±0.11C	1.28±0.5A	0.83±0.15B	4.33±2.2A	5.83±2.5A	1.00±0.0B	3.67±0.7B	1.53±0.82A	1.37±0.67A
LSD P值		0.11	0.027	0.856	0.003	0.774	0.171	0.029	0.069	0.358	0.455

（续表）

阶段	产地	Sr	Li	Rb	Cs	Ti	Zr	Nb*	Pd*	Ag	Hf*
幼果期	银川	24.7±0.3a	1.93±0.07a	1.68±0.04c	0.011±0.001a	3.84±0.04ab	0.013±0.003bc	14.0±1.1a	2.20±0.0a	0.032±0.01a	3.9±1.0a
	中宁	20.0±0.6a	1.68±0.04b	14.6±0.6a	0.023±0.001a	7.65±0.4a	0.022±0.008a	9.5±2.3a	1.9±0.4a	0.012±0.0007a	1.9±0.4a
	固原	59.4±2.9a	2.08±0.04a	3.50±0.05a	0.013±0.004a	8.18±2.0a	0.018±0.005ab	9.0±7.9a	3.0±0.5a	0.014±0.002a	0.80±0.4a
	平均值	0.03±0.02A	1.89±0.2A	6.60±7.0A	0.01±0.0A	6.55±2.4A	0.01±0.0B	10.1±1.2A	2.28±0.6A	0.01±0.01A	2.20±1.6A
青果期	银川	23.9±0.4a	1.81±0.04a	1.98±0.06a	0.0084±0.0b	4.47±0.18a	0.040±0.001a	12.0±1.3ab	2.6±0.8a	0.022±0.005ab	2.7±0.0b
	中宁	15.6±0.1b	1.57±0.03b	14.5±0.4a	0.021±0.001a	6.52±2.4a	0.023±0.003a	12.1±7.6a	2.0±0.5a	0.0095±0.0009b	2.0±0.5a
	固原	38.8±2.0b	1.52±0.06b	3.45±0.2a	0.013±0.0004a	5.97±1.5ab	0.025±0.004a	8.5±8.0a	2.0±0.0b	0.012±0.001a	1.2±0.7a
	平均值	0.03±0.01AB	1.63±0.15B	6.65±6.8A	0.01±0.0A	6.00±1.1A	0.02±0.01A	10.0±3.4A	2.18±0.4A	0.012±0.01A	1.97±0.8A
黄变前期	银川	19.8±0.5b	1.95±0.04a	1.98±0.05a	0.0078±0.0004b	2.74±0.36cd	0.010±0.001c	9.0±1.2c	1.9±0.0003a	0.016±0.00b	1.7±0.000c
	中宁	14.1±0.8c	1.94±0.08a	12.1±0.3b	0.014±0.001b	3.20±0.8b	0.012±0.004c	5.5±1.3a	2.2±2.0a	0.0068±0.0001c	2.2±0.002a
	固原	31.4±11bc	1.50±0.4b	4.38±1.6a	0.010±0.003ab	3.67±0.9bc	0.013±0.004b	5.5±1.5b	1.8±0.4b	0.013±0.002a	1.2±0.7a
	平均值	0.02±0.0AB	1.80±0.2AB	6.15±5.2A	0.01±0.0A	3.20±0.46B	0.01±0.0A	6.67±2.4A	1.95±0.2A	0.010±0.0A	1.70±0.5A
黄变后期	银川	16.8±0.6c	1.94±0.07a	1.98±0.04a	0.0091±0.0003b	3.40±0.26bc	0.016±0.002bc	9.5±1.2c	1.8±0.2a	0.016±0.001b	1.6±0.0c
	中宁	12.1±0.0d	1.84±0.03a	11.5±0.1b	0.013±0.001b	3.00±0.4b	0.011±0.001c	4.5±0.9a	2.3±0.7a	0.0078±0.0005c	2.3±0.7a
	固原	22.2±5.5cd	1.30±0.03b	2.98±0.01a	0.0078±0.0001b	2.75±0.1c	0.013±0.004b	4.5±1.3b	1.8±0.1b	0.010±0.0008ab	0.85±0.4a
	平均值	0.02±0.00AB	1.69±0.34AB	5.49±5.23A	0.00±0.0A	3.05±0.3B	0.010±0.0A	6.1±2.9A	1.98±0.3A	0.010±0.0A	1.58±0.7A
红熟期	银川	6.3±0.0d	1.20±0.02b	1.82±0.00b	0.0077±0.001b	2.32±0.54d	0.021±0.007b	10.1±1.4bc	2.8±0.1a	0.0087±0.00b	1.8±0.0c
	中宁	7.4±0.2e	1.60±0.01b	11.3±0.2b	0.016±0.001b	2.64±0.1b	0.015±0.006b	6.0±1.2a	2.0±0.4a	0.010±0.0007b	2.0±0.4a
	固原	15.4±0.4d	1.30±0.2b	2.42±0.4a	0.0072±0.008b	2.51±0.07c	0.015±0.000ab	5.5±0.9a	1.8±0.4b	0.0070±0.0008b	0.85±0.1a
	平均值	0.02±0.00B	1.69±0.20B	5.49±5.3A	0.00±0.0A	3.05±0.15B	0.010±0.00A	7.06±4.3A	2.22±0.6A	0.010±0.01AB	1.55±0.6A
LSD P 值		0.203	0.155	0.997	0.53	0.006	0.014	0.111	0.832	0.371	0.676

（续表）

阶段	产地	Ta*	W*	Ir*	Pt*	Ga	Ge*	Rh*
幼果期	银川	7.5±0.6a	19.0±0.0a	15.0±2.0a	4.4±0.4a	0.052±0.001a	2.2±0.4a	4.0±1.0a
	中宁	4.1±1.0a	5.4±0.1a	6.2±1.0ab	7.8±2.0a	0.085±0.006a	2.2±0.5a	2.5±0.3a
	固原	2.8±0.07a	5.0±2.0a	4.2±0.4b	6.4±0.2a	0.076±0.0007a	2.3±0.0a	5.3±0.4a
	平均值	4.78±2.4A	9.80±8.0A	8.47±5.7A	6.25±1.8A	0.07±0.02A	2.23±0.06A	3.93±1.4A
青果期	银川	7.1±0.7a	12.0±1.0b	10.0±2.0b	5.2±0.9a	0.051±0.004a	2.0±0.5a	3.2±0.0ab
	中宁	3.0±0.8a	3.6±0.4b	7.2±1.0a	8.2±0.2a	0.066±0.005b	1.9±0.1a	2.0±0.0b
	固原	2.7±0.1a	3.8±1.0ab	4.0±0.1b	5.6±0.2a	0.064±0.0007ab	2.6±0.3a	3.0±0.3b
	平均值	4.27±2.5A	6.45±4.8A	7.07±3.0A	6.35±1.7A	0.06±0.01AB	2.20±0.4A	2.77±0.6AB
黄变前期	银川	9.1±1.0a	9.1±1.0c	7.7±2.0bc	5.6±2.0a	0.044±0.002a	1.9±0.4a	2.6±0.0bc
	中宁	5.0±0.4a	3.2±0.0bc	4.8±0.1ab	6.0±0.6a	0.042±0.001c	0.95±0.2a	1.6±0.1b
	固原	7.8±5.0a	2.2±0.6b	4.6±0.4b	6.2±0.4a	0.051±0.01b	1.6±0.2a	3.0±1.0b
	平均值	7.30±2.0A	4.85±3.7A	5.72±1.7A	5.92±0.3A	0.04±0.0B	1.48±0.5A	2.42±0.6B
黄变后期	银川	6.9±1.0a	7.7±1.1cd	6.8±1.0c	7.4±0.0a	0.048±0.003a	2.7±2.0a	2.0±0.0cd
	中宁	4.4±0.4a	2.8±0.1c	5.4±2.3ab	7.1±2.9a	0.038±0.002c	0.95±0.4a	1.8±0.1b
	固原	4.6±1.0a	3.5±0.8ab	4.7±0.7b	5.6±0.2a	0.034±0.002c	2.2±0.2a	2.0±0.1bc
	平均值	5.31±1.4A	4.18±3.1A	5.63±1.1A	6.72±0.9A	0.040±0.01B	1.95±0.9A	1.95±0.1B
红熟期	银川	7.7±0.0a	6.2±0.0d	8.4±0.0bc	7.0±0.5a	0.030±0.008b	1.0±0.3a	1.2±0.0d
	中宁	5.3±1.21a	2.7±0.3c	3.3±0.4b	4.2±0.3a	0.040±0.001c	2.2±0.8a	1.2±0.1c
	固原	5.1±0.3a	5.0±0.8a	5.9±0.3a	6.6±0.4a	0.034±0.005c	1.2±0.4a	1.4±0.1c
	平均值	6.03±1.4A	3.68±2.2A	5.73±2.4A	5.92±1.5A	0.040±0.01B	1.45±0.7A	1.28±0.08B
LSD P 值		0.439	0.551	0.782	0.939	0.005	0.328	0.013

注：* 表示元素含量单位为 μg/kg；** 表示元素含量单位为 g/kg；表中不同小写字母表示同一产地不同成熟阶段枸杞中矿物元素含量单因素方差比较具有显著性差异（显著性置信水平 $P<0.05$）；不同大写字母表示 3 个产地不同成熟阶段枸杞中矿物元素含量平均值间单因素方差比较具有显著性差异（显著性置信水平 $P<0.05$）。

68

稀土元素在 3 个产地的 5 个成熟阶段均存在显著性差异（$P<0.05$）。有研究证明稀土元素具有生物活性可提高作物的产量影响植物生理和生物化学反应的进程对植物的生命活动是有益的，而 GB 2762—2005《食品安全国家标准 食品中污染物限量》中规定了稻谷、玉米、小麦、绿茶等植物源性食品中稀土元素总含量限量值在 0.5~2.0 mg/kg，但在 GB 2762—2017《食品中污染物限量》中又取消了食品中稀土元素含量的限值，宁夏枸杞在整个成熟阶段稀土元素总含量在幼果期达到最高，为 0.312~0.361 mg/kg，根据 GB 2762—2005 中的规定，宁夏枸杞中稀土元素总量未超过限量值。

对枸杞中 Pb、Cd、As、Hg、Cr、Ni、Ba、Tl、Sb、Sn、U 11 种有害金属元素含量进行分析。各成熟阶段的枸杞中 Cr、Ni、Ba 含量较高，为 mg/kg 级；Pb 含量次之，含量最低的元素为 U、Hg、Tl，为 μg/kg 级，比 Cd、As、Sb、Sn 含量低 10 倍左右。不同成熟阶段枸杞中有害金属元素含量单因素方差分析结果表明：除了 As、Hg、Tl、U 外，其他 7 种有害金属元素含量在同一产地不同成熟阶段枸杞中差异显著（$P<0.05$）。目前，中药材重金属超标现象依然严重，《中华人民共和国药典》中规定了重金属残留限量：Pb、Cd、As、Hg、Cu 的限量值分别为 5.0 mg/kg、1.0 mg/kg、2.0 mg/kg、0.2 mg/kg、20 mg/kg，枸杞在整个成熟阶段 Pb、Cd、As、Hg 均未超过限量标准，Cu 最高含量为 16.6 mg/kg，也低于限量值，宁夏枸杞质量属安全级。我国现行的有关枸杞重金属元素限量的相关标准，仅对 As、Cd、Pb、Hg、Cu 的限量值进行了规定，并未对其他元素含量做明确要求，但 Ni、Cr、Tl 等有害金属的摄入对人体危害严重，如镍元素摄入过量会损害人的肝脏和心肺功能。因枸杞为药食同源食品，日摄入量较大，需加强枸杞中有害金属的监测。锑（Sb）属于有毒金属，它经常分布在岩石圈中，与富含硫化物的矿石中的砷（As）相关，是第九大开采金属，被广泛用于制造业。环境问题增加了对 Sb 的关注，Sb 及其化合物被美国环境保护署（USEPA）和欧盟（EU）列为优先污染物。而在中国，广泛的采矿活动使 Sb 污染成为一个不断升级的环境问题，欧盟则规定，食品中的 Sb 含量应小于 20 μg/kg，监测区域枸杞中的 Sb 含量介于 3.9~12.0 μg/kg，低于限量值。

枸杞中 Bi、Be、Sr、Li、Rb、Cs、Ti、Zr、Nb、Pd、Ag、Hf、Ta、W、Ir、Pt、Ga、Ge、Rh 19 种元素含量分析结果显示，Sr、Rb、Ti、Li 含量较高，为 mg/kg，Ga、Cs、Zr、Ag 含量较上述元素低 100 倍，Nb、Pt、Ir、W、Ta、Bi、Be、Pd、Ge、Hf、Rh 含量较低，为 μg/kg 级。19 种元素含量在枸杞的 5 个成熟阶段的方差分析结果显示，除 Be、Nb、Pd、Ta、Hf、Pt、Ge 外，其他 12 种元素均存在显著差异（$P<0.05$）。

综合固原、银川和中宁地区 5 个成熟阶段枸杞中 57 种元素的分析结果，Cu、Co、B、Mg、Mn、Mo、Fe、Zn、Ca、V、La、Ce、Nd、Sc、Y、Pr、Yb、Dy、Er、Gd、Sm、Ho、Pb、Cd、Cr、Ni、Ba、Sb、Sn、Bi、Sr、Li、Rb、Cs、Ti、Zr、Ag、W、Ir、Ga、Rh 41 种矿物元素在枸杞不同成熟阶段存在"时间差异"。

以 3 个产地结果平均值进行比较分析发现，Be、Bi、Cd、Co、Cs、Cu、Er、Ge、Hg、Ho、Li、Lu、Mn、Mo、Nb、Ni、Pr、Rb、Sb、Sc、Se、Sr、Th、Tl、U、V、Y、Yb、Zn、Pb、Ta、Ir、Pt、W、Hf、Pd、Ag 37 种元素在 5 个成熟阶段不存在显著差异（$P>0.05$），其他 20 种元素在 5 个成熟阶段存在显著差异（$P<0.05$）。

4.3.2 不同成熟阶段枸杞中矿物元素变化规律

对 5 个成熟阶段幼果期、青果期、黄变前期、黄变后期和红熟期枸杞中57 种矿物元素的变化规律进行分析，为了方便分析，矿物元素还是按照有益元素、稀土元素、有害金属元素和其他元素进行分类。

4.3.2.1 有益元素在枸杞不同成熟阶段的变化规律

对 5 个成熟阶段枸杞中 11 种有益元素在 3 个产地的差异显著性进行分析，结果见图 4-2。结果显示：Cu 在 3 个产地不同成熟阶段均呈先升高后降低的趋势，基本在青果期/黄变前期达到最高值，且中宁地区枸杞 Cu 含量在 5 个成熟阶段均明显高于其他两地，呈显著差异，固原和银川地区枸杞中 Cu 含量在幼果期、黄变前期和黄变后期均具有显著差异；Co 在 3 个产地不同成熟阶段均呈先升高后降低的趋势，在青果期/黄变前期达到最高值，Co 含量高低依次为中宁>固原>银川，黄变前期、红熟期 Co 含量在固原和中宁不具有显著差异；B 在银川和中宁呈先升高后降低的趋势，在固原呈降低趋势，且成熟阶段后期 B 含量明显低于成熟前期，3 个地区 B 含量在 5 个成熟阶段均具有显著差异；Mg 在 3 个产地不同成熟阶段均呈逐渐降低的趋势，3 个产地幼果期 Mg 含量差异不显著；Mn 在 3 个产地变化趋势不同，固原枸杞 Mn 在 5 个成熟阶段呈先降低后升高的趋势，在黄变后期达到最低值，在银川呈先升高后降低的趋势，在青果期达到最大值，在中宁呈降低趋势，3 个产地 Mn 含量在不同成熟阶段均具有显著差异，且中宁地区 Mn 含量明显低于固原和中宁；3 个产地 Mo 含量均呈先升高后降低的趋势，且每个成熟阶段中 3 个产地 Mo 含量均具有显著性差异，含量高低依次为：固原>中宁>银川；3 个产地 Fe 在 5 个成熟阶段基本呈降低趋势，其中中宁地区 Fe 含量在黄变后期达到最低值后，红熟期又有所升高，在成熟前期 3 地 Fe 含量依次为固原>银川>中宁，到成熟后期固原

Fe 含量降幅较大，银川降幅较小，Fe 含量高于其他两地；3 个产地 Zn 含量均呈先升高后降低的趋势，在青果期/黄变前期达到最大值，且每个成熟阶段中3 个产地 Zn 含量均具有显著性差异，含量高低依次为：中宁>固原>银川；3 个产地 Ca 含量均呈降低趋势，且每个成熟阶段中 3 个产地 Ca 含量均具有显著性差异；3 个产地枸杞对 Se 的吸收规律不一致，固原呈逐渐降低的趋势，银川呈逐渐升高的趋势，中宁变化趋势不明显，除了黄变后期外，3 个产地 Se 含量在其他成熟阶段均具有显著性差异；3 个产地 V 含量均呈先降低后升高的趋势，基本在黄变前期/黄变后期达到最低值，3 地 V 含量高低依次为：中宁>固原>银川，除红熟期外，每个成熟阶段中 3 个产地 V 含量均具有显著性差异。

在 11 种有益元素中，3 个产地 Cu、Co、Mo、Zn 在 5 个成熟阶段呈先升高后降低的趋势，Mg、Fe、Ca 呈逐渐降低的趋势，V 呈先降低后升高的趋势，B、Mn、Se 含量变化规律不明显；且 11 种有益元素均存在"地域差异"。

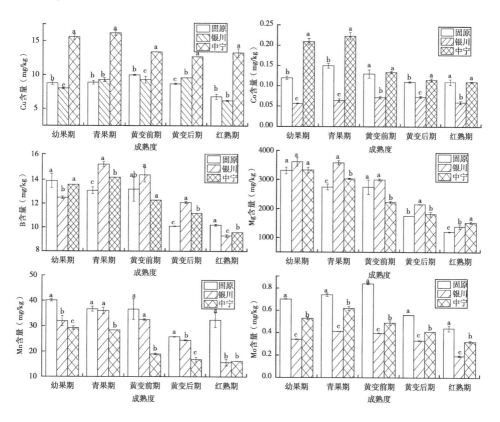

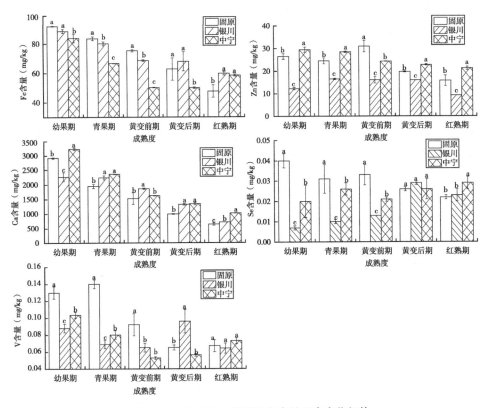

图4-2　3个产地不同成熟阶段有益元素变化规律

注：图中不同小写字母表示同一成熟阶段不同产地枸杞中矿物元素含量单因素方差比较具有显著性差异（显著性置信水平 $P < 0.05$），下同。

4.3.2.2　稀土元素在枸杞不同成熟阶段的变化规律

对5个成熟阶段枸杞中16种稀土元素在3个产地的变化规律进行分析，结果见图4-3。La在3个产地不同成熟阶段均呈降低的趋势，均在幼果期达到最高值，3个产地枸杞中La含量在黄变后期、红熟期无显著性差异，其他成熟阶段均具有显著性差异；Ce在3个产地不同成熟阶段均呈先降低后升高的趋势，在黄变前期/黄变后期达到最低值，3个产地枸杞中Ce含量在不同成熟阶段均具有显著性差异；Nd呈先降低后升高的趋势，在黄变前期/黄变后期达到最低值，3个产地枸杞中Nd含量在不同成熟阶段均具有显著性差异；Sc在3个产地不同成熟阶段呈先升高后降低的趋势，固原Sc在青果期达到最高值，银川在黄变后期达到最高，中宁在黄变前期达到最高值，Sc在3个产地黄变前期和红熟期不存在显著差异；Y在3个产地不同成熟阶段呈先降低后升高的趋势，均在黄变前期/黄变后期达到最低值，3个产地枸杞中Y含量在红熟期无显著性差异，其他成熟阶段均具有显著性差异；Pr 在 3 个产地不同成熟阶段呈先降低后升高的趋势，均在黄变前期/黄变后期达到最低值，3 个产地枸杞中 Pr 含量在红熟期无显著性差异，其他成熟阶段均具有显著性差异；Eu 含量在 3 个产地不同成熟阶段呈先降低后升高的趋势，均在黄变前期/黄变后期达到最低值，3 个产地枸杞中 Eu 含量只有在黄变后期具有显著性差异；Yb 含量在 3 个产地不同成熟阶段呈先降低后升高的趋势，在黄变前期/黄变后期达到最低值，3 个产地枸杞中 Yb 含量在青果期、黄变后期、红熟期存在显著性差异；Dy 含量在 3 个产地不同成熟阶段呈先降低后升高的趋势，在黄变前期/黄变后期达到最低值，3 个产地枸杞中 Dy 含量在青果期、黄变前期、黄变后期存在显著性差异；Er 含量在 3 个产地不同成熟阶段呈先降低后升高的趋势，在黄变后期/红熟期达到最低值，3 个产地枸杞中 Er 含量在青果期、黄变前期、黄变后期存在显著性差异；Gd 含量在 3 个产地不同成熟阶段呈先降低后升高的趋势，在黄变前期/黄变后期达到最低值，除红熟期外，3 个产地枸杞中 Gd 含量在其他成熟阶段均具有显著差异；Sm 含量在 3 个产地不同成熟阶段呈先降低后升高的趋势，在黄变前期/黄变后期达到最低值，除红熟期

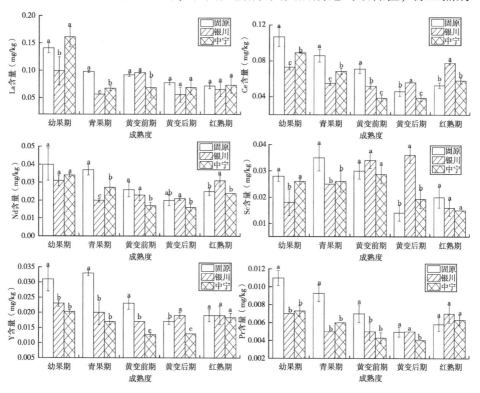

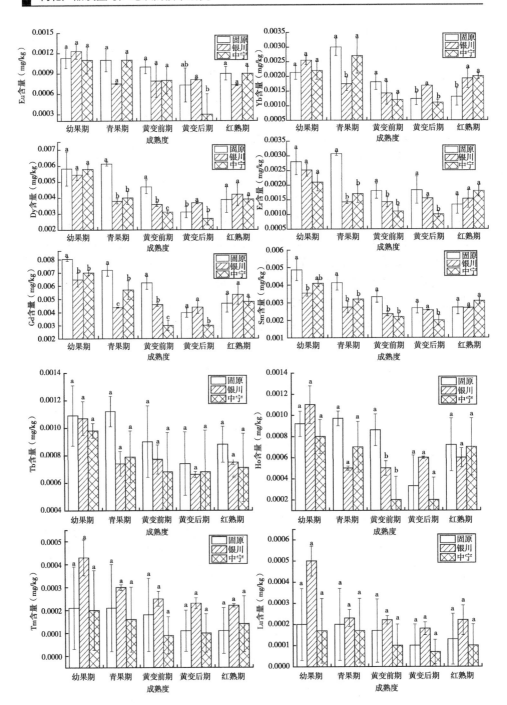

图4-3　3个产地不同成熟阶段稀土元素变化规律

外，3 个产地枸杞中 Sm 含量在其他成熟阶段均具有显著差异；Tb 含量在 3 个产地不同成熟阶段呈先降低后升高的趋势，在黄变后期达到最低值，3 个产地枸杞中 Tb 含量在整个成熟阶段均没有显著差异；Ho 含量在 3 个产地不同成熟阶段呈先降低后升高的趋势，在黄变前期/黄变后期达到最低值，3 个产地枸杞中 Ho 只有在黄变前期具有显著性差异；Tm 含量在 3 个产地不同成熟阶段呈逐渐降低趋势，在后期趋于稳定，3 个产地枸杞中 Tm 含量在整个成熟阶段均没有显著差异；Lu 含量在 3 个产地不同成熟阶段呈先降低后升高的趋势，在黄变后期达到最低值，3 个产地枸杞中 Lu 在整个成熟阶段没有显著性差异。

在 16 种稀土元素中，3 个产地 La 和 Tm 在 5 个成熟阶段呈逐渐降低趋势，其他 14 种稀土元素（Ce、Nd、Sc、Y、Pr、Eu、Yb、Dy、Gd、Er、Sm、Tb、Ho、Lu）呈先降低后升高的趋势，Eu、Tb、Tm、Lu 含量不存在"地域差异"，其他 12 种元素存在"地域差异"。

4.3.2.3 有害金属元素在不同成熟阶段枸杞中的变化规律

5 个成熟阶段枸杞中 11 种有害金属元素在 3 个产地的变化规律结果见图 4-4。Pb 在 3 个产地不同成熟阶段均呈先降低后升高的趋势，基本在青果期/黄变前期达到最低值，固原地区 Pb 含量明显低于其他两地，3 个产地在各成熟阶段枸杞中含量差异显著；Cd 在 3 个产地不同成熟阶段均呈先升高后降低的趋势，在青果期/黄变前期达到最大值，中宁地区枸杞中 Cd 明显高于固原和银川，具有显著性差异，固原和银川地区 Cd 含量差异不显著；Cr 在 3 个产地不同成熟阶段变化趋势不一致，固原、中宁枸杞在不同成熟阶段呈逐渐降低趋势，银川呈先升高后降低的趋势，3 个产地在各成熟阶段枸杞中含量差异显著；As 在 3 个产地不同成熟阶段变化趋势不一致，固原枸杞在前 3 个成熟阶段含量稳定，在黄变后期显著下降，银川枸杞呈逐渐降低趋势，中宁枸杞呈先降低后升高的趋势，3 个产地青果期 As 含量无显著差异，在其他阶段差异显著；3 个产地 Hg 在不同成熟阶段变化规律不一致，固原枸杞 Hg 含量在黄变前期显著降低，并在后期趋于稳定，银川和中宁枸杞呈先降低后升高的趋势，在黄变后期达到最低值，3 地青果期枸杞 Hg 含量差异不显著，其他阶段均具有显著差异；3 个产地 Ni 在不同成熟阶段变化规律不一致，固原和中宁枸杞呈先升高后降低的趋势，在青果期达到最高值，银川枸杞呈先降低再升高再降低的趋势，3 个产地在各成熟阶段均具有显著差异；Ba 在 3 个产地均呈逐渐降低趋势，且 3 个产地在各成熟阶段均具有显著差异；3 个产地 Sb 在不同成熟阶段变化规律不一致，固原枸杞呈逐渐降低的趋势，银川枸杞呈先降低再升高的趋势，中宁枸杞呈先降低再升高的趋势，在黄变前期达到最低值，除黄变前期外，其他成熟阶段各地均存在显著差异；3 个产地 Tl 含量在不同成熟阶段变化规律不一致，固原和中宁枸杞 Tl 含量在整个成熟阶段较为稳定，银川枸杞呈先降低的趋势，到黄变前期达到稳定，各阶段 3 地 Tl 含量差异显著；Sn呈先升高后降低再升高的趋势，且固原枸杞在后期升高幅度较大，3 地区在各阶段含量差异显著。3 个产地枸杞中 U 含量在不同成熟阶段变化规律不一致，银川和中宁地区枸杞 U 含量在整个成熟阶段呈先降低后升高的趋势，在固原呈逐渐降低趋势，固原各阶段 U 含量无显著差异，但银川和中宁枸杞中 U 含量具有显著差异。

11 种有害金属元素中，3 个地区枸杞中 Cr、As、Hg、Ni、Sb、Tl、U 变化规律不一致，Pb 呈先降低后升高的趋势，Cd 呈先升高后降低的趋势，Ba 呈逐渐降低趋势，Sn 呈先升高后降低再升高的趋势，11 种元素均具有"地域差异"。

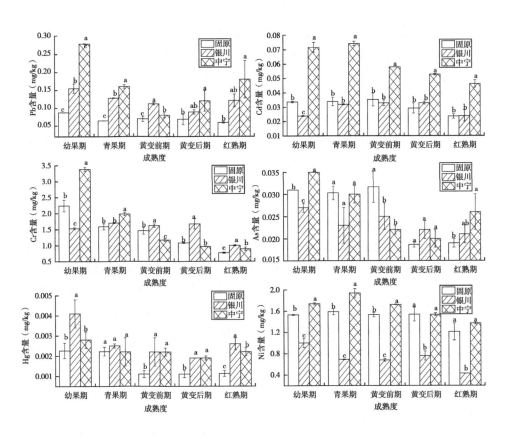

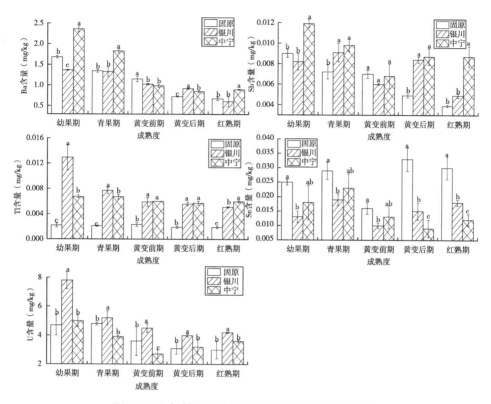

图 4-4　3 个产地不同成熟期有害金属元素变化规律

4.3.2.4　其他元素在枸杞不同成熟阶段的变化规律

对 5 个成熟阶段枸杞中 19 种其他元素在 3 个产地的差异显著性进行分析，结果见图 4-5。结果显示：Bi 呈逐渐降低的趋势，并在成熟后期趋于稳定，3 地 Bi 含量依次为：银川>中宁>固原，银川与固原、中宁 Bi 含量差异显著，固原与中宁差异不显著；Be 在 3 地变化规律不一致，固原枸杞呈先降低再升高再降低的趋势，银川枸杞呈先升高再降低再升高的趋势，中宁枸杞呈先降低后升高的趋势，除青果期和黄变前期外，其他成熟阶段 3 地 Be 含量均具有显著差异；Sr 均呈逐渐降低的趋势，3 地 Sr 含量依次为：固原>银川>中宁，且各成熟阶段 3 地 Sr 含量差异显著；Li 在 3 地变化规律不一致，固原呈逐渐降低的趋势，银川、中宁枸杞呈先降低再升高再降低的趋势，各成熟阶段 3 地 Li 含量差异显著；Rb 在 3 地变化规律不一致，固原、中宁呈先降低并于后期趋于稳定的趋势，银川枸杞 Rb 含量在整个成熟期基本趋于稳定，3 地 Rb 含量依次为：中宁>固原>银川，3 地各成熟阶段 Rb 含量差异显著，中宁枸杞 Rb 含

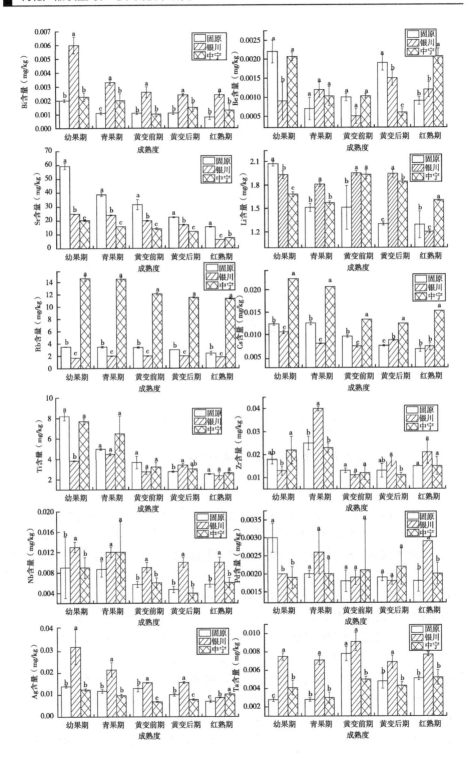

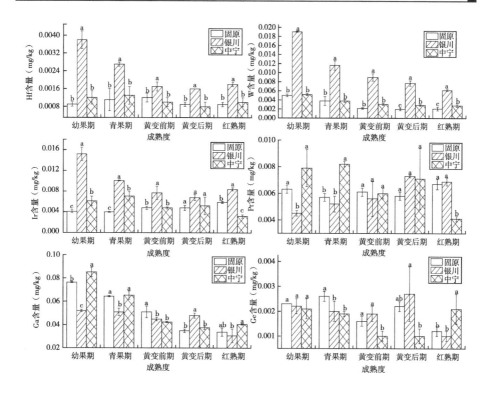

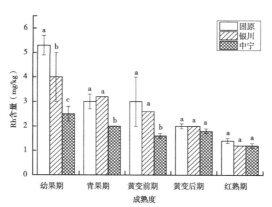

图 4-5 3 个产地不同成熟阶段其他元素变化规律

量远高于固原和银川；Cs 在 3 地变化规律不一致，固原呈逐渐降低趋势，银川和中宁枸杞呈先降低再升高的趋势，在黄变前期达到最低值，且各成熟阶段 3 地 Cs 含量差异显著；Ti 呈逐渐降低趋势，3 个产地枸杞中 Ti 含量只在幼果期和黄变后期具有显著差异；Zr 呈先升高后降低再升高的趋势，3 个产地 Zr 含量均在青果期达到最高值，银川枸杞青果期 Zr 含量上升幅度较大，整体在黄变前期/黄变后期达到最低值，黄变前期、红熟期 Zr 含量在 3 个产地间无显著差异；Nb 呈先降低后升高的趋势，在黄变前期/黄变后期达到最低值，银川枸杞含量整体高于其他两地，除青果期，其他成熟阶段固原、中宁枸杞 Nb 含量与银川具有显著差异；Pd 在 3 地变化规律不一致，固原枸杞呈逐渐降低的趋势，银川枸杞呈先升高再降低再升高的趋势，中宁枸杞呈先升高再降低的趋势，3 个产地枸杞在幼果期、红熟期 Pd 含量具有显著差异；Ag 在 3 地变化规律不一致，固原、银川枸杞呈逐渐降低趋势，中宁枸杞呈先降低后升高的趋势，在黄变前期达到最低值，固原和中宁 Ag 含量在成熟前期无显著差异，后期具有显著差异，在整个成熟阶段均与银川具有显著差异；Ta 在 3 个地区基本呈先升高后降低的趋势，均在黄变前期达到最高值，银川枸杞 Ta 含量显著高于其他两地，具有显著差异，固原和中宁枸杞自青果期开始无显著差异；Hf 在 3 个地区呈先降低后升高的趋势，在黄变后期达到最低值，银川枸杞 Hf 含量显著高于固原和中宁，具有显著差异，固原和中宁枸杞在整个成熟阶段无显著差异；W 在 3 个地区呈逐渐降低趋势，银川枸杞 W 含量显著高于固原和中宁，具有显著差异；Ir 在 3 个地区化规律不一致，固原枸杞呈升高趋势，银川枸杞呈先降低后升高的趋势，中宁枸杞呈先升高后降低的趋势，在青果期达到最高值，3 地 Ir 元素含量在除黄变后期外的其他成熟阶段均具有显著差异；Pt 在 3 个地区化规律不一致，固原枸杞 Pt 元素含量趋于稳定，银川枸杞呈升高趋势，中宁枸杞呈先降低后升高的趋势，在黄变前期达到最低值，3 个产地枸杞在黄变前期、黄变后期无显著差异；Ga 在 3 个地区呈逐渐降低趋势，中宁枸杞 Ga 含量显著高于固原和银川，3 地在整个成熟期具有显著差异；Ge 在 3 个地区化规律不一致，固原枸杞呈先升高后降低再升高的趋势，银川枸杞呈先升高再降低的趋势，中宁枸杞呈先降低再升高的趋势，在黄变后期达到最低值，除幼果期外，其他成熟阶段 3 个地区 Ge 元素含量具有显著差异。

19 种其他元素中，Bi、Sr、Ti、W、Ga、Rh 6 种元素在 3 个地区均呈逐渐降低的趋势，Nb、Hf 呈先降低后升高的趋势，Ta 呈先升高后降低的趋势，Zr 呈先升高后降低再升高的趋势，Be、Li、Rb、Cs、Pd、Ag、Ir、Pt、Ge 在 3 个地区变化趋势不一致，19 种元素均具有"地域差异"。

3 个产地枸杞中不同成熟期 Cu、Co、Mo、Zn、Cd、Sn、Ta、Zr 含量呈先升高后降低；Mg、Fe、Ca、La、Tm、Ba、Bi、Sr、Ti、W、Ga、Rh 含量呈逐渐降低趋势，这说明枸杞自幼果期开始大量吸收这些元素以供其球果形成并逐渐长大，伴随着球果长大对元素的需求量逐渐降低，到后期此类元素对枸杞生长贡献较小。V、Ce、Nd、Sc、Y、Pr、Eu、Yb、Dy、Er、Gd、Sm、Tb、Ho、Lu、Pb、Nb、Hf 含量呈先降低后升高的趋势；B、Mn、Se、Cr、As、Hg、Ni、

Sb、Tl、Be、Li、Rb、Cs、Pd、Ag、Ir、Pt、Ge 含量无明显变化趋势。50 种元素存在"地域差异"。

4.3.3 枸杞成熟阶段与矿物元素间相关性分析

综合 3 个产地二茬前后不同成熟阶段枸杞中矿物元素含量，对元素含量与成熟阶段的相关性进行统计，见表 4-4。结果显示，As、B、Ba、Cr、Dy、Er、Eu、Gd、Ge、Hg、Ho、La、Lu、Mg、Mn、Mo、Pr、Sb、Sm、Sr、Tb、Ti、Th、Tm、U、V、Yb、Fe、Ca、Rh、W、Ga、Ag 33 种元素与枸杞成熟度具有极显著的负相关关系，枸杞成熟度与 Bi、Ce、Cs、Li、Nb、Nd、Tl、Y 8 种元素具有显著负相关关系，Be、Cd、Co、Cu、Rb、Sc、Se、Sn、Zn、Pb、Ta、Ir、Pt、Hf、Pd、Zr 与枸杞成熟阶段没有相关性，说明大部分元素随着枸杞果实逐渐成熟，元素含量发生变化，As、B、Ba、Cr、Dy 等 33 种元素更是在一定程度上表征着枸杞的成熟情况，因此，对这些指标进行适当筛选是非常必要的。

表 4-4　监测指标与枸杞成熟阶段相关性统计表

指标	相关系数	指标	相关系数	指标	相关系数	指标	相关系数
As	−0.652**	Ge	−0.479**	Sc	−0.355	Zn	−0.226
B	−0.763**	Hg	−0.469**	Se	0.134	Ca	−0.939**
Ba	−0.886**	Ho	−0.520**	Sm	−0.535**	Pb	−0.311
Be	0.003	La	−0.516**	Sn	−0.072	Ta	0.274
Bi	−0.433*	Li	−0.462*	Sr	−0.723**	Ir	−0.202
Cd	−0.24	Lu	−0.638**	Tb	−0.550**	Pt	0.016
Ce	−0.459*	Mg	−0.896**	Ti	−0.839**	Rh	−0.848**
Co	−0.257	Mn	−0.656**	Th	−0.551**	W	−0.470**
Cr	−0.822**	Mo	−0.505**	Tl	−0.418*	Hf	−0.234
Cs	−0.415*	Nb	−0.389*	Tm	−0.685**	Pd	−0.126
Cu	−0.211	Nd	−0.386*	U	−0.667**	Ga	−0.871**
Dy	−0.556**	Ni	−0.375*	V	−0.543**	Zr	−0.284
Er	−0.477**	Pr	−0.464**	Y	−0.449*	Ag	−0.556**
Eu	−0.648**	Rb	−0.166	Yb	−0.494**		
Gd	−0.500**	Sb	−0.556**	Fe	−0.708**		

4.3.4　基于矿物元素的枸杞成熟度判别分析

对 3 个产地 5 个成熟阶段枸杞中 57 种矿物元素含量进行 OPLS-DA 分析，构建不同成熟阶段枸杞的区分模型。该模型中 R^2X（cum）、R^2Y（cum）和 Q^2（cum）分别为 0.794、0.977 和 0.963，说明建立的 OPLS-DA 模型中 2 个主成分能有效解释 4 个成熟度之间的差异，且该模型具有一定的预测能力，可得图 4-6。由图 4-6A OPLS-DA 得分图可知，5 个成熟度枸杞中矿物元素具有显著差异，幼果期、青果期、黄变前期、黄变后期和红熟期枸杞样品可有效分离，青果期枸杞样品位于第一象限，黄变期枸杞样品位于第二象限，红熟期枸杞样

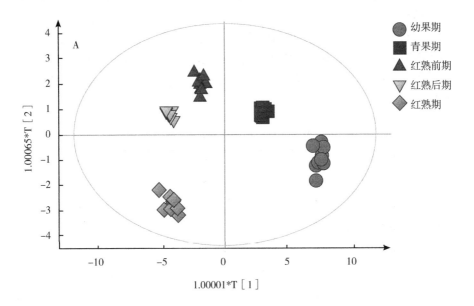

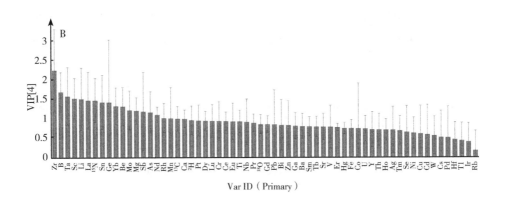

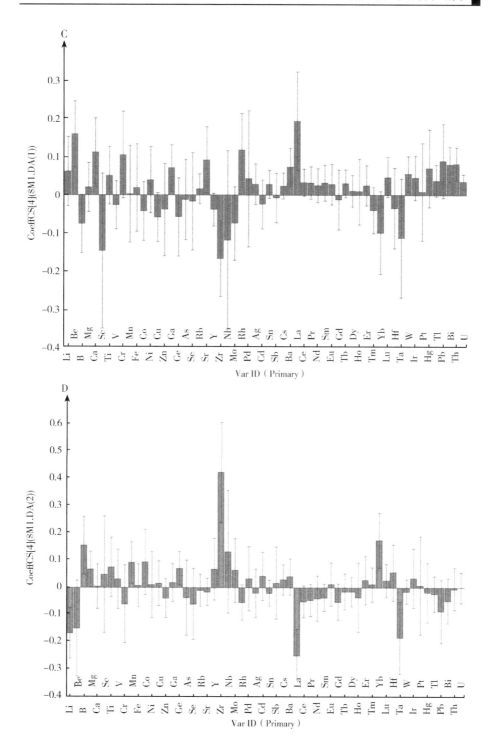

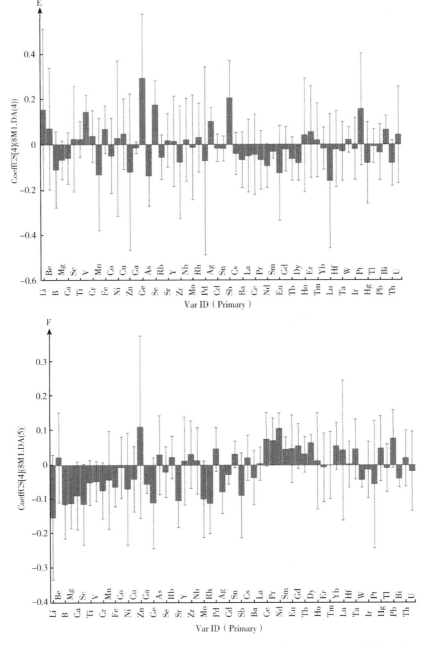

图 4-6　OPLS-DA 模型主成分得分图（A）、VIP 预测值图（B）、红熟期枸杞与矿物元素相关性图（C）、黄变期枸杞与矿物元素相关性图（D）、青果期枸杞与矿物元素相关性图（E）、幼果期期与矿物元素相关性图（F）

品位于第三象限，幼果期枸杞样品位于第四象限。由图4-6B VIP预测值分布图，根据VIP值大于1的原则，可筛选出Zr、B、Li、La、Ta、Sc、Yb、Ge、Mg、Mo、Be、Sb、Rh、Ca、As、Cr、Nd、Mn、Tl、Dy、Ce、Eu、Lu、Ba、Ga、Pr 26种矿物元素，这些元素在枸杞成熟度区分上贡献率较大，也可以作为不同成熟度枸杞的差异指标，因此，可筛选这26种矿物元素作为枸杞"成熟度区分因子"。

为了分析每个成熟阶段枸杞的主要影响元素，对枸杞各成熟阶段与矿物元素进行相关性分析，具体结果见图4-6C至图4-6G，图4-6C为各矿物元素对红熟期枸杞的贡献率大小，由图可知，La、Be、Ca、Cr、Rh等元素与红熟期具有显著的正相关关系，这几种元素对红熟期枸杞的贡献率较大，而Zr、Sc、Nb、Ta、Yb与其具有显著负相关关系，其贡献率与La、Be、Ca、Cr、Rh等元素相反；黄变期（图4-6D）与Zr、Yb、B、Nb存在显著正相关关系，与La、Ta、Li、Be呈显著负相关关系；青果期（图4-6E）与Ge、Sb、Se、Pt、Li、V存在显著正相关性，与Lu、As、Mn、Eu、B呈显著负相关关系；幼果期（图4-6F）与Zn、Nd呈正相关关系，与Li、B、Mg、Sc、Ge、Rh等元素呈显著负相关关系。由以上分析结果可以看出，枸杞在整个成熟过程中对矿物元素的吸收富集存在一定的变化规律，如Rh对幼果期枸杞具有负的贡献率，对青果期又具有较弱的正贡献，黄变期又变为负贡献，而Rh元素对红熟期枸杞的贡献率较大；La对黄变期枸杞具有负的贡献率，又与成熟期枸杞具有显著正相关关系；Zr与La相反。

为了建立基于矿物元素指标的不同成熟阶段枸杞的判别模型，基于Fisher判别函数的一般判别方法对枸杞不同成熟度进行判别分析，提取模型前4个典型判别函数，Willks' Lambda检验结果进一步证实，在 $\alpha = 0.05$ 的显著性水平下，4个函数对分类效果均为显著，表明判别模型拟合率可接受，其中判别函数1和判别函数2累积解释判别模型能力为96.4%，且相关系数均大于0.97。B、Ba、Cs、Cu、Dy、Er、La、Lu、Mg、Mn、Sc、U、V、Fe、Zn、Ca、Pb、Ta、Hf、Zr 20种矿物元素被引入判别模型，具体模型如下：

$Y_{(幼果期)}$ = 141.245 B−1158.422 Ba+364847.508 Cs−294.066 Cu−399244.954 Dy+927328.919 Er+2700.289 La−1402626.136 Lu+2.758 Mg+12156.113 Sc−9469.215 U−4730.920 V−18.006 Fe−16.414 Zn−2.027 Ca−180.313 Pb−120446.578 Ta−279956.347 Hf+63146.347 Zr−1830.248;

$Y_{(青果期)}$ = 384.378 B−2217.256 Ba+581767.882 Cs−467.735 Cu−493504.137 Dy+1463546.947 Er+2930.481 La−3118801.670 Lu+3.731 Mg+25976.154 Sc−167847.722 U−13630.427 V−14.591 Fe−19.173 Zn−3.519 Ca+1382.684 Pb−

141175. 521 Ta－339310. 150 Hf＋86816. 672 Zr－3833. 720；

$Y_{(黄变前期)}$ ＝ 636. 146 B － 2131. 807 Ba ＋ 389353. 965 Cs － 340. 381 Cu －
18521. 166 Dy ＋ 831254. 102 Er ＋ 915. 805 La － 3080939. 685 Lu ＋ 0. 710 Mg ＋
24467. 097 Sc－404691. 707 U－22409. 354 V＋21. 083 Fe＋6. 437 Zn－2. 367 Ca＋
3282. 744 Pb－14407. 143 Ta＋159681. 390 Hf＋24033. 739 Zr－2483. 597；

$Y_{(黄变后期)}$ ＝ 633. 616 B－1850. 274 Ba＋325526. 499 Cs－281. 801 Cu－963. 322
Dy＋716808. 230 Er＋168. 290 La－3308043. 096 Lu＋0. 142 Mg＋18742. 866 Sc－
342993. 866 U－19204. 197 V＋24. 443 Fe＋7. 710 Zn－2. 067 Ca＋3153. 931 Pb－
3335. 193 Ta＋227416. 032 Hf＋15259. 463 Zr－2185. 169；

$Y_{(红熟期)}$ ＝ 872. 052 B－2008. 392 Ba＋319301. 123 Cs－327. 737 Cu＋214368. 326
Dy＋526881. 550 Er－1340. 402 La－3741340. 444 Lu－1. 314 Mg＋19676. 138 Sc－
466444. 804 U－27783. 638 V＋43. 063 Fe＋25. 011 Zn－1. 769 Ca＋4112. 511 Pb＋
50499. 226 Ta－8846. 675 Hf＋15259. 463 Zr－3086. 006。

利用判别函数1和判别函数2的得分值作散点图，见图4-7，5个成熟度
的枸杞样本可有效分离，黄变前期、黄变后期及红熟期枸杞样本距离较近，这
三类样本与幼果期和青果期的样本距离较远。利用所建立的判别模型对5个成

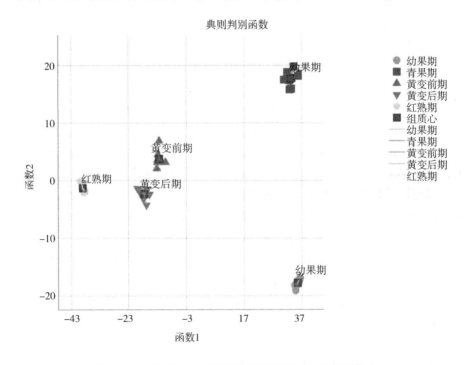

图 4-7　基于 Fisher 的不同成熟度枸杞样品分布散点图

熟度枸杞样品进行归类，并对所建模型的有效性进行验证。由表4-5可知，在回代检验和交叉检验的整体正确判别率均为100%。矿物元素指标对不同成熟度枸杞的判别效果很好。

表4-5 不同成熟度枸杞的 Fisher 判别分析结果

方法	阶段	预测组成员信息					整体正确判别率（%）
		幼果期	青果期	黄变前期	黄变后期	红熟期	
回代检验	幼果期（$n=9$）	9	0	0	100	0	100.0
	青果期（$n=9$）	0	9	0	0	0	
	黄变前期（$n=9$）	0	0	9	0	0	
	黄变后期（$n=9$）	0	0	0	9	0	
	红熟期（$n=9$）	0	0	0	0	9	
	正确判别率（%）	100	100	100	100	100	
交叉验证	幼果期（$n=9$）	9	0	0	100	0	100.0
	青果期（$n=9$）	0	9	0	0	00	
	黄变前期（$n=9$）	0	0	9	0	0	
	黄变后期（$n=9$）	0	0	0	9	0	
	红熟期（$n=9$）	0	0	0	0	9	
	正确判别率（%）	100	100	100	100	100	

由以上分析结果可知，不同成熟阶段枸杞中矿物元素具有显著差异，根据枸杞矿物元素的 OPLS-DA 判别分析和 Fisher 判别分析均可有效区分不同成熟度的枸杞样本，建立的不同成熟度枸杞的判别模型的正确判别率为100%。因此，不同成熟度的枸杞会影响产地溯源模型的构建，所以在产地溯源研究中应采集同一成熟度的枸杞。

4.4 不同茬次枸杞中矿物元素分布特征

矿质元素指纹分析技术结合多元统计学方法被广泛应用在植物源性农产品的产地溯源领域，产地溯源正确率较高，效果较好。前人从地域特征指标筛选、技术方法的可行性分析，到判别模型建立、验证等方面，均进行了不同程度的探索。但是枸杞属于分批采收作物，不同采收茬次的枸杞样品是否会影响产地溯源模型的稳定性还没有报道，本章检测分析不同茬次枸杞中矿物元素的变化特征，采用判别分析方法开展不同茬次枸杞对产地溯源模型构建的影响研究。

4.4.1 不同茬次枸杞中矿物元素含量分析

对固原、中宁1~5茬、银川1~4茬枸杞中57种矿物元素含量进行方差分析，结果见表4-6。

由表4-6可知，中宁1~5茬次枸杞中Cu、Co、B、Mg、Mn、Mo、Fe、Zn、Ca、Se、V含量范围分别为8.05~11.5 mg/kg、0.049~0.089 mg/kg、8.39~9.24 mg/kg、1065~1420 mg/kg、8.24~11.8 mg/kg、0.20~0.29 mg/kg、28.7~44.8 mg/kg、18.8~25.3 mg/kg、673~981 mg/kg、0.021~0.042 mg/kg、0.032~0.056 mg/kg，11种有益元素在中宁不同茬次枸杞中均具有显著性差异（$P<0.05$）。固原1~5茬枸杞中Cu、Co、B、Mg、Mn、Mo、Fe、Zn、Ca、Se、V含量范围分别为4.33~7.36 mg/kg、0.058~0.19 mg/kg、9.34~9.95 mg/kg、1120~1348 mg/kg、18.1~40.5 mg/kg、0.34~0.51 mg/kg、37.0~168.6 mg/kg、15.0~23.5 mg/kg、460~669 mg/kg、0.011~0.034 mg/kg、0.067~0.23 mg/kg，除了B和Se元素外，其他9种有益元素在固原不同茬次枸杞均具有显著性差异（$P<0.05$）。银川1~4茬枸杞中Cu、Co、B、Mg、Mn、Mo、Fe、Zn、Ca、Se、V含量范围分别为5.66~9.28 mg/kg、0.044~0.093 mg/kg、8.69~12.0 mg/kg、1033~1756 mg/kg、11.5~26.9 mg/kg、0.15~0.29 mg/kg、52.9~121.6 mg/kg、9.44~46.5 mg/kg、585~1185 mg/kg、0.024~0.044 mg/kg、0.089~0.17 mg/kg，11种有益元素在银川不同茬次枸杞均具有显著性差异（$P<0.05$）。综合3地不同茬次枸杞中有益元素结果，Cu、Co、Mg、Mn、Mo、Fe、Zn、Ca、V 9种元素在不同茬次枸杞中具有"时间差异"。

稀土元素Ce含量较高，在固原和银川的3茬枸杞中分别达到0.14 mg/kg和0.16 mg/kg，其次是La、Nd、Sc、Y，之后是Pr、Eu、Yb、Dy、Er、Gd、Sm，含量为10^{-9}数量级，Tb、Ho、Tm、Lu含量较低，含量为10^{-10}数量级，枸杞中稀土元素显示出轻稀土元素富集、重稀土元素亏欠的特征。方差分析结果显示：La、Eu、Yb、Er、Tb、Ho在中宁不同茬次枸杞中均无显著差异，La、Ho、Lu在固原不同茬次枸杞中无显著差异，La、Sc、Tm在银川不同茬次枸杞中无显著性差异。综合上述结果，不同茬次枸杞中Ce、Nd、Y、Pr、Dy、Gd、Sm 7种稀土元素具有"时间差异"。

对3地枸杞中Pb、Cd、As、Hg、Cr、Ni、Ba、Tl、Sb、Sn、U 11种有害重金属元素含量进行分析。枸杞中Cr、Ni、Ba含量较高，为mg/kg级；Pb含量次之，而且银川地区枸杞中Pb含量明显高于中宁和固原；含量最低的元素为U、Hg、Tl，为μg/kg级，比Cd、As、Sb、Sn含量低10倍左右。不同茬次

表4-6 不同产地不同茬次枸杞中矿物元素含量

茬次	产地	Cu	Co	B	Mg**	Mn	Mo	Fe	Zn	Ca**	Se
1茬	银川	6.7±0.5b	0.083±0.001a	11.2±0.2a	1.49±0.02a	17.1±0.1b	0.18±0.007bc	59.2±2.5b	10.6±0.3c	0.87±0.05b	0.026±0.002a
	中宁	8.4±0.5c	0.070±0.003b	8.48±0.1b	1.08±0.01c	8.55±0.2d	0.20±0.000d	37.9±1.6b	22.2±4.0a	0.69±0.02c	0.038±0.005a
	固原	7.0±0.2a	0.10±0.03ab	9.88±0.8a	1.25±0.05ab	32.5±7.6a	0.44±0.007a	45.8±6.4bc	16.4±2.3bc	0.64±0.03a	0.026±0.009a
	平均值	7.38±0.89A	0.086±0.02A	9.85±1.36A	1.27±0.21A	19.4±12A	0.27±0.15A	47.6±10.8AB	16.4±5.8A	0.73±0.11A	0.030±0.01A
2茬	银川	5.8±0.04b	0.072±0.0007b	9.51±0.2a	1.72±0.05a	22.0±1.6a	0.29±0.000a	53.8±1.3b	31.6±1.3b	0.75±0.007bc	0.024±0.0007a
	中宁	9.8±0.03b	0.087±0.003a	8.94±0.2ab	1.29±0.03b	9.30±0.3c	0.24±0.007bc	44.4±6.a	21.0±0.6a	0.97±0.02a	0.032±0.007a
	固原	6.7±0.09a	0.12±0.003ab	9.72±0.4a	1.21±0.01bc	32.2±0.07a	0.46±0.007a	59.2±1.9ab	20.0±2.8bc	0.66±0.001a	0.020±0.0007a
	平均值	7.39±2.2A	0.094±0.03A	9.39±0.41A	1.41±0.3A	21.2±11A	0.33±0.12A	52.5±7.5AB	24.2±6.4	0.79±0.15A	0.026±0.006A
3茬	银川	5.9±0.2b	0.090±0.002a	8.70±0.3b	1.60±0.08a	25.7±1.7a	0.14±0.007c	114.2±10a	9.65±0.2c	1.14±0.06a	0.026±0.006a
	中宁	10.2±0.03ab	0.068±0.0007b	9.08±0.06a	1.39±0.04ab	11.8±0.0a	0.30±0.007a	30.2±0.8cd	18.9±0.0a	0.87±0.01b	0.024±0.004a
	固原	7.3±1.2a	0.16±0.05a	9.90±0.07a	1.32±0.04a	38.0±3.5a	0.47±0.03a	155±18a	23.0±0.8a	0.67±0.004a	0.023±0.007a
	平均值	7.81±2.2A	0.10±0.05A	9.23±0.6A	1.43±0.14A	25.2±13A	0.30±0.16A	100.0±64A	17.2±6.8A	0.89±0.23A	0.024±0.00A
4茬	银川	9.2±1.0a	0.048±0.006c	11.1±1.2a	1.15±0.2b	13.0±2.1b	0.18±0.02b	57.6±8.9b	42.0±6.4a	0.64±0.08c	0.041±0.004a
	中宁	11.0±0.4ab	0.055±0.003c	9.22±0.04a	1.42±0.0a	10.8±0.07b	0.24±0.007b	32.9±0.0c	22.9±0.1a	0.91±0.02b	0.032±0.000a
	固原	7.0±0.1a	0.14±0.004a	9.64±0.6a	1.24±0.05ab	31.5±1.1a	0.44±0.007a	65.8±4.7b	20.6±6.6ab	0.67±0.02a	0.016±0.006a
	平均值	9.05±2.0A	0.079±0.05A	10.0±1.0A	1.27±0.14A	18.4±11A	0.29±0.13A	52.1±17AB	28.5±12A	0.73±0.14A	0.030±0.01A
5茬	中宁	11.4±1.0a	0.052±0.004c	8.72±0.4ab	1.18±0.08c	8.25±0.4d	0.22±0.007c	29.8±1.6d	23.8±2.3a	0.73±0.02c	0.029±0.001a
	固原	4.3±0.2b	0.059±0.001b	9.36±0.3a	1.13±0.008c	18.7±0.8b	0.35±0.01b	37.6±0.8c	15.4±0.5c	0.46±0.003b	0.026±0.008a
	平均值	7.87±5.0A	0.056±0.005A	9.04±0.46A	1.15±0.03A	13.5±7.4A	0.29±0.09A	33.7±5.5B	19.6±5.9A	0.59±0.18A	0.027±0.002A
LSD P值		0.914	0.633	0.693	0.474	0.852	0.985	0.23	0.348	0.475	0.821

（续表）

茬次	产地	V	La	Ce	Nd	Sc	Y	Pr*	Eu*	Yb*	Dy*
1茬	银川	0.11±0.006b	0.058±0.002a	0.11±0.009b	0.048±0.002b	0.021±0.000a	0.032±0.0007b	10.0±0.7b	1.1±0.1b	2.8±0.1b	6.7±0.0b
	中宁	0.048±0.002b	0.069±0.03a	0.030±0.004b	0.013±0.003b	0.015±0.006a	0.011±0.001a	3.5±0.7ab	0.45±0.1ab	1.2±0.0ab	2.0±0.2b
	固原	0.070±0.01b	0.047±0.001a	0.055±0.006c	0.023±0.003c	0.014±0.004bc	0.018±0.002b	6.0±0.0b	0.65±0.1b	1.6±0.6c	3.4±0.0b
	平均值	0.077±0.03A	0.058±0.01A	0.066±0.04A	0.028±0.02A	0.017±0.004A	0.021±0.01A	6.67±3.5A	0.73±0.33A	1.83±0.9A	4.07±2.4A
2茬	银川	0.090±0.001c	0.055±0.007a	0.087±0.01c	0.034±0.004c	0.022±0.002a	0.024±0.0007c	8.0±1.0b	0.85±0.1b	2.3±0.3b	5.2±0.4c
	中宁	0.056±0.0007a	0.062±0.0a	0.041±0.006a	0.017±0.001a	0.016±0.004a	0.012±0.0007a	4.5±0.7a	0.60±0.0a	1.4±0.0a	2.8±0.2a
	固原	0.10±0.004b	0.050±0.0a	0.070±0.006bc	0.032±0.002bc	0.020±0.004ab	0.026±0.0007b	7.5±0.0b	1.0±0.0ab	2.6±0.4b	5.8±0.6b
	平均值	0.082±0.02A	0.056±0.01A	0.066±0.02A	0.028±0.01A	0.020±0.003A	0.021±0.01A	6.67±1.9A	0.83±0.23A	2.08±0.6A	4.55±1.6A
3茬	银川	0.17±0.001a	0.084±0.02a	0.160±0.000a	0.066±0.002a	0.030±0.0007a	0.055±0.001a	16.0±0.7a	1.9±0.1a	5.0±0.1a	11.0±0.6a
	中宁	0.032±0.0007c	0.057±0.004a	0.023±0.001b	0.0085±0.0007c	0.0060±0.003b	0.0070±0.000b	2.5±0.7b	0.40±0.0ab	0.85±0.2bc	1.6±0.0c
	固原	0.21±0.03a	0.082±0.02a	0.12±0.02a	0.056±0.007a	0.028±0.002a	0.044±0.009a	13.0±3.3a	1.5±0.4a	4.0±0.0a	9.6±2.1a
	平均值	0.14±0.09A	0.074±0.02A	0.10±0.07A	0.043±0.03A	0.021±0.01A	0.036±0.02A	10.3±6.9A	1.27±0.8A	3.30±2.2A	7.33±5.0A
4茬	银川	0.090±0.01a	0.060±0.01a	0.10±0.01bc	0.043±0.001b	0.018±0.01a	0.027±0.003c	9.0±1.2b	0.95±0.0b	2.4±0.4b	5.4±0.2c
	中宁	0.032±0.002c	0.048±0.01a	0.024±0.0007b	0.0085±0.0007c	0.025±0.0007c	0.0080±0.000b	2.0±0.0b	0.35±0.0b	0.55±0.2c	1.2±0.0d
	固原	0.10±0.0007b	0.065±0.008b	0.094±0.01ab	0.040±0.005b	0.022±0.002ab	0.030±0.0007b	10.1±1.4ab	1.2±0.1ab	2.4±0.0bc	6.0±0.8b
	平均值	0.075±0.04A	0.058±0.01A	0.072±0.04A	0.030±0.02A	0.014±0.01A	0.022±0.011A	7.00±4.4A	0.83±0.4A	1.82±1.1A	4.22±2.7A
5茬	中宁	0.032±0.004c	0.080±0.04a	0.023±0.001b	0.010±0.0007bc	0.010±0.0000ab	0.0085±0.0007b	2.5±0.7b	0.40±0.1ab	0.70±0.3bc	1.2±0.0d
	固原	0.068±0.001b	0.046±0.008b	0.056±0.01c	0.024±0.008c	0.011±0.004c	0.018±0.002b	6.0±1.2b	0.70±0.1b	1.6±0.3c	3.4±0.7b
	平均值	0.050±0.03A	0.063±0.02A	0.039±0.02A	0.018±0.01A	0.010±0.001A	0.014±0.007A	4.25±2.5A	0.55±0.2A	1.15±0.6A	2.28±1.6A
LSD P值		0.43	0.461	0.681	0.683	0.594	0.548	0.57	0.515	0.455	0.475

（续表）

茬次	产地	Er*	Gd*	Sm*	Tb*	Ho*	Tm*	Lu*	Pb	Cd	As
1茬	银川	3.2±0.0b	8.0±0.87b	4.4±0.0b	1.1±0.07b	1.0±0.1b	0.33±0.04ab	0.30±0.0b	0.18±0.00ab	0.020±0.0007d	0.032±0.004b
	中宁	0.95±0.0a	2.4±0.0b	1.8±0.0a	0.48±0.01a	0.29±0.0a	0.12±0.0b	0.10±0.0b	0.075±0.003a	0.062±0.0007a	0.024±0.0007ab
	固原	1.6±0.4c	4.7±0.7c	2.8±0.0c	0.64±0.06b	0.50±0.0b	0.13±0.0d	0.20±0.0b	0.050±0.05b	0.024±0.0000a	0.021±0.003b
	平均值	1.90±1.1A	5.05±2.8A	3.03±1.3A	0.75±0.3A	0.60±0.36A	0.20±0.1A	0.20±0.1A	0.10±0.07A	0.035±0.02A	0.026±0.01AB
2茬	银川	2.3±0.0c	6.7±0.4b	3.4±0.0b	0.83±0.07c	0.69±0.0c	0.22±0.00b	0.20±0.0bc	0.20±0.04ab	0.036±0.0007a	0.028±0.002b
	中宁	1.2±0.1a	3.0±0.0a	2.1±0.1a	0.57±0.06a	0.35±0.2a	0.18±0.0a	0.10±0.0a	0.062±0.004a	0.062±0.001a	0.028±0.002a
	固原	2.4±0.2bc	6.4±0.9bc	4.2±0.4b	0.95±0.2b	0.69±0.0b	0.26±0.0bc	0.25±0.0ab	0.046±0.001bc	0.020±0.000b	0.026±0.006b
	平均值	1.98±0.7A	5.40±2.0A	3.27±1.1A	0.78±0.2A	0.58±0.19A	0.22±0.04A	0.18±0.08A	0.10±0.8A	0.039±0.02A	0.027±0.001AB
3茬	银川	4.7±0.1a	13.1±0.7a	6.8±0.6a	1.8±0.0a	1.6±0.0a	0.48±0.06a	0.45±0.0a	0.25±0.03a	0.028±0.0007b	0.052±0.006a
	中宁	0.55±0.2b	2.0±0.2c	1.3±0.3b	0.29±0.03b	0.22±0.0a	0.085±0.0b	0.10±0.0a	0.044±0.001a	0.050±0.001b	0.018±0.002c
	固原	4.3±0.7a	11.0±0.8a	6.0±1.0a	1.7±0.5a	1.4±0.3a	0.44±0.0a	0.35±0.0a	0.059±0.001a	0.020±0.000b	0.052±0.006a
	平均值	3.18±2.3A	8.70±5.9A	4.73±3.0Aa	1.27±0.8A	1.06±0.7A	0.34±0.2A	0.30±0.2A	0.12±0.1A	0.033±0.02A	0.040±0.02A
4茬	银川	2.4±0.6bc	8.0±0.2b	4.0±0.4b	0.96±0.04c	0.90±0.0bc	0.35±0.1ab	0.15±0.0c	0.13±0.02b	0.024±0.0007c	0.028±0.0007b
	中宁	0.55±0.0b	2.0±0.2c	1.3±0.1b	0.26±0.02b	0.19±0.0a	0.095±0.0b	0.10±0.0c	0.062±0.001a	0.060±0.002a	0.019±0.000c
	固原	3.1±0.7ab	7.2±1.2b	4.5±0.3b	1.1±0.05ab	0.88±0.0b	0.30±0.0b	0.20±0.0b	0.062±0.005a	0.020±0.0007b	0.028±0.0007b
	平均值	2.02±1.3A	5.75±3.3A	3.27±1.7A	0.80±0.5A	0.65±0.4A	0.25±0.14A	0.15±0.05A	0.085±0.04A	0.035±0.02A	0.025±0.005AB
5茬	中宁	0.90±0.1ab	1.6±0.0c	1.0±0.0b	0.32±0.0b	0.22±0.0a	0.090±0.0b	0.10±0.2ab	0.100±0.07a	0.050±0.004b	0.020±0.002bc
	固原	2.0±0.0bc	4.7±0.4c	2.7±0.1c	0.80±0.09b	0.62±0.2b	0.18±0.0cd	0.20±0.2b	0.040±0.002c	0.018±0.000c	0.017±0.007b
	平均值	1.42±0.7A	3.15±2.2A	1.85±1.2A	0.56±0.34A	0.42±0.3A	0.13±0.06A	0.15±0.04A	0.070±0.04A	0.034±0.02A	0.018±0.002B
LSD P值		0.678	0.564	0.575	0.595	0.57	0.551	0.74	0.963	0.996	0.237

91

（续表）

茬次	产地	Hg*	Cr	Ni	Ba	Tl*	Sb*	Sn*	U*	Bi*	Be
1茬	银川	2.0±0.6a	1.18±0.06b	0.52±0.00a	0.88±0.09b	4.4±0.0b	4.8±0.9b	2.0±0.0a	5.8±0.6b	2.0±0.2b	2.6±2.0a
	中宁	1.0±0.5a	0.65±0.00b	1.08±0.05b	0.44±0.03e	3.0±0.2c	18.0±1.0a	1.0±0.0a	12.0±0.8a	1.0±0.2a	1.0±0.9a
	固原	1.1±0.3a	0.81±0.00bc	1.26±0.2a	0.63±0.1ab	1.8±0.4b	3.2±1.0b	1.0±0.0a	3.2±0.4b	0.75±0.0bc	0.80±0.0a
	平均值	1.37±0.6A	0.88±0.28A	0.95±0.39A	0.65±0.22a	3.08±1.36A	8.62±8.1A	1.33±0.6AB	6.85±4.3A	1.25±0.6A	1.50±1.0A
2茬	银川	1.4±1.0a	1.24±0.04b	0.36±0.00c	0.69±0.01b	3.0±0.0c	6.7±0.4b	2.0±0.0a	6.0±0.9b	1.8±0.0b	1.1±0.0a
	中宁	1.8±0.1a	0.84±0.04a	1.26±0.04a	0.70±0.007b	3.6±0.3bc	10.0±1.0b	1.0±0.0a	12.0±0.4a	0.75±0.0ab	0.40±0..0a
	固原	1.7±1.0a	0.84±0.03bc	1.18±0.04a	0.78±0.08a	2.2±0.4ab	3.70±0.7b	2.0±0.0a	3.8±0.1b	1.0±0.0a	0.80±0..6a
	平均值	1.62±0.2A	0.97±0.24A	0.93±0.49A	0.72±0.06A	2.93±0.7A	6.93±3.4A	1.67±0.6A	7.23±4.2A	1.17±0.5A	0.77±0.4A
3茬	银川	1.6±0.5a	1.41±0.06a	0.42±0.007b	2.15±0.3a	5.3±0.3a	12.0±0.5a	3.5±0.7a	9.9±0.7a	2.6±0.2a	0.70±0.0a
	中宁	1.6±0.2a	0.75±0.00ab	1.01±0.03bc	0.62±0.0c	4.0±0.2ab	5.0±0.0c	0.50±0.7a	11.0±0.4a	0.85±0.0ab	0.85±0.6a
	固原	1.5±0.0a	1.15±0.2a	1.44±0.1a	0.90±0.1a	2.8±0.07a	7.0±1.1a	3.0±0.0a	6.4±0.7a	1.0±0.0a	1.2±0.8a
	平均值	1.53±0.03A	2.44±2.3A	0.96±0.5A	1.22±0.8A	4.05±1.2A	7.95±3.6A	2.33±1.6A	9.22±2.5A	1.48±0.9A	0.92±0.3A
4茬	银川	1.4±0.2a	1.11±0.06b	0.52±0.04a	0.81±0.16b	3.4±0.2c	7.8±4.8a	2.0±0.0a	5.0±0.5b	1.6±0.0b	2.9±0.0a
	中宁	1.6±0.2a	0.77±0.1ab	0.87±0.08c	0.80±0.04a	4.4±0.4a	11.1±3.2b	1.0±0.0a	10.0±0.6a	0.60±0.0b	1.0±0.2a
	固原	1.4±0.4a	0.92±0.04b	1.27±0.06a	0.88±0.2a	2.2±0.07ab	3.8±0.6b	2.0±0.0a	3.8±0.5b	0.90±0.1ab	1.2±0.0a
	平均值	1.48±0.06A	0.93±0.17A	0.88±0.4A	0.83±0.04A	3.32±1.1A	7.47±3.6A	1.67±0.6AB	6.43±3.6A	1.02±0.5A	1.70±1.0A
5茬	中宁	2.3±0.4a	0.63±0.03b	0.86±0.08c	0.56±0.007d	3.0±0.1c	7.8±2.9c	0.50±0.7a	11.1±0.5a	0.70±0.1b	0.80±0.6a
	固原	1.4±0.7a	0.61±0.00c	0.72±0.02b	0.45±0.03b	2.0±0.4b	2.6±0.4b	1.0±0.0a	3.0±0.1b	0.60±0.0c	1.2±0.0a
	平均值	1.85±0.6A	0.62±0.01A	0.79±0.09A	0.50±0.08A	2.52±0.7A	5.20±3.6A	0.75±0.4B	6.88±5.5A	0.65±0.07A	1.00±0.3A
LSD P值		0.584	0.369	0.991	0.358	0.569	0.951	0.203	0.917	0.681	0.472

92

（续表）

茬次	产地	Sr	Li	Rb	Cs*	Ti	Zr	Nb*	Pd*	Ag*	Hf*
1茬	银川	8.7±0.0a	1.28±0.007b	1.88±0.01c	12.0±0.5b	2.86±0.4b	0.015±0.003b	8.00±1.b	1.9±0.1a	5.0±1.3a	1.8±0.4b
	中宁	5.75±0.4b	2.09±0.03b	3.44±0.05e	6.4±0.4c	2.08±0.2b	0.019±0.003a	5.00±0.0a	1.8±0.6a	7.5±0.7a	0.75±0.0a
	固原	16.6±0.2a	1.30±0.1a	2.54±0.3b	7.2±0.5c	2.43±0.5b	0.012±0.003b	5.0±1.0b	1.4±0.1b	7.0±1.4a	0.80±0.1b
	平均值	10.30±5.57a	1.56±0.46A	2.62±0.78A	8.45±3.0B	2.46±0.39A	0.015±0.004B	6.00±1.7A	1.72±0.2A	6.50±1.3A	1.13±0.6A
2茬	银川	8.7±0.1a	1.19±0.06b	2.15±0.07bc	10.0±0.0b	3.00±0.3b	0.020±0.007b	6.5±0.7b	2.3±0.3a	4.5±0.7a	1.5±0.1b
	中宁	7.55±0.07a	2.13±0.00a	5.30±0.08c	8.6±0.0ab	2.56±0.3a	0.018±0.002ab	5.5±0.7a	2.3±0.3a	6.5±0.7a	0.80±0.1a
	固原	14.9±0.1b	1.28±0.05a	2.96±0.05a	10.0±0.4b	3.08±0.1b	0.017±0.000b	7.0±0.0b	2.6±0.9ab	6.5±0.7a	1.0±0.0b
	平均值	10.4±3.9A	1.53±0.52A	3.47±1.6A	9.67±0.09AB	2.88±0.3A	0.017±0.0003AB	6.33±0.8A	2.53±0.2A	6.5±0.0A	1.12±0.4A
3茬	银川	7.6±0.07ab	1.48±0.00a	3.15±0.05a	19.0±0.9a	5.41±0.5a	0.052±0.004a	14.0±0.00a	3.4±0.5a	4.0±0.0a	3.2±0.8a
	中宁	7.25±0.2a	1.14±0.007e	7.06±0.08a	8.8±0.0a	1.82±0.1b	0.014±0.0007b	3.5±0.7a	1.2±0.6a	5.0±0.0a	0.65±0.2a
	固原	12.8±0.07d	1.03±0.01b	2.42±0.007b	15.0±0.4b	4.92±0.9a	0.047±0.003a	24.0±0.7a	4.3±0.3a	8.5±2.4a	1.9±0.4a
	平均值	9.25±3.1A	1.22±0.23A	4.21±2.5A	14.3±5.1A	4.05±1.9A	0.049±0.002A	13.7±10A	3.44±0.9A	5.56±2.6A	1.90±1.2A
4茬	银川	6.8±0.8b	0.97±0.1c	2.30±0.2b	10.0±1.3b	2.77±0.3b	0.034±0.01ab	7.0±0.0b	2.2±0.8a	3.5±0.7a	1.6±0.2b
	中宁	6.35±0.07b	1.21±0.01d	5.85±0.06b	7.6±0.8b	1.84±0.02b	0.012±0.0007b	5.5±0.7a	1.6±0.0a	4.5±0.7a	1.0±0.2a
	固原	14.2±0.2c	1.17±0.07ab	2.94±0.01a	11.2±0.0b	2.55±0.3b	0.010±0.005b	6.0±1.1b	1.8±0.4b	7.0±0.0a	0.60±0.0b
	平均值	9.12±4.4A	1.12±0.13A	3.70±1.9A	9.52±1.7AB	2.38±0.5A	0.011±0.001AB	6.17±0.8A	1.51±0.3A	5.11±1.7A	1.08±05A
5茬	中宁	5.70±0.4b	1.34±0.007c	3.95±0.2d	6.1±0.1c	2.04±0.1b	0.021±0.003a	5.0±2.8a	2.3±0.4a	5.0±0.0a	1.1±0.3a
	固原	9.0±0.07e	0.70±0.007c	2.21±0.01b	7.0±0.0c	2.51±0.4b	0.024±0.01a	10.0±5.9b	1.9±0.4b	8.5±4.2a	1.0±0.0b
	平均值	7.38±2.4A	1.02±0.46A	3.08±1.2A	6.58±0.7B	2.27±0.33A	0.022±0.001AB	7.75±3.9A	1.43±0.7A	3.75±1.8A	1.08±0.04A
LSD P值		0.961	0.418	0.84	0.109	0.258	0.233	0.395	0.363	0.749	0.646

（续表）

茬次	产地	Ta*	W*	Ir*	Pt*	Ga	Ge*	Rh*
1茬	银川	6.4±0.2a	5.0±0.2a	6.0±0.4a	7.1±0.6a	0.046±0.002b	1.8±0.4b	1.2±0.6a
	中宁	3.5±0.3a	3.7±2.1a	2.9±0.8a	3.9±1.1a	0.023±0.001b	2.8±1.0a	0.95±0.0a
	固原	5.0±0.1a	2.4±0.3b	5.4±0.8a	6.4±1.3a	0.032±0.006cd	2.7±0.8a	1.6±0.1a
	平均值	4.95±1.4A	3.68±1.3A	4.77±1.7A	5.78±1.7A	0.034±0.01A	2.45±0.6A	1.25±0.3A
2茬	银川	6.4±1.0a	5.6±2.1a	5.4±0.7a	6.8±0.9a	0.036±0.0007b	2.8±0.0ab	1.2±0.0ab
	中宁	4.8±1.0a	2.4±0.2a	4.5±1.0a	6.0±0.9a	0.032±0.0000a	1.6±0.2a	1.1±0.1ab
	固原	5.2±0.4a	2.9±0.4ab	5.0±0.6a	6.0±0.2a	0.042±0.002bc	2.1±0.7a	1.6±0.2a
	平均值	5.47±0.8A	3.62±1.7A	5.00±0.5A	6.30±0.5A	0.038±0.005A	2.17±0.6A	1.27±0.2A
3茬	银川	4.6±0.4a	4.6±0.4a	4.8±0.4a	7.1±2.2a	0.098±0.01a	4.0±1.1a	1.00±0.3a
	中宁	3.4±0.2a	1.4±0.2a	3.4±1.0a	4.1±1.4a	0.027±0.001b	0.85±0.0b	1.2±0.2a
	固原	5.2±0.1a	10.4±6.1a	5.2±1.2a	6.2±1.2a	0.055±0.003a	3.6±1.2a	1.7±0.3a
	平均值	4.40±1.0A	5.47±4.5A	4.48±1.0A	5.80±1.5A	0.074±0.02A	2.80±1.7A	1.32±0.4A
4茬	银川	4.6±0.4a	4.5±0.1a	5.3±0.3a	7.9±1.1a	0.043±0.007b	2.8±0.8a	0.95±0.2a
	中宁	4.6±1.3a	2.2±0.4a	5.5±0.1a	7.9±2.1a	0.036±0.002a	0.50±0.2b	0.90±0.1a
	固原	5.0±0.2a	2.8±0.6ab	5.1±0.4a	6.1±0.8a	0.044±0.005b	1.4±0.4a	1.8±0.2a
	平均值	4.70±0.2A	3.20±1.2A	5.30±0.2A	7.30±1.0A	0.040±0.004A	1.57±1.2A	1.20±0.5A
5茬	中宁	4.0±0.6a	1.7±1.6a	4.6±1.4a	5.6±1.9a	0.027±0.003b	1.2±0.2b	0.90±0.1a
	固原	7.1±5.6a	2.1±0.0b	4.6±0.9a	5.2±1.1a	0.027±0.003d	1.4±0.1a	1.0±0.2b
	平均值	5.52±2.2A	9.32±10A	4.58±0.04A	5.42±0.32A	0.027±0.0A	1.32±0.1A	0.98±0.11A
LSD P值		0.764	0.545	0.841	0.448	0.337	0.531	0.84

注：* 表示元素含量单位为 μg/kg；** 表示元素含量单位为 g/kg；表中不同小写字母表示同一产地不同茬次枸杞中矿物元素含量单因素方差比较具有显著性差异（显著性置信水平 $P<0.05$）；不同大写字母表示 3 个产地同一茬次矿物元素含量单因素方差比较具有显著性差异（显著性置信水平 $P<0.05$）。

94

枸杞中有害金属元素含量的单因素方差分析结果表明：Hg 在 3 地不同茬次中均无显著差异，Pb、U 在中宁不同茬次中无显著差异，其他 8 种元素在同一地区不同茬次枸杞中差异显著（$P < 0.05$），因此，Cd、As、Cr、Ni、Ba、Tl、Sb、Sn 8 种有害金属元素在枸杞不同茬次间存在"时间差异"。根据《中华人民共和国药典》中规定的重金属残留限量（Pb、Cd、As、Hg、Cu 分别为 5.0 mg/kg、1.0 mg/kg、2.0 mg/kg、0.2 mg/kg、20 mg/kg），3 地枸杞 Pb、Cd、As、Hg 均未超过限量标准，Cu 最高含量为 12.1 mg/kg，也低于限量值，项目监测区域枸杞质量属安全级。

对 3 个产地不同茬次枸杞中 Bi、Be、Sr、Li、Rb、Cs、Ti、Zr、Nb、Pd、Ag、Hf、Ta、W、Ir、Pt、Ga、Ge、Rh 19 种其他元素含量分析结果显示，Sr、Rb、Ti、Li 含量较高，为 mg/kg，Ga、Cs、Zr、Ag 含量较上述元素低 100 倍，Nb、Pt、Ir、W、Ta、Bi、Be、Pd、Ge、Hf、Rh 含量较低，为 μg/kg 级。19 种元素含量在不同茬次的方差分析显示，中宁 5 茬枸杞中 Bi、Be、Nb、Ta、Hf、W、Rh 7 种元素无显著差异；固原 5 茬枸杞中 Bi、Be、Ag、Ta、Ir、Pt、Rh 7 种元素无显著差异；银川 4 茬枸杞中 Ag、W、Pt、Rh 4 种元素无显著差异（$P > 0.05$）。因此，Sr、Li、Rb、Cs、Ti、Zr、Pd、Ga、Ge 9 种元素在不同茬次枸杞中存在"时间差异"。

根据以上分析结果，3 个地区 5 个茬次枸杞中 Cu、Co、Mg、Mn、Mo、Fe、Zn、Ca、V、Ce、Nd、Y、Pr、Dy、Gd、Sm、Cd、As、Cr、Ni、Ba、Tl、Sb、Sn、Sr、Li、Rb、Cs、Ti、Zr、Pd、Ga、Ge 33 种矿物元素存在"时间差异"。

以 3 个产地结果平均值进行比较分析发现，57 种矿物元素在 5 个茬次枸杞中 LSD P 值均大于 0.05，所以 57 种矿物元素在不同茬次间均无显著差异。

4.4.2 不同茬次枸杞中矿物元素的变化规律

4.4.2.1 有益元素在不同茬次枸杞中的变化规律

因银川地区只采集了 4 茬枸杞，在这里只分析银川、中宁和固原地区前 4 茬枸杞的变化规律。对 3 个产地 4 茬枸杞中 11 种有益元素差异显著性进行分析，结果见图 4-8。结果显示：Cu 在 3 个产地不同茬次变化趋势不一致，固原枸杞 Cu 含量基本保持不变，银川枸杞呈先下降后升高的趋势，在 2 茬达到最低值，中宁枸杞呈升高趋势，中宁地区 Cu 含量显著高于固原和银川，同一茬次不同产地 Cu 含量具有显著差异；Co 在 3 个产地均呈先升高后降低的趋势，在 2 茬/3 茬达到最高值，固原枸杞 Co 含量显著高于其他两地；B 的变化趋势同 Cu，3 个产地各茬次中 B 含量差异显著；Mg 在固原、银川枸杞中呈先升高后降低的趋势，在中宁枸杞中呈升高趋势，Mg 含量在同一茬次 3 个产地枸杞中差异显著；Mn、Mo、Fe 在 3 地均呈先升高后降低的趋势，在 2 茬/3 茬达到最高值，Mn 含量呈固原>银川>中宁，固原 Mo 含量显著高于其他 2 地，各茬次中 3 个产地 Mn、Mo、Fe 含量差异显著；Zn 含量在固原、中宁各茬次枸杞中变化不大，在银川枸杞中呈先升高后降低再升高的趋势，3 个产地 1 茬和 3 茬枸杞中 Zn 含量差异显著；Ca 含量在 3 个产地变化趋势不一致，固原枸杞 Ca 含量在不同茬次无显著变化，银川、中宁枸杞 Ca 含量呈先升高后降低的趋势，在 2 茬/3 茬达最高值，各茬次 3 地 Ca 含量差异显著；Se 在 3 个产地变化趋势不一致，固原枸杞呈降低趋势，银川枸杞在前 3 茬含量基本不变，在 4 茬显著升高，中宁枸杞呈先降低后升高的趋势，4 茬枸杞 Se 含量在 3 个产地差异显著；V 在 3 个产地呈先升高后降低的趋势，各茬次枸杞 V 含量在 3 个产地差异显著。

在 11 种有益元素中，3 个产地 Co、Mn、Mo、Fe、V 在 4 个茬次呈先升高后降低的趋势，在 2 茬/3 茬达到最高值；Cu、B、Mg、Zn、Ca、Se 变化趋势不一致，11 种有益元素均具有"地域差异"。

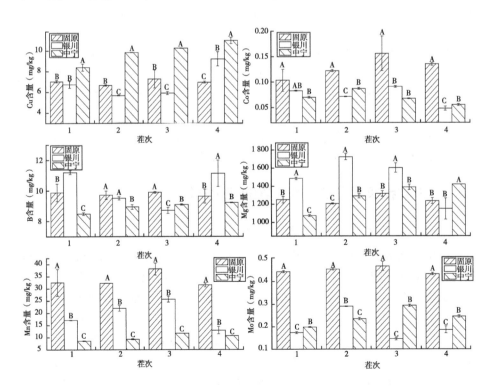

96

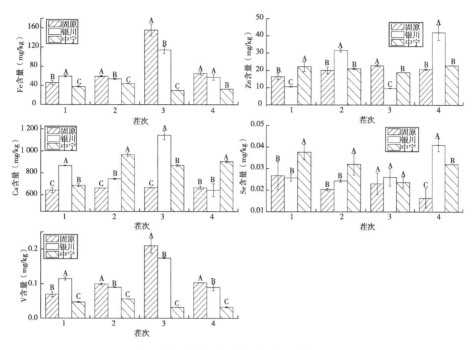

图 4-8　3 个产地有益元素变化趋势图

注：图中大写字母表示同一茬次不同产地枸杞中矿物元素含量单因素方差比较具有显著性差异（显著性置信水平 P<0.05），下同。

4.4.2.2　稀土元素在不同茬次枸杞中的变化规律

稀土元素在 4 个茬次的变化趋势图见图 4-9。La 在 3 个产地变化趋势不一致，固原和银川枸杞在不同茬次中呈先升高后降低的趋势，中宁枸杞呈逐渐降低趋势，基本在 3 茬达到最高值，且 La 含量只在 2 茬存在显著差异；Ce、Nd、Y、Pr、Eu、Yb、Dy、Er、Gd、Sm、Tb、Ho、Tm、Lu 在 3 个产地变化趋势不一致，除 Ho 和 Lu 外，其他元素在固原和中宁枸杞中呈先升高后降低的趋势，在银川枸杞中呈先降低后升高再降低的趋势，Ho 和 Lu 在固原枸杞中呈先升高后降低的趋势，在银川枸杞中呈先降低后升高再降低的趋势，在中宁不同茬次枸杞中含量变化不大。所有稀土元素含量均在 2 茬/3 茬达到最高值，3 个产地 Ce、Nd、Y、Pr、Yb、Dy、Er、Gd、Sm 含量在不同茬次差异显著，3 个产地 Sc 含量在 1 茬差异不显著，固原和银川 Eu、Tb、Ho 含量在不同茬次无显著差异，但与中宁存在显著差异，同一茬次不同产地 Tm、Lu 含量差异不显著。

所有稀土元素含量均在 2 茬/3 茬达到最高值，16 种稀土元素的变化趋势不一致，固原和中宁 Ce、Nd、Y、Pr、Eu、Yb、Dy、Er、Gd、Sm、Tb、Ho、

Tm、Lu 呈先升高后降低的趋势，银川呈先降低后升高再降低的趋势，Ho 和 Lu 在固原呈先升高后降低的趋势，在银川呈先降低后升高再降低的趋势，除 La、Eu、Tb、Ho、Tm、Lu 外，Ce、Nd、Y、Pr、Yb、Dy、Er、Gd、Sm、Sc 10 种稀土元素具有 "地域差异"。

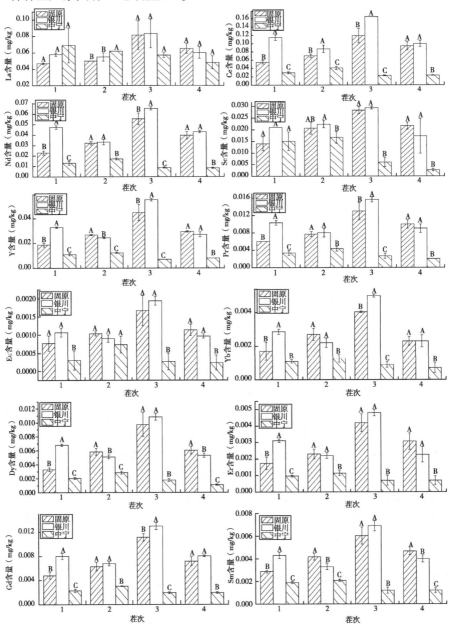

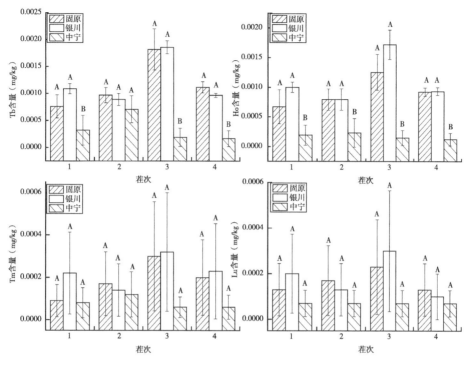

图 4-9　3 个产地稀土元素变化趋势图

4.4.2.3　有害金属元素在不同茬次枸杞中的变化规律

11 种有害金属元素在 3 个产地变化趋势图见图 4-10。Pb 在 3 个产地变化趋势不一致，固原 Pb 含量在 4 茬中无显著变化，银川枸杞呈先升高后降低的趋势，中宁枸杞呈先降低后升高的趋势，固原 2~4 茬枸杞与中宁枸杞 Pb 含量无显著差异，但与银川枸杞呈显著差异；Cd 在 3 个产地变化趋势不一致，固原和中宁枸杞呈先降低后升高的趋势，银川枸杞呈先升高后降低的趋势，同一茬次不同产地枸杞 Cd 含量差异显著；Cr 在 3 个产地均呈先升高后降低的趋势，在 2 茬/3 茬达到最高值，且同一产地不同茬次枸杞 Cr 含量差异显著；As 在 3 个产地枸杞均呈先升高后降低的趋势，在 3 茬枸杞中达到最高值，除 2 茬外，其他茬次 3 个产地枸杞 As 含量差异显著；Hg 在 3 个产地枸杞中变化趋势不一致，固原枸杞 Hg 含量呈先升高后降低的趋势，银川枸杞呈先降低再升高再降低的趋势，中宁枸杞 Hg 含量先升高后趋于稳定，3 个产地枸杞在同一茬次无显著差异；固原、中宁枸杞中 Ni 含量呈先升高后降低的趋势，银川枸杞呈先降低后升高的趋势，3 个产地 Ni 含量差异显著；Ba 在 3 个产地枸杞中变化趋势不一致，固原、中宁枸杞 Ba 含量逐渐升高后趋于稳定，银川枸杞呈先升高后降低的趋势，除 4 茬枸杞外，其他茬次 Ba 含量在 3 个产地含量差异显著；固原、银川枸杞 Sb 含量呈先升高后降低的趋势，中宁枸杞 Sb 含量呈先降低后升高的趋势，3 个产地 Sb 含量差异显著；Tl 在 3 个产地枸杞中变化趋势不一致，固原枸杞呈先升高后降低的趋势，银川枸杞呈先降低再升高再降低的趋势，中宁枸杞呈升高趋势，3 个产地枸杞 Sb 含量差异显著；Sn 在 3 个产地变化趋势不一致，固原、银川枸杞呈先升高后降低的趋势，中宁枸杞不同茬次含量差异不大，固原枸杞 Sn 含量显著高于银川和中宁；U 含量在 3 个产地变化趋势不一致，固原枸杞呈先降低后升高的趋势，中宁枸杞呈逐渐降低趋势，银川枸杞呈先升高后降低的趋势，银川和固原各茬枸杞 U 含量均无显著差异，与中宁具有显著差异。

11 种有害金属元素中，Cr、As 元素含量呈先升高后降低的趋势，Pb、Cd、Hg、Ni、Ba、Sb、Tl、Sn、U 元素含量变化趋势不一致，除 Hg、U 元素外，Pb、Cd、Cr、As、Ni、Ba、Sb、Tl、Sn 9 种有害金属元素具有"地域差异"。

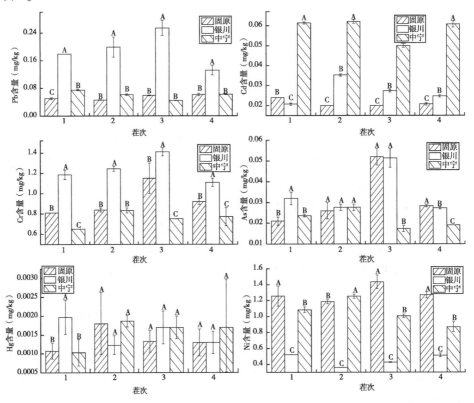

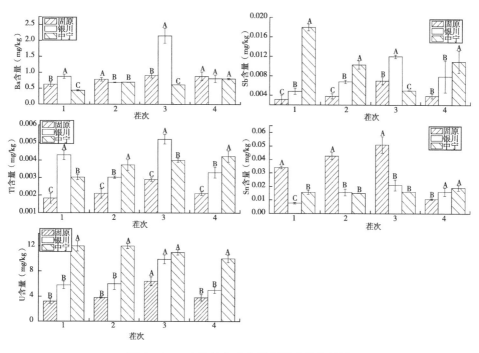

图 4-10　3 个产地有害金属元素变化趋势图

4.4.2.4　其他元素在不同茬次枸杞中的变化规律

19 种其他元素在 3 个产地 4 个茬次的变化趋势图，见图 4-11。Bi 在 3 个产地变化趋势不一致，固原、中宁枸杞 Bi 含量在 4 茬中无显著差异，两地枸杞中 Bi 含量也无显著差异，银川呈先升高后降低的趋势，且含量显著高于其他两地；Be 在 3 个产地变化趋势不一致，固原枸杞 Be 含量无显著变化，银川、中宁呈先降低后升高的趋势，3 个产地 Be 含量具有显著差异；Sr 在 3 个产地变化趋势不一致，固原枸杞呈先降低后升高的趋势，含量显著高于其他两地，银川枸杞呈逐渐减低的趋势，中宁枸杞呈先升高后降低的趋势，3 地 Sr 含量差异显著；Li 在 3 个产地变化趋势不一致，固原、中宁枸杞呈先降低后升高的趋势，银川枸杞呈先升高后降低的趋势，3 个产地 Li 含量差异显著；Rb、Cs、Ti、Zr 在 3 个产地呈先升高后降低的趋势，3 个产地 Rb、Cs、Ti、Zr 含量差异显著，中宁 Rb 含量显著高于其他两地；Nb 在 3 个产地变化趋势不一致，固原和银川枸杞呈先升高后降低的趋势，中宁枸杞呈先降低后升高的趋势，除 4 茬枸杞外，其他茬次 3 个产地 Nb 含量差异显著；Pd 在 3 个产地呈先升高后降低的趋势，除 3 茬枸杞外，3 个产地其他茬次枸杞 Pd 含量无显著差异；Ag 在 3 个产地变化趋势不一致，固原呈先升高后降低的趋势，银川和中宁枸杞呈逐渐降低趋势，3 个产地 Ag 含量差异显著；Ta 在 3 个产地变化趋势不一致，固原枸杞中 Ta 含量变化不大，银川枸杞呈降低趋势，中宁枸杞 Ta 含量先升高再降低再升高，1 茬和 3 茬枸杞 Ta 含量在 3 个产地有显著差异；Hf 在 3 个产地变化趋势不一致，固原、中宁含量在 4 茬枸杞中无显著变化，银川枸杞呈先升高后降低的趋势，3 个产地 Hf 含量差异显著；W 在 3 个产地变化趋势不一致，固原和银川呈先升高再降低的趋势，中宁枸杞呈先降低再升高的趋势；Ir、Pt 在 3 个产地变化趋势不一致，固原、银川枸杞 Ir、Pt 元素含量在不同茬次中无明显变化，中宁枸杞呈先升高再降低再升高的趋势，只有 1 茬、3 茬中宁枸杞 Ir 含量与其他两地有显著差异，中宁 Pt 含量仅在 1 茬与其他两地差异显著；Ga 在 3 个产地变化趋势不一致，固原、银川枸杞呈先升高后降低的趋势，中宁枸杞呈先降低再升高再降低的趋势，3 个产地 Ga 含量差异显著；Ge 在 3 个产地变化趋势不一致，固原、银川枸杞呈先升高后降低的趋势，中宁枸杞呈先降低后升高的趋势，3 个产地 Ge 含量差异显著；Rh 在 3 个产地变化趋势不一致，银川枸杞呈先降低后升高的趋势，中宁和固原枸杞呈先升高后降低的趋势，3 个产地枸杞在不同茬次间均无显著差异。

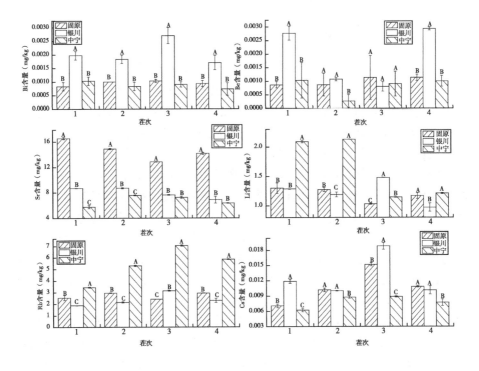

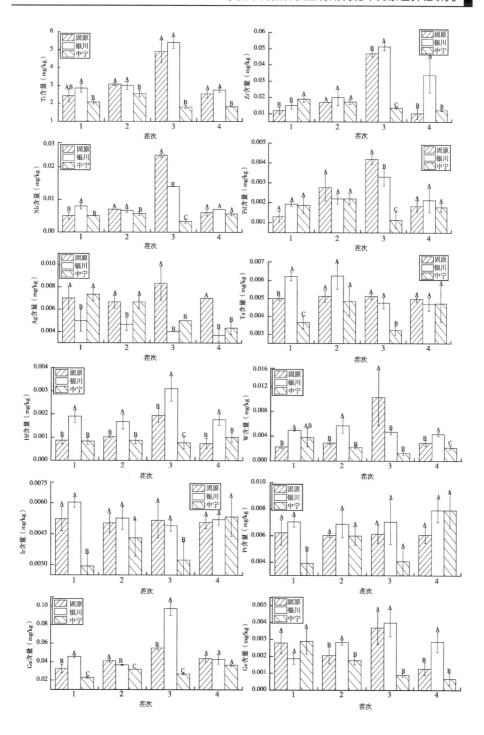

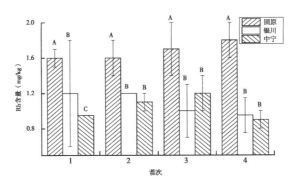

图4-11　3个产地其他元素变化趋势图

19种其他元素中，Rb、Cs、Ti、Zr、Pd、Ir、Pt 在3个产地呈先升高后降低的趋势，Bi、Be、Sr、Li、Nb、Ag、Ta、Hf、W、Ga、Ge、Rh 变化趋势不一致。除 Bi、Pd、Ir、Pt、Rh 外，Be、Sr、Li、Rb、Cs、Ti、Zr、Nb、Ag、Ta、Hf、W、Ga、Ge 14种其他元素具有"地域差异"。

　　3个产地枸杞中 Co、Mn、Mo、Fe、V、Cr、As、Rb、Cs、Ti、Zr、Pd、Ir、Pt 在不同茬次中呈先升高后降低的趋势；其他元素在3个产地不同茬次中无明显变化规律，44种矿物元素具有明显的"地域差异"。因此，可初步筛选出 Co、Mn、Mo、Fe、V、Cu、B、Mg、Zn、Ca、Se、Ce、Nd、Y、Pr、Yb、Dy、Er、Gd、Sm、Sc、Pb、Cd、Cr、As、Ni、Ba、Sb、Tl、Sn、Be、Sr、Li、Rb、Cs、Ti、Zr、Nb、Ag、Ta、Hf、W、Ga、Ge 44种与产地直接相关的矿物元素。

　　植物中矿物元素主要从土壤矿物质中获得，土壤理化性质等会影响土壤中的化学反应，如土壤 pH 值过低或过高，常会使土壤元素有效性发生变化，从而导致不同产地的土壤中元素含量出现差异。宁夏大部分地区属于灰钙土、盐碱土，土壤偏碱性。因此，根据数据分析结果，宁夏3个地区枸杞中元素含量的差异可能与土壤中有机质差异、人类活动等相关。

4.4.2.5　基于矿物元素的枸杞茬次判别分析

　　对3个产地5个茬次枸杞中57种矿物元素含量分别按照茬次和产地进行 OPLS-DA 分析，构建不同茬次和不同产地枸杞的区分模型。

　　构建的不同茬次枸杞区分模型的第1、2主成分得分图见图4-12，由图可知，枸杞中57中矿物元素不能有效区分不同茬次的枸杞样品，虽然枸杞中大部分矿物元素在不同茬次中存在差异，但这个差异不足以区分不同茬次枸杞。

　　构建的不同产地枸杞的区分模型及聚类图见图4-13、图4-14。该模型中 R^2X（cum）、R^2Y（cum）和 Q^2（cum）分别为 0.787、0.988 和 0.971，说明建立的 OPLS-DA 模型中2个主成分能有效解释3个产地之间的差异，且该模

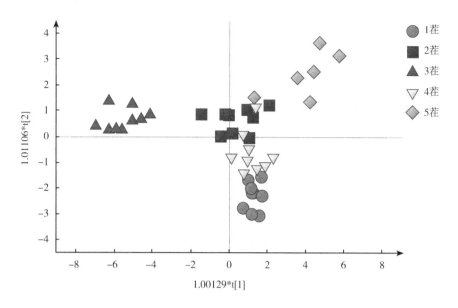

图 4-12　不同茬次 OPLS-DA 模型第 1、第 2 主成分得分图

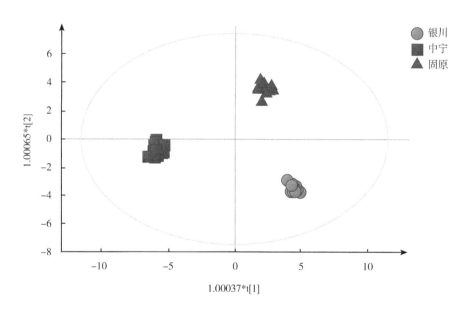

图 4-13　不同产地 OPLS-DA 模型第 1、第 2 主成分得分图

型具有一定的预测能力。可以看出，各产地样品群体有明显的聚集趋势，固原枸杞聚集在第一象限，中宁枸杞聚集在第三象限，银川枸杞聚集在第四象限；

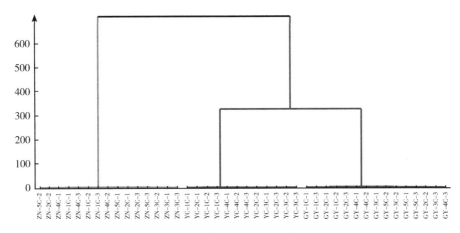

图4-14　3个产地枸杞样品聚类图

同时，聚类图也显示矿物元素差异也可以正确区分不同产地枸杞样本。枸杞中矿物元素的"地域"特征较"时间"特征更为显著，同一成熟度的枸杞差异在产地，不在茬次。因此，在产地溯源研究中只需要考虑采集同一成熟度的枸杞，不需要考虑茬次。

4.5 枸杞产地溯源中矿物元素指标体系的构建

由于不同地域土壤组分及其他环境因素（如降雨、温度、光照时间等）的差异，致使不同地域生长的农产品有其独特的矿质元素指纹特征。本章重点探讨枸杞与产地土壤表层矿质元素组成与含量的关系。

4.5.1 宁夏不同枸杞产地矿物元素含量特征

枸杞中矿物元素含量主要与其生长的土壤环境和人类生产活动（施肥、喷药等）密切相关。由表4-7可知，3个地区枸杞土壤中57种矿物元素含量各不相同。Ca、Fe、Mg元素含量较高，介于14.8~53.5g/kg；Mo、Sb、Tl、Bi、Ta 5种元素含量低于1 mg/kg；Se、Ag、Hg含量低于0.1 mg/kg。中宁土壤中Fe、Li、Rb、Cs、Cd 5种矿物元素含量高于其他两地；银川土壤中Mg、Hg、Ba、U、Bi含量较高；固原地区土壤中Cu、Co、Mo、Zn、Ca、V、La、Ce、Sc、Y、Pr、Yb、Dy、Er、Gd、Sm、Tb、Ho、Tm、Lu、Cr、As、Ni、Sb、Sn、Sr、Ti、Zr、Nb、Pd、Ge、Rh 32种矿物元素含量高于其他2地。57种矿物元素中Se、Nd、Eu、Tl、Be、Ag 6种矿物元素在3个产地不存在显著差异（$P>0.05$），其他51种矿物元素含量在3地均存在显著差异（$P<0.05$）。

表4-7　土壤中矿物元素含量

元素	产地			元素	产地		
	固原	银川	中宁		固原	银川	中宁
Cu	20.4±1.1a	17.5±0.9b	17.3±1.1b	Cr	46.3±2.0a	36.0±2.0b	38.9±2.3b
Co	10.2±0.6a	7.7±0.5b	8.2±0.4b	As	12.2±0.35a	9.8±0.52b	9.7±0.46b
B	50.2±7.0a	8.1±1.4c	38.5±7.0b	Hg	0.036±0.01b	0.057±0.006a	0.030±0.003b
Mg*	16.3±1.7ab	18.0±0.5a	15.0±0.2b	Ni	26.1±1.2a	19.2±1.2b	21.1±1.1b
Mn	660±7.8a	573±9.7c	634±7.5b	Ba	434±14b	479±22a	403±22b
Mo	1.26±0.08a	0.51±0.03b	0.50±0.04b	Sb	1.0±0.04a	0.78±0.04b	0.92±0.06a
Fe*	25.6±0.06b	21.2±0.6c	27.3±0.1a	Tl	0.47±0.02a	0.45±0.06a	0.47±0.03a
Zn	63.2±2.5a	54.9±2.9b	51.2±3.0b	Sn	2.21±0.08a	1.85±0.07b	2.0±0.2b
Ca*	51.6±1.9a	51.4±0.8a	46.5±0.9b	U	2.3±0.08b	2.7±0.1a	2.1±0.1b
Se	0.0265±0.08a	0.0205±0.05a	0.023±0.04a	Bi	0.26±0.01b	0.33±0.05a	0.32±0.02ab
V	69.6±3.4a	55.4±2.8b	58.2±3.8b	Be	1.77±0.06a	1.67±0.06a	1.67±0.2a
La	32.0±1.2a	27.4±0.5b	28.6±0.7b	Sr	308±20a	230±11b	155±11c
Ce	60.9±3.7a	50.0±0.3b	52.4±1.6b	Li	34.9±0.3a	31.3±0.8b	35.9±1.8a
Nd	24.3±0.2a	22.1±1.4a	23.3±1.4a	Rb	82.1±4.1a	71.0±3.1b	67.1±3.9b
Sc	9.18±0.5a	7.06±0.4b	7.78±0.5b	Cs	5.9±0.2a	4.8±0.2b	5.8±0.4a
Y	17.8±0.6a	14.9±0.5b	14.0±1.1b	Ti	2983±133a	2507±350b	2398±121b
Rr	6.98±0.4a	5.86±0.1b	6.14±0.3b	Zr	113±4.0a	94.7±6.7b	88.7±5.9b

（续表）

元素	产地			元素	产地		
	固原	银川	中宁		固原	银川	中宁
Eu	1.0±0.03a	0.92±0.05a	0.93±0.05a	Nb	11.5±0.3a	9.3±0.4b	9.8±0.7b
Yb	2.0±0.0a	1.7±0.1b	1.9±0.1ab	Pd	2.2±0.2a	2.0±0.2ab	1.8±0.06b
Dy	3.5±0.1a	3.0±0.2b	3.2±0.2b	Ag	0.074±0.001a	0.072±0.009a	0.074±0.01a
Er	2.0±0.06a	1.7±0.06b	1.9±0.06b	Ta	0.76±0.02a	0.64±0.04b	0.74±0.03a
Gd	4.5±0.2a	4.0±0.2b	4.1±0.2b	Hf	3.2±0.06a	2.9±0.2b	2.8±0.2b
Sm	5.03±0.1a	4.38±0.1b	4.59±0.3b	W	1.3±0.0a	1.1±0.06b	1.3±0.06a
Tb	0.64±0.01a	0.55±0.03b	0.58±0.02b	Ir	0.011±0.002a	0.011±0.002a	0.011±0.003a
Ho	0.70±0.02a	0.63±0.04b	0.64±0.03b	Pt	0.027±0.005a	0.026±0.003a	0.025±0.006a
Tm	0.30±0.01a	0.26±0.01b	0.28±0.01a	Ga	14.1±1.1a	13.0±1.0ab	11.5±0.8b
Lu	0.32±0.01a	0.28±0.02b	0.30±0.02ab	Ge	1.1±0.06a	0.83±0.02b	0.83±0.06b
Pb	18.0±0.9b	19.7±0.5a	19.0±0.6ab	Rh	0.040±0.001a	0.034±0.002b	0.028±0.003c
Cd	0.14±0.006b	0.15±0.01b	0.18±0.0a				

注：带 * 的元素含量单位为 g/kg，其他元素含量单位为 mg/kg；同一行小写字母表示同一元素在不同产地具有显著差异（$P<0.05$）。

4.5.2 枸杞对矿物元素的富集能力分析

为了方便讨论，本章分别就头茬和末茬（最后一次采集的枸杞）枸杞中矿物元素与对应采样点表层土壤中矿物元素含量进行分析。表4-8为3个产地土壤-头茬和土壤-末茬枸杞的富集系数。土壤-枸杞的富集系数反映金属元素由土壤向枸杞转移的有效指标，也是反映枸杞从土壤中吸收金属元素的能力以及进一步评估通过食物链重金属对人类暴露量的重要指标。

基于土壤金属元素全量的富集系数：

$$BF_{total} = C_{plant} / C_{total} \qquad (4-1)$$

式中，BF_{total} 表示富集系数；C_{plant} 表示枸杞中金属元素含量；C_{total} 表示土壤金属元素全量。

由表4-8可知，11种有益元素中，Se元素的富集系数均大于1，这可能是枸杞对Se具有超富集效应，或者外源施入硒肥使枸杞中硒元素含量较高，具体原因需要进一步研究，Cu、B、Zn、Mo的富集系数较高，分别为0.213～0.660、0.186～0.279、0.193～0.765和0.278～0.400，说明枸杞从土壤中吸收富集Cu、B、Zn、Mo的能力较强；Mg、Mn、Ca的富集系数介于0.01～0.1，枸杞对Co和V的富集能力较差，Co和V的富集系数小于0.01。

16种稀土元素的富集系数均小于0.01，介于0.0005～0.003，枸杞富集稀土元素的能力较差。

枸杞对土壤中11种有害金属元素的富集能力差异较大，Cd的富集系数最大，介于0.129～0.342，其次为Hg、Ni、Cr，富集系数介于0.013～0.077，枸杞对As、Ba、Sb、Tl、Sn和U的富集能力较差，富集系数均小于0.01。

19种其他元素中，枸杞对Ir的富集能力最强，富集系数介于0.264～0.550，其次为Pt，其富集系数介于0.156～0.304，Ag、Sr、Li、Rb、Rh的富集系数分别为0.049～0.115、0.029～0.054、0.02～0.058、0.027～0.059和0.028～0.040，其他元素的富集系数均小于0.01，尤其是Zr、Nb、Hf的富集系数均小于0.001。

整体来看，同一元素在不同产地对土壤中元素的富集系数基本一致，但部分元素也存在一定差异，如银川枸杞（富集系数0.384～0.526）、中宁枸杞（富集系数0.485～0.660）对Cu的富集能力高于固原枸杞（富集系数0.212～0.344），银川枸杞对稀土元素、Bi元素的富集能力高于中宁和固原枸杞。这可能与土壤中元素总量、土壤理化性质、土壤施肥方式、施药等因素有关，如土壤pH值能直接影响土壤特性，改变土壤重金属活性，间接作用于植物生长。Baker等研究发现绝大多数作物对Cd的吸收随土壤中Cd浓度的升高而增

表4-8　3个产地土壤-头茬和土壤-末茬枸杞的富集系数

元素	银川					中宁					固原				
	1茬枸杞	4茬枸杞	土壤	BF_1	BF_2	1茬枸杞	5茬枸杞	土壤	BF_1	BF_2	1茬枸杞	5茬枸杞	土壤	BF_1	BF_2
Cu	6.72	9.21	17.5	0.384	0.526	8.39	11.4	17.3	0.485	0.660	7.0	4.3	20.4	0.344	0.212
Co	0.083	0.048	7.7	0.0108	0.0062	0.070	0.052	8.2	0.0085	0.0063	0.10	0.059	10.2	0.010	0.0058
B	11.2	11.1	40.1	0.279	0.278	8.48	8.715	38.5	0.220	0.226	9.88	9.36	50.2	0.197	0.186
Mg	1486	1150	18000	0.0826	0.0639	1075	1175	15000	0.072	0.078	1252	1126	16300	0.077	0.069
Mn	17.1	13.0	573	0.0298	0.0227	8.55	8.25	634	0.014	0.013	32.5	18.7	660	0.049	0.028
Mo	0.175	0.18	0.51	0.343	0.363	0.2	0.225	0.5	0.40	0.45	0.44	0.35	1.26	0.353	0.278
Fe	59.2	57.6	21200	0.0028	0.0027	37.9	29.8	27300	0.0014	0.0011	45.8	37.6	25600	0.0018	0.0015
Zn	10.6	42	54.9	0.193	0.765	22.2	23.8	51.2	0.43	0.46	16.4	15.4	63.2	0.259	0.244
Ca	867.5	644	51400	0.0169	0.0125	687	727	46500	0.015	0.016	642	462	51600	0.0124	0.0090
Se	0.026	0.041	0.020	1.24	2.00	0.038	0.029	0.023	1.63	1.26	0.026	0.0255	0.027	1.00	0.96
V	0.11	0.090	55.4	0.0021	0.0016	0.048	0.032	61.1	0.0008	0.0005	0.07	0.068	69.6	0.001	0.001
La	0.058	0.060	27.40	0.0021	0.0022	0.069	0.080	28.6	0.0024	0.0028	0.047	0.046	32	0.0015	0.0014
Ce	0.11	0.10	50.00	0.0023	0.0020	0.030	0.023	52.4	0.0006	0.0004	0.055	0.056	60.9	0.0009	0.0009
Nd	0.048	0.043	22.10	0.0021	0.0019	0.013	0.011	23.3	0.0006	0.0005	0.023	0.024	24.3	0.0009	0.0010
Sc	0.021	0.018	7.06	0.0030	0.0025	0.015	0.010	7.78	0.0019	0.0013	0.014	0.011	9.2	0.0015	0.0012
Y	0.032	0.027	14.9	0.0022	0.0018	0.011	0.009	14.0	0.0008	0.0006	0.018	0.018	17.8	0.0010	0.0010

（续表）

元素	银川					中宁					固原				
	1茬枸杞	4茬枸杞	土壤	BF_1	BF_2	1茬枸杞	5茬枸杞	土壤	BF_1	BF_2	1茬枸杞	5茬枸杞	土壤	BF_1	BF_2
Rr	0.010	0.0090	5.86	0.0018	0.0015	0.0040	0.003	6.14	0.0006	0.0004	0.0060	0.0060	7.0	0.0009	0.0009
Eu	0.0011	0.00095	0.92	0.0012	0.0010	0.00045	0.00040	0.93	0.0005	0.0004	0.00065	0.00070	1.0	0.0007	0.0007
Yb	0.0028	0.0024	1.7	0.0016	0.0014	0.0010	0.0010	1.90	0.0006	0.0004	0.0016	0.0016	2.0	0.0008	0.0008
Dy	0.0067	0.0054	3.00	0.0022	0.0018	0.0020	0.0010	3.20	0.0006	0.0004	0.00345	0.0034	3.5	0.0010	0.0010
Er	0.0032	0.0024	1.70	0.0018	0.0014	0.0010	0.0010	1.87	0.0005	0.0005	0.0016	0.0020	1.97	0.0008	0.0010
Gd	0.008	0.0080	4.00	0.0020	0.0020	0.0020	0.0020	4.10	0.0006	0.0004	0.0047	0.0047	4.5	0.0010	0.0010
Sm	0.0044	0.004	4.38	0.0010	0.0009	0.0020	0.0010	4.67	0.0004	0.0002	0.0028	0.0027	5.03	0.0006	0.0005
Tb	0.0011	0.00096	0.55	0.0021	0.0017	0.00048	0.00032	0.58	0.0008	0.0005	0.00064	0.00080	0.64	0.0010	0.0012
Ho	0.001	0.00090	0.63	0.0016	0.0014	0.00029	0.00023	0.64	0.0005	0.0004	0.00050	0.00062	0.7	0.0007	0.0009
Tm	0.00033	0.00035	0.26	0.0013	0.0013	0.00013	0.00009	0.28	0.0004	0.0003	0.00013	0.00018	0.3	0.0004	0.0006
Lu	0.00030	0.00015	0.28	0.0011	0.0005	0.00010	0.00010	0.30	0.0003	0.0003	0.0002	0.0002	0.32	0.0006	0.0006
Pb	0.18	0.13	19.7	0.0091	0.0067	0.075	0.10	19.0	0.0039	0.0053	0.050	0.040	18.0	0.0028	0.0023
Cd	0.020	0.024	0.15	0.1367	0.1633	0.062	0.05	0.18	0.34	0.28	0.024	0.018	0.14	0.17	0.13
Cr	1.18	1.11	36	0.0329	0.0308	0.65	0.63	38.9	0.017	0.016	0.81	0.61	46.3	0.0175	0.0132
As	0.032	0.028	9.8	0.0033	0.0028	0.024	0.0195	9.7	0.0024	0.0020	0.021	0.017	12.2	0.0017	0.0014
Hg	0.0020	0.0014	0.057	0.0342	0.0254	0.0010	0.0023	0.030	0.035	0.077	0.0011	0.0014	0.036	0.031	0.039

（续表）

元素	银川					中宁					固原				
	1茬枸杞	4茬枸杞	土壤	BF_1	BF_2	1茬枸杞	5茬枸杞	土壤	BF_1	BF_2	1茬枸杞	5茬枸杞	土壤	BF_1	BF_2
Ni	0.52	0.52	19.2	0.0271	0.0268	1.08	0.86	21.1	0.051	0.040	1.255	0.725	26.1	0.048	0.028
Ba	0.88	0.81	479	0.0018	0.0017	0.44	0.56	403	0.0011	0.0014	0.63	0.45	434	0.0015	0.0010
Sb	0.0048	0.0078	0.78	0.0061	0.0100	0.018	0.0078	0.92	0.0195	0.0084	0.0032	0.0026	1.00	0.0032	0.0027
Tl	0.0044	0.0034	0.45	0.0099	0.0077	0.0030	0.0030	0.47	0.0065	0.0064	0.00175	0.00205	0.47	0.0037	0.0044
Sn	0.0020	0.0020	1.85	0.0011	0.0011	0.001	0.0005	2.00	0.0005	0.0003	0.001	0.001	2.20	0.0005	0.0005
U	0.0058	0.0049	2.69	0.0022	0.0018	0.0116	0.0107	2.1	0.0055	0.0051	0.0031	0.0030	2.27	0.0014	0.0013
Bi	0.0012	0.00155	0.33	0.0059	0.0047	0.00105	0.0007	0.32	0.0033	0.0022	0.00075	0.0006	0.26	0.0029	0.0023
Be	0.0026	0.0029	1.67	0.0016	0.0017	0.00105	0.0008	1.67	0.0006	0.0005	0.0008	0.0012	1.80	0.0005	0.0007
Sr	8.70	6.85	230	0.0378	0.0298	5.75	5.7	155	0.037	0.037	16.55	9.05	308	0.054	0.029
Li	1.28	0.97	31.3	0.0411	0.0310	2.09	1.345	35.9	0.058	0.038	1.3	0.695	34.9	0.037	0.020
Rb	1.88	2.305	71	0.0265	0.0325	3.44	3.95	67.1	0.051	0.059	2.54	2.21	82.1	0.031	0.027
Cs	0.012	0.0102	4.83	0.0025	0.0021	0.0064	0.0061	5.83	0.0011	0.0010	0.00715	0.00705	5.93	0.0012	0.0012
Ti	2.86	2.77	2507	0.0011	0.0011	2.08	2.04	2398	0.0009	0.0008	2.43	2.51	2983	0.0008	0.0008
Zr	0.015	0.034	94.7	0.0002	0.0004	0.019	0.021	88.7	0.0002	0.0002	0.012	0.0235	113	0.0001	0.0002
Nb	0.008	0.007	9.3	0.0009	0.0008	0.005	0.005	9.8	0.0005	0.0005	0.005	0.0105	11.5	0.0004	0.0009
Pd	0.0019	0.0022	2.0	0.0010	0.0011	0.0018	0.0023	1.8	0.0010	0.0013	0.00145	0.0019	2.2	0.0007	0.0009

（续表）

元素	银川					中宁					固原				
	1茬枸杞	4茬枸杞	土壤	BF_1	BF_2	1茬枸杞	5茬枸杞	土壤	BF_1	BF_2	1茬枸杞	5茬枸杞	土壤	BF_1	BF_2
Ag	0.005	0.0035	0.072	0.0694	0.0486	0.0075	0.0050	0.074	0.1014	0.0676	0.007	0.0085	0.074	0.095	0.115
Ta	0.0064	0.0046	0.64	0.0099	0.0071	0.0035	0.0040	0.74	0.0047	0.0053	0.0050	0.0071	0.76	0.0066	0.0093
Hf	0.0018	0.0016	2.9	0.0006	0.0006	0.00075	0.0011	2.8	0.0003	0.0004	0.00080	0.0010	3.2	0.0003	0.0003
W	0.0050	0.0045	1.1	0.0045	0.0041	0.0037	0.017	1.3	0.0028	0.0127	0.0024	0.0021	1.3	0.0018	0.0016
Ir	0.0060	0.0053	0.011	0.5500	0.4818	0.0029	0.00455	0.011	0.2636	0.4136	0.00535	0.0046	0.011	0.486	0.418
Pt	0.0071	0.0079	0.026	0.2731	0.3038	0.0039	0.0056	0.025	0.1560	0.2260	0.0064	0.0052	0.027	0.24	0.19
Ga	0.046	0.043	13.0	0.0035	0.0033	0.023	0.027	11.5	0.0020	0.0023	0.0325	0.027	14.1	0.0023	0.0019
Ge	0.0018	0.0028	0.83	0.0022	0.0034	0.0028	0.0012	0.83	0.0034	0.0015	0.0027	0.0014	1.1	0.0025	0.0013
Rh	0.0012	0.00095	0.034	0.035	0.028	0.00095	0.0009	0.028	0.034	0.032	0.0016	0.00105	0.04	0.040	0.026

注：元素含量单位为 mg/kg，富集系数 BF_1 和 BF_2 单位为%。其中 BF_1 表示土壤头茬枸杞金属元素的富集系数，BF_2 表示土壤末茬枸杞金属元素的富集系数，中宁和固原末茬枸杞为第五茬枸杞，银川末茬枸杞为第四茬枸杞。

加，作物体内 Cd 浓度与土壤中总 Cd 和有效 Cd 都呈显著正相关；生长环境的不同也造成了作物对各种营养元素吸收和利用的不同，例如低温环境会限制作物根系生长，作物对 Zn、Fe、Mn 元素的吸收减弱；而光照强度大的环境，会减少作物对 B 和 Cu 的吸收；气候及干旱土壤的生长环境可减少作物对 Mn、Cu 等元素的吸收；施肥不当可能会造成某种营养元素在土壤中含量过高过低，都会造成严重不良后果，磷酸过多容易诱发水稻缺 Zn，缺 Cu，S 过多会减少植物对 Cu 的吸收，而 K 过量会加重棉花对硼肥的需求等。

同一元素在不同产地同一茬次也没有明显的规律，如银川 4 茬枸杞及中宁 5 茬枸杞对 Cu 的富集能力高于一茬枸杞对 Cu 的富集能力，而固原枸杞则与之相反。

4.5.3　枸杞与土壤中矿物元素相关性分析

矿物元素是生物体的基本组成成分，其自身体内不能合成，需从周围环境中摄取，土壤是枸杞中矿物元素最直接的来源之一。因此，从大量的指标中筛选与产地直接相关的有效溯源指标是必需的。基于此，对前四茬枸杞中矿物元素与产地土壤中矿物元素进行相关性分析，见图 4-15。

从一茬枸杞与土壤矿物元素的相关性图可以看出，较多矿物元素在枸杞与土壤具有较强的负相关关系，枸杞中的 Mn、Co、Ni、Sr、Mo、Rh 与土壤中除 Zr、Cd、Pb、Bi 外的其他元素均具有显著的正相关性，枸杞中的大部分元素与土壤中的 Mg、Ba、Hg、U 具有较强的正相关关系，与土壤中其他元素存在极显著的负相关性；稀土元素在枸杞与土壤间存在显著的负相关性。

与一茬枸杞相比，二茬枸杞中矿物元素与土壤中矿物元素的正相关关系增强，枸杞中 B、Ti、V、Mn、Fe、Sr、Y、Mo、Rh、Pd 与土壤中的 Mg、Ca、Sc、Ti、V、Cr、Co、Ni、Cu、Zn、Ga、Ge、As、Rb、Sr、Y、Nb、Mo、Rh、Pd、La、Ce、Pr 等元素具有显著正相关性；枸杞中的稀土元素与土壤中 Co、Ni、Cu、Zn、Ga、Ge、As、Rb、Sr、Y 具有极显著正相关性，与土壤中稀土元素具有显著正相关关系。枸杞中 Mg、Ca、Cr、Zn、As、Cd、Sb、La、Tl 等元素与土壤中大部分元素呈现极显著负相关关系。

与 2 茬枸杞的相关性相比较，3 茬枸杞与土壤中矿物元素相关性变弱，枸杞中 Be、B、Mn、Fe、Co、Zn、Y 依然与土壤中的 Mg、Ca、Sc、Ti、V、Cr、Co、Ni、Cu、Zn、Ga、Ge、As、Rb、Sr、Y、Nb、Mo、Rh、Pd、La、Ce、Pr 等元素具有显著正相关性，Mo、Rh、Pd、Ag 除了与土壤中 Mg、Ca 以外的其他元素均具有显著正相关关系，3 茬枸杞中稀土元素与土壤中稀土元素不具有

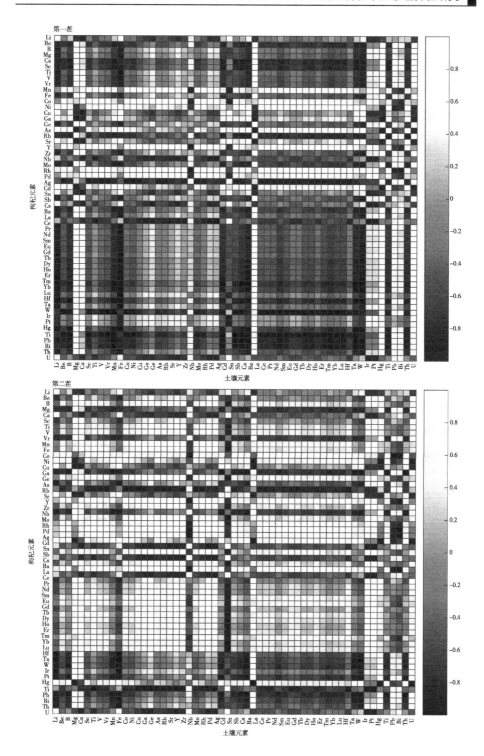

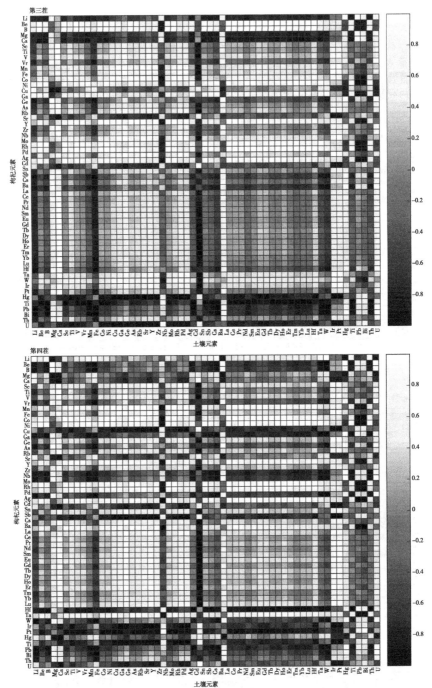

图4-15　1~4茬枸杞中矿物元素与土壤中矿物元素的相关性热图（见书后彩图）

相关性。枸杞中 Li、Mg、Ca、Hg、Tl、U 等元素与土壤中矿物元素具有极显著的负相关性。

4 茬枸杞与土壤中稀土元素的具有弱的正相关关系，与土壤中除 B、Mn、Ag、Sn、Sb、Cs、Ta、W、Tl、Pb、Bi 和 Th 以外的其他元素均存在显著相关关系；枸杞中 Mn、Co、Ni、Sr、Mo、Rh、Ba 与土壤中 Sc、Ti、V、Cr、Mn、Co、Ni、Cu、Zn、Ga、Ge、As、Rb、Sr、Y、La、Ce、Pr、Nd、Sm、Eu、Gd、Tb、Dy、Ho、Er、Tm、Yb、Lu、Hf 存在显著正相关关系，且枸杞中 Be、Mg、Ca、Sc、Ti、V、Cr、Fe、Ba、Ce、Pr、Nd、Sm、Eu、Gd、Tb、Dy、Ho、Er、Tm、Yb、Lu、Hf、Ta、Ir、Pt、Hg、Pb、Bi、Th 与土壤中 Mg、Ca、Ba、Hg、U 具有极显著相关关系，与 Pb 和 Bi 具有显著正相关性，枸杞中的 Li、Cu、Zr、La、U 与土壤中的 Cd 具有显著正相关性。枸杞中 Be、B、Cu、Zn、Zr、Nb、Hf、W、Ir、Pt、Tl 等元素与土壤中大部分元素呈显著负相关关系。

从整体来看，枸杞中矿物元素与土壤矿物元素的正相关性体现出由弱变强后变弱再变强的趋势，矿物元素在土壤到枸杞中具有不同的累积规律。

通过对枸杞和土壤中矿物元素的相关性研究可知其富集性和排他性。本研究结果表明，在同种矿物元素分析中，枸杞与土壤中的 Cd、Co、Ni、Sr、Mo、Rh、Pb、Bi 具有极显著正相关关系；且 Mn、Co、Sr、Mo、Rh 等元素存在明显的共存性。由表 4-7 数据可验证，以上元素含量较高的土壤中生长的枸杞中相应元素含量较高；Be、B 等元素在枸杞与土壤中存在极显著负相关关系，这可能对该元素或者其他元素的吸收具有排斥性。夏魏等研究表明茶叶与土壤中 Cd、Li、Co、Sr 和 Mo 具有一定相关性；李红英等研究发现小麦和玉米中 Cu、Cd 与相应土壤中该元素相关性较强（$R^2 > 0.7$），鹿保鑫等在大豆中 8 种微量元素研究中发现，同一产地的大豆与相应土壤中 K、Ca、Zn、Cu、Mn 具有显著相关性。本研究与夏魏、李红英等的研究结果一致，即在同种矿物元素的分析中，枸杞和土壤中 Cd 相关性较强，但与鹿保鑫等的研究结果存在差异，即未发现枸杞和土壤中 Cu 具有较强相关性，这可能是由于两者为不同植物，植物生命周期不同也会导致其生理代谢产物不同。Maillard 等研究发现了 18 种矿物元素在缺乏水平下的相互作用机制，特别是在 S、Fe、Zn、Cu、Mn 和 B 缺乏的情况下，植物对 Mo 的吸收显著增加；Xiao 等研究表明植物通过大量和微量营养或有益元素之间的相互作用来应对个别矿物质缺乏，单一元素缺乏（16 种元素中的任何一种）引起的相互作用会导致对其他矿物质的吸收增强或减少，总的来说，大量元素、微量元素在植物生命周期的各个组织中存在着化学或生物化学上的相互作用。这与本研究结果一致，Mn、Co、Sr、Mo、Rh 等元素在 1~4 茬枸杞中均与土壤中大部分矿物元素具有明显的正相关关系。

4.5.4 枸杞有效溯源指标的筛选

为了进一步了解各元素含量指标对宁夏枸杞原产地的判别情况，建立基于 Fisher 判别函数的一般判别方法对枸杞样品进行多变量判别分析，以初步筛选的 44 种矿物元素作为判别分析的自变量，进行逐步判别分析，结果显示，As、B、Ba、Be、Bi、Cd、Ce、Co、Cr、Cs、Cu、Dy、Er、Eu、Gd、Ge、Hg、Ho、La、Li、Lu、Mg、Mn、Mo、Nd 25 种对产地判别显著的元素被引入判别模型中。不同产地枸杞判别函数模型系数见表 4-9。提取模型前 2 个典型判别函数，Willks' Lambda 检验结果进一步证实，在 $\alpha=0.05$ 的显著性水平下，2 个函数对分类效果均为显著，表明判别模型拟合率可接受，其中判别函数 1 和判别函数 2 累积解释判别模型能力为 79.0%，且相关系数均为 0.999，表明判别函数 1 和判别函数 2 对宁夏 3 个枸杞产地的区分贡献作用较大，利用判别函数 1 和判别函数 2 的得分值作散点图（图 4-16）。由图 4-16 可知，宁夏 3 个枸杞产地样本可明显地区分开，且同一产地枸杞样本聚集比较紧密，与其他产地枸杞区域位置跨度较大。

利用所建立的判别模型对 3 个产地的枸杞样品进行归类，并对所建模型的有效性进行验证。由表 4-10 可知，在回代检验和交叉检验的整体正确判别率均为 100%。矿物元素指标对小尺度区域的枸杞原产地的判别很好。

表 4-9　不同产地枸杞判别函数模型系数

元素	产地		
	银川	中宁	固原
As	50066.262	29494.341	31480.603
B	1003.513	741.501	696.580
Ba	4008.092	1486.534	3470.744
Be	1008284.402	652872.119	733776.523
Bi	15843016.043	13712009.043	8510238.970
Cd	10541.237	52991.855	−11941.504
Ce	−100776.309	−85171.141	−59110.246
Co	−117850.940	−102623.221	−66642.205
Cr	2820.856	668.556	1385.523
Cs	−1390633.283	−796925.253	−983003.572
Cu	1791.792	1760.224	861.709

（续表）

元素	产地		
	银川	中宁	固原
Dy	2522118.623	1951787.815	1542052.258
Er	711502.743	848248.892	295754.464
Eu	48389.165	24497.993	258693.325
Gd	−1456621.659	−1292698.906	−800535.516
Ge	1554349.855	1122847.163	1005538.336
Hg	274768.072	84156.531	274114.727
Ho	1902843.119	1766083.299	1054656.073
La	−53304.777	−42698.293	−29057.137
Li	3344.662	3005.789	1952.396
Lu	−48659259.843	−39409765.684	−28601439.808
Mg	28.318	23.592	16.640
Mn	−702.306	−553.601	−415.616
Mo	27174.135	16571.790	20307.333
Nd	427517.188	339836.085	259726.996
（常量）	−40985.936	−29961.162	−14673.115

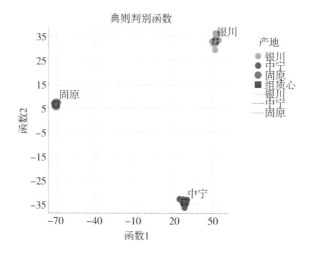

图 4-16 基于 Fisher 的不同产地枸杞的判别函数得分图

表 4-10　不同产地枸杞的分类结果

方法	产地	预测组成员信息			整体正确判别率（%）
		银川	中宁	固原	
回代检验	银川（$n=12$）	12	0	0	100
	中宁（$n=15$）	0	15	0	
	固原（$n=15$）	0	0	15	
	正确判别率（%）	100	100	100	
交叉验证	银川（$n-12$）	12	0	0	100
	中宁（$n=15$）	0	15	0	
	固原（$n=15$）	0	0	15	
	正确判别率（%）	100	100	100	

4.6　小结

3 个地区枸杞土壤中 57 种矿物元素含量各不相同，除 Se、Nd、Eu、Tl、Be、Ag 6 种矿物元素外，其他 51 种矿物元素含量在 3 地均存在显著差异（$P<0.05$）。枸杞对土壤中 Se、Cu、B、Zn、Mo、Ir、Pt 等元素具有较强的吸收富集效应，且同一元素在不同产地的富集系数基本一致。

矿物元素在枸杞与土壤中具有不同的累积规律，1~4 茬枸杞中矿物元素与土壤矿物元素的正相关性体现出由弱变强后变弱再变强的趋势，枸杞矿物元素在不同茬次均与土壤中矿物元素存在显著相关关系。同种矿物元素分析中，枸杞与土壤中的 Cd、Mn、Co、Ni、Sr、Mo、Rh、Pb 具有极显著相关关系。

采用地域间存在显著差异的 44 种矿物元素进行 Fisher 判别分析，确定了 As、B、Ba、Be、Bi、Cd、Ce、Co、Cr、Cs、Cu、Dy、Er、Eu、Gd、Ge、Hg、Ho、La、Li、Lu、Mg、Mn、Mo、Nd 25 种枸杞的有效溯源指标，构建的判别模型的回代检验和交叉检验的正确判别率均为 100%，说明筛选的枸杞溯源指标对小尺度区域的枸杞产地判别效果很好，筛选的溯源指标准确有效，因此筛选特征矿物元素进行枸杞产地判别技术是可行的，研究成果为保护地理尺度范围较小的地理标志产品和产地溯源提供了方法学参考。

5   宁夏中宁县枸杞产地土壤环境质量现状

　　土壤环境质量直接关系到农产品的质量安全,在农产品的生产活动中起到至关重要的作用,是农产品健康生长的先决条件。土壤重金属难降解、潜伏期长、易富集等特点是限制农产品质量安全的优先考虑因素,通过食物链的作用,将对人类的生命安全构成直接的威胁。为了贯彻国家环境保护的方针政策,保障生态系统安全,维护人体的生命安全,国家也在积极地通过限量标准来约束土壤中的重金属含量。土壤重金属是地理统计、农业、生态环境等领域的热门研究内容,也是国内外研究的重点和难点,是保障农产品质量安全的先决条件,不容忽视。经过国内外学者对土壤重金属污染评价方法的研究,现主要分为传统评价方法和其他评价法两大类。传统评价方法有基于指数法、比较成熟的和常用的内梅罗指数法、潜在生态风险指数法等,还有基于数学模型指数法、不易掌握的模糊数学法等。其中使用最广泛的是内梅罗指数法,也是与其他评价方法结合使用最频繁的传统评价方法。其他评价方法分为 6 类,分别是基于人体健康的风险评价、基于 GIS 技术的地统计模型、基于 GIS 技术的人工神经网络模型、基于形态学的 RAC(风险评价编码)法、生物评价法、土壤和农产品质量综合评价法。GIS 可以直观方便地呈现重金属的空间分布信息,为重金属的污染防治起到有效的指导作用,是今后研究者利用和发展的主要趋势。我国国土面积大,各个省份地区的土壤环境迥异,分析评价本省份农作物的土壤环境质量是当前亟待解决的问题。伴随着枸杞产业规模的进一步扩大,保障枸杞产业的质量安全,防止重金属的污染,维护人们的生命安全是重中之重。枸杞作为植物药被中国药典收录,规定了 As、Cd、Cu、Hg、Pb 5 种重金属的最大限量标准,涉及了常见重金属的种类。随着绿色食品行业的发展,由农业部(现称农业农村部)在 2014 年 4 月实施的绿色食品产地环境质量行业标准中限定了 As、Cd、Cr、Cu、Hg、Pb 6 种重金属在旱田和水田中的最大限量。

　　宁夏枸杞因兼具药品和食品的双重属性而备受关注,宁夏中宁县作为中国枸杞的原产地和道地产区,中宁县也被誉为"中国枸杞之乡"(张雨等,

2017），截至 2021 年底，宁夏枸杞种植面积 43 万亩，枸杞干果总产量达 8.6 万 t，枸杞产业目前已成为宁夏农村经济社会发展、农业增效、农民增收的重要支柱产业（郑建玲等，2019）。研究表明枸杞子中含有微量元素、枸杞多糖、寡糖类、单糖，黄酮类、酚酸类、胡萝卜素、生物碱类、花色苷类、核苷碱基类、氨基酸类等多种类型的功效物质（叶兴乾等，2020；Potterat et al.，2010），因此其具有抗氧化、抗肿瘤、抗衰老、降血糖、护肝、提高免疫力等多种生物活性（Amagase et al.，2011；Wang et al.，2020；杨玉洁，2021；Ying，2019；吴励萍，2022；Fang，2021）。枸杞中有效成分与当地的土壤、水等环境因素密切相关，形成不同地区各自的特征。

国内外学者从 20 世纪 70 年代末开始将地统计学应用于土壤属性的空间变异研究中，并取得了丰富的成果（武婕等，2014）。在国外，如 Fachinelli 等（2001）利用地统计学与 GIS 技术相结合的方法，研究了土壤中微量元素的空间分布特征及变异规律；Rodriguez 等（2008）基于多尺度分析了西班牙埃布罗河流域农田耕层土壤中 Cd、Cu、Zn 等重金属元素的空间变异规律；Cordora 等（2011）英国洛桑实验区土壤中 N 为研究对象，对其空间变异性进行了分析；在国内，关于土壤微量元素及有机质的研究主要是针对不同尺度、不同研究区域（李櫆等，2020；杨奇勇等，2010；张全军等，2012），合理有效的施肥以及维持适宜的土壤肥力是宁夏枸杞优质高产的重要基础，目前还没有枸杞田土壤养分空间变异及土壤中重金属空间分布的相关研究。本章采用统计分析和地统计方法对宁夏中宁县枸杞种植区域表层土壤中理化指标进行监测分析，对土壤中植物重金属元素空间分布进行研究，以期为宁夏枸杞主产区枸杞田的土壤养分管理及施肥决策提供参考依据和数据支撑，对宁夏枸杞产业的可持续发展提供数据支撑。

5.1　实验材料和分析方法

土壤样品于 2020 年 6—10 月采自宁夏中宁地区，本次参与统计的土壤样品为 198 件。每个根系土壤采样选择 40 m×40 m 地块，采用 "X" 形布设 5 个分样点，GPS 确定地块中心坐标，取样深度为 0~20cm 的土壤混合样。样品采集后，按照四分法留取 1.0~1.5 kg 装入棉布袋，若样品潮湿，内衬聚乙烯塑料自封袋，依次编号，运回实验室（图 5-1）。

土壤样品置于通风处自然风干，将新鲜的土壤样品风干，剔除杂质后研磨，分别过孔径 1 mm 和 0.25 mm 的筛子，用纸袋保存，备用。元素分析：精确称取土壤样品约 0.1 g（0.25 mm）于消解内罐，加 65% 浓 HNO_3 5 mL 浸泡过夜，加 H₂O₂ 2 mL 及 HF 2 mL，于 200 ℃消解 4 h，冷却至室温，赶酸，移入 50 mL 容量瓶中，洗液合并后定容，混匀备用，同时做试剂空白试验。元素分析方法为：Hg、As 含量采用原子荧光光度计测定；Zn、Cu、Cd、Pb、Cr、Ni、As、Hg 及稀土元素含量采用电感耦合等离子体质谱仪测定。仪器测定土壤样品及土壤标准物质中矿物元素测定值在标准值范围内，土壤理化指标的测定参照常规的农化分析测定。

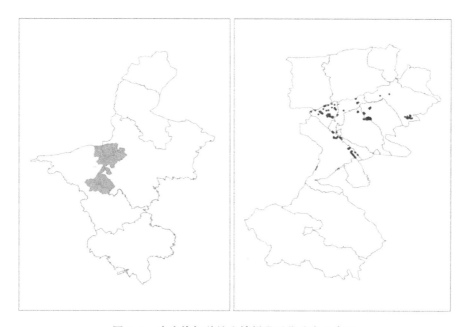

图 5-1　中宁枸杞种植土壤样品采集分布示意图

5.2　中宁县土壤理化指标含量特征分析

枸杞产地土壤中 9 种理化指标描述统计分析结果见表 5-1。变异系数（CV）可反映出同一时期土壤中金属元素受空间尺度的影响程度，CV 低于 20%时，表示土壤中指标的空间分布为低变异，CV 介于 20%~50%时为中等变异，CV 介于 50%~100%时为强变异，CV 高于 100%时为极强变异。土壤 pH 值是土壤重要理化性质之一，pH 值对土壤中有机质的合成、重金属的迁移、活化等以及微生物的活性均有重要作用。中宁县枸杞种植土壤 pH 值介于 7.10~9.26，目前中宁地区土壤呈碱性，甚至部分土壤呈强碱性，因枸杞具有一定的耐盐碱能力，在 pH 值为 8.5~9.5 的灰钙土和荒漠土上也能正常生长发育，但土壤酸碱度过大会对养分有效性产生影响，枸杞施肥时应注意采用生理酸性肥料，以免加剧土壤碱化趋势。土壤有效磷、全盐 CV 分别为 141.3%、102.2%，属于极强变异指标，全量磷、碱解氮、全量氮、速效钾、有机质 CV 介于 50%~100%，属于强变异指标，pH 值和全量钾 CV 较小，在 10% 以下。

表5-1　研究区域土壤监测指标含量描述性统计

指标	pH 值	全盐*	有机质*	全氮*	全磷*	全钾*
最大值	9.26	10.4	31.1	2.4	6.14	22.1
最小值	7.10	0.31	0.64	0.08	0.30	12.8
平均值	8.10±0.41	2.11±2.2	9.95±6.4	0.74±0.5	1.63±1.5	16.9±1.6
CV（%）	5.0	102.2	64.2	67.7	90.8	9.3

指标	碱解氮	速效磷	速效钾	Cu	Zn	Cr
最大值	518	629	915	53.4	142.6	78.0
最小值	8.00	4.2	46	14.75	36.1	31.2
平均值	102.0±91	92.5±131	204.3±134	26.8±7.3	73.3±22	58.1±8.2
CV（%）	89.6	141.3	65.9	27.2	29.3	15.8

指标	Ni	Cd	Hg	As	Pb
最大值	44.6	0.32	0.086	17.6	45.2
最小值	17.2	0.049	0.0046	5.3	1.5
平均值	30.9±5.8	0.16±0.06	0.019±0.01	12.3±2.5	12.6±6.7
CV（%）	18.6	40.8	60.7	20.0	53.4

注：带*的指标单位为 g/kg，其余指标单位为 mg/kg。

根据全国第二次土壤普查养分分级标准及第二次土壤普查微量元素分级标准，对中宁县枸杞种植土壤养分进行分级评价，具体结果见表5-2。

表5-2　中宁县枸杞产地土壤营养元素养分分级　　　　　　　单位:%

养分	很丰	丰富	适量	缺乏	很缺	极缺
有机质（g/kg）	0	1.79	4.46	38.39	20.54	34.82
全氮（g/kg）	1.79	5.36	24.11	9.82	12.50	46.42
全磷（g/kg）	49.11	13.39	15.18	12.50	9.82	0
全钾（g/kg）	0	1.79	91.96	6.25	0	0
碱解氮（mg/kg）	20.53	8.04	12.50	17.86	30.36	10.71
有效磷（mg/kg）	49.11	16.96	21.43	9.82	2.68	0
速效钾（mg/kg）	44.64	16.96	14.29	22.32	1.79	0

土壤有机质在提供植物生长所需要养分的同时还能有效改良土壤结构，使

土壤疏松，促进土壤形成水稳定性团聚体，增加土壤持水和保肥能力，有利于根系的生长、土壤微生物和土壤动物活动（穆桂珍等，2019）。中宁枸杞种植土壤有机质含量状况不容乐观，有机质含量丰富和适量的土壤仅占6.25%，其他土壤均处于缺乏状态，其中极缺样本占34.82%，中宁68.74%的土壤全氮处于缺乏状态，其中46.42%处于极缺状态；58.93%的土壤碱解氮处于缺乏到极缺状态，土壤氮素的消长主要反映生物积累和分解作用的相对强弱，土壤碱解氮能够较灵敏地反映土壤氮素动态变化和供氮水平，土壤全氮含量和土壤有机质含量呈正相关（戴士祥等，2018）；土壤全磷含量适量以上的样本共占样本总数的77.68%，缺乏的土壤样本占总样本的22.32%，12.5%的有效磷处于缺乏到很缺的状态；93.75%的土壤全钾含量处于适量和丰富状态，24.11%的土壤速效钾含量处于缺乏状态，基本可满足枸杞的正常生长。李锋等（2017）于2013年采集的中宁枸杞产区土壤中有机质含量大部分集中在10~15 g/kg、全氮含量在0.9~1.5g/kg，与本研究结果相比，有机质及全氮含量均有所降低。有机质含量降低会导致土壤中全氮、有效氮、全钾、有效钾等养分含量的降低，最终导致土壤肥力下降（于文睿南等，2021）。所以研究区域土壤养分含量较低跟土壤有机质含量匮乏息息相关，应注意增施有机肥。

　　由对土壤中矿物元素影响较大的pH值及有机质的空间分布图可知（图5-2），pH值高位于鸣沙镇东部，低值位于舟塔乡及大战场镇西北角，由西到东pH值整体呈现由低到高的趋势；研究区内有机质含量表现出较为明显的空间分布格局，由西北向东南呈由高到低的趋势。从图中可以看出，pH值和有机

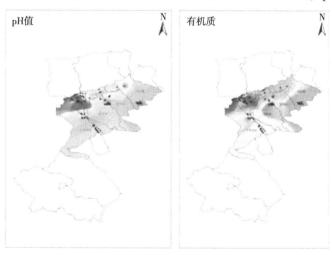

图5-2　中宁枸杞种植土壤中pH值和有
机质空间分布图（见书后彩图）

质含量呈现出相反的趋势，即 pH 值低的地区有机质含量较高，pH 值高的地区有机质含量低，这与前人的研究结果一致（王雪等，2022；闫芳芳等，2021），pH 值与有机质间存在负相关关系。

本研究通过对中宁县枸杞种植区域表层土壤中理化指标进行分析发现，有效磷、全盐、全量磷、碱解氮、全量氮、速效钾、有机质等指标 CV 较大，这可能是因为分析的样品中有农户及各基地的枸杞样品，而农户和枸杞基地枸杞在种植、灌溉、施药、施肥等田间管理中存在较大差异，导致土壤养分也存在较大差异。施用生物有机肥能够降低土壤 pH 值和全盐含量，显著提高土壤有机质和碱解氮、有效磷、速效钾养分含量（闫鹏科等，2019）；有研究表明（彭彤等，2023）长期单作干扰了枸杞园，尤其是 20~40 cm 表层土壤微生物的代谢活性，影响了其对复杂有机物的分解过程，在长期单作下，枸杞园 20~40cm 表层土壤的植物–土壤负反馈作用可能更加严重。中宁县枸杞种植土壤养分进行分级评价中有机质、全氮、碱解氮含量较低，土壤养分与土壤中矿物元素含量、枸杞品质息息相关，邓邦良等（2016）分析了武功山山地草甸土壤有效态微量元素铁、锰、锌、铜与有机质和 pH 值的相关性，结果表明当地土壤有效态微量元素铁、锰、锌的含量随有机质的增加而显著增加，随着土壤 pH 值的增大，土壤有效态微量元素铁的含量显著降低，土壤有效态微量元素锰、锌的含量显著增加；土壤中有机质的含量影响着土壤对微量元素的吸附能力，通过降低微量元素的活性（Kaschl et al., 2002）。所以应注意调节土壤养分指标，保证枸杞品质。

5.3 中宁县枸杞土壤重金属元素空间分布特征

本节对 GB 15618—2018《土壤环境质量　农用地土壤污染风险管控标准（试行）》中的农用地土壤中的基本项目 Cd、Hg、As、Pb、Cr、Cu、Ni、Zn 进行检测评价。

中宁县枸杞种植土壤污染评价结果见表 5-3。与宁夏土壤环境背景值相比，中宁县枸杞产地土壤 Cd、As 有明显的累积，增幅分别为 160.0%、107.0%，但所有重金属含量均未超过 GB 15618—2018 二级标准限量值，中宁县枸杞产地土壤 6 种重金属元素 CV 为 15.8%~60.7%（表 5-3），顺序为 Hg>Pb>Cd>Zn>Cu>As>Ni>Cr。其中，土壤中 Hg、Pb 的 CV>50%，属于强变异，说明中宁县枸杞产地土壤中 Hg、Pb 受人为影响较大；土壤中 Cd、Zn、Cu 的 CV 介于 20%~50%，为中等变异；As、Ni、Cr 的 CV≤20%，这 3 种元素在枸杞产地土壤中的空间分布为低变异。土壤重金属严控指标 Cd、Hg、As、Pb、Cr、Ni 的单项质量指数在 0.019~0.62，均小于 0.7，其中 As 的质量指数最高，为 0.62，各元素的单项污染指数由高到低排列顺序为：As>Zn>Cd>Cr>Ni>Cu>Pb>Hg，综合污染指数为 0.65，其质量等级划分属一级，污染水平为清洁，中宁县枸杞种植土壤整体质量状况较好。因部分监测点土壤中 As 含量接近限量值，后期可加强枸杞种植土壤环境和枸杞中 As 的协调监测。

表 5-3 中宁县枸杞产地土壤重金属指标监测结果　　　　单位：mg/kg

测定项目	镉	铅	铬	镍	汞	砷	铜	锌
宁夏土壤环境背景值	0.10	20.1	60.0	36.1	0.020	11.5	20.9	56.4
$Pimax$	0.40	0.27	0.22	0.23	0.086	0.88	0.267	0.475
$Piave$	0.20	0.074	0.17	0.16	0.019	0.62	0.134	0.244
$Pave$				0.20				
P				0.65				

注：$Pimax$ 即（Ci/Si）max 为单项污染指数最大值；$Piave$ 即（Ci/Si）ave 为单项污染指数算术平均值；$Pave$ 为污染指数的平均值；P 为综合污染指数。

　　利用空间克里格插值法绘制中宁县枸杞种植土壤中重金属元素空间分布图，见图 5-3，研究区内各重金属元素含量都表现出较为明显的空间分布格局，Zn、Cu 高值区位于舟塔乡、宁安镇及恩和镇、鸣沙镇的北部，低值区位于新堡镇东北部、恩和镇及鸣沙镇的东北部；Cd 污染程度由西北向东南递减，舟塔乡、宁安镇及恩和镇的西北部 Cd 含量较高，整个监测区域的其他区域 Cd 含量较低；Pb 与 Cd 不同，其含量由东到西呈现递减趋势，舟塔乡的部分区域达到了最大值，在大战场镇的东南部含量也比较高，在鸣沙镇、恩和镇和新堡镇的东北部达到了最低值；Cr、Ni 分布特征与 Pb 相似，Cr 含量在舟塔乡及宁安镇的零星点达到了最高值，Cr 含量低值出现在恩和镇的东部及鸣沙镇的中东部地区；Ni 的高含量区域位于大战场镇的南部，低含量区域与 Cr 相同；Hg 与 Cd 的分布规律相同，污染程度由北向南递减，舟塔乡、宁安镇及鸣沙镇的西北部含量较高，Hg 的低值区位于大战场镇的北部和新堡镇的南部；As 含量由西到东呈现先升高再降低的趋势，高值出现在宁安镇及恩和镇的中西部地区，低值位于恩和镇东部和鸣沙镇的中东部地区。

　　重金属元素的分布规律也与有机质相似、与 pH 值相反，说明土壤中重金属元素也受 pH 值和有机质的影响，土壤有机质可能与其他物质结合形成胶体，增大了土壤的表面积和表面活性，使土壤吸附重金属的能力增强，康乐等（2023）研究表明海拔高度、坡长、距河流距离、有机质含量、降水量、气温和地表温度对重金属积累都表现为正向驱动作用，且土壤特征>地形特征>气候特征>位置特征>植被特征>社会经济特征，而有机质含量的贡献率最大。

通过对中宁县枸杞种植区域表层土壤中重金属元素的空间分布研究结果表明，枸杞种植土壤中矿物元素基本呈现相似的分布规律。从整个元素空间分布图可以看出，除了 Pb 和 Ni 元素外，其他元素的高值区均位于舟塔乡、宁安镇及新堡镇和恩和镇的西北部，这部分区域村庄较为密集，说明表层土壤中元素受自然来源和人为来源的共同影响，这与其他学者的研究结果一致（Huang et al.，2021；Liu et al.，2021）。如孙境蔚等（2017）研究表明泉州市某林地垂直剖面土壤中 Sr、Ni、Fe、Cr、Cu、Mn、Pb、Zn 的主要来源为交通源、自然源和农业生产活动；胡杰等（2022）研究发现在农业生产过程中使用以柴油或汽油为主要燃料的农用机械，其尾气排放对 Pb 富集产生重要贡献，而农机轮胎与地面磨损也会产生含 Cd 颗粒物在农田土壤进行累积；北京市延庆区表层土壤中 V、Cr、Ni、As 主要来源于成土母质，人为活动对 Cd、Zn、Pb 含量影响较大，Hg 主要受大气干湿沉降的影响（黄勇等，2022）。

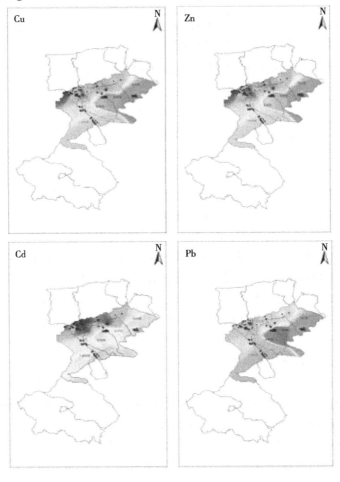

图5-3 中宁枸杞种植土壤中重金属元素空间分布图（见书后彩图）

本研究分析了宁夏中宁县枸杞种植0~20cm土壤中植物重金属元素空间分布特征，研究表明0~20cm表层土壤均受到人为因素的影响，而在目前的产地溯源研究中应采用可承袭土壤母质特性的耕作层以下的土壤进行研究。

5.4 中宁枸杞及其产地土壤中稀土元素分布特征

稀土元素（Rare earth elements，REE）包括 La、Ce、Pr、Nd、Pm、Sm、Eu、Gd、Tb、Dy、Ho、Er、Tm、Yb、Lu 的镧系元素及与其密切相关的 Y 和 Sc，共计17种，这是一组物理化学性质极其相似统一的微量元素（梁晓亮等，2022；Laveuf et al.，2009；Hou et al.，2009），轻稀土元素（Light rare earth element，LREE）指原子序数较小的 7 种元素，包括 La、Ce、Pr、Nd、Pm、

Sm、Eu；重稀土元素（Highrare earth element，HREE）指原子序数较大的8种元素，包括Gd、Tb、Dy、Ho、Er、Tm、Yb、Lu。目前，稀土元素的研究主要集中在土壤中稀土元素分馏特征（杨洁等，2023；杜贯新等，2023；密蓓蓓等，2022）、岩石风化过程（Li et al.，2019；Fu et al.，2019；Caetano-Filho et al.，2018；Lumiste et al.，2019）、土壤物质来源及成因示踪（张加琼等，2023；蒋华川等，2023；曹劼等，2020；谭侯铭睿等，2022）等方面的研究。目前，枸杞中稀土元素的相关研究较少，已有研究主要集中在检测方法（王洁等，2016）、枸杞生长期稀土元素变化规律（姚清华等，2018）、在不同产地枸杞产地中稀土元素含量差异性分析（张智印等，2022；黄成敏等，2002；杨学明等，1998），而枸杞种植土壤中稀土元素的分布特征及其与枸杞中稀土元素的相关性还未见报道。稀土元素作为一种农产品产地识别的重要手段之一（樊连杰等，2016；张棕巍等，2016；Thomas et al.，2014），摸清其在农产品种植土壤中的分布特征，可为指导宁夏枸杞产业持续发展和农产品产地溯源提供参考。

本节采用统计分析和地统计方法对宁夏中宁县枸杞种植区域表层土壤及枸杞中La、Ce、Pr、Nd、Sm、Eu、Gd、Tb、Dy、Ho、Er、Tm、Yb、Lu 14种稀土元素含量、污染程度及分配模式进行分析评估，旨在对宁夏枸杞主产区枸杞田的环境治理和枸杞产区溯源提供参考基础和信息支持，为宁夏枸杞生产的可持续发展提供数据保障。

5.4.1　中宁枸杞种植土壤中稀土元素含量分析及污染评价

借助SPSS 25.0软件进行原始数据的统计、方差分析；借助Excel绘制稀土元素球粒陨石标准化分配模式图、枸杞与土壤中稀土元素相关性图；借助ArcGIS 10.2软件绘制中宁县枸杞种植土壤中稀土元素空间分布图；采用Origin绘制不同种植年限地表土壤中稀土元素柱状图。依据地累积指数法，对中宁枸杞种植园土壤中稀土元素污染状况进行评价。

$$I_{geo} = \log_2 \left[C_X / (K \times C_b) \right] \tag{5-1}$$

式中，C_X表示稀土元素X在土壤中的含量；C_b表示土壤中稀土元素在当地的地球化学背景值（本节中以宁夏背景值计算）；K为变异系数，一般由岩石差异造成的背景值变动的（取值为1.5），地累积指数I_{geo}可将污染水平划分为7级（0~6级），$I_{geo} \leq 0$（0级），无污染；$0 < I_{geo} \leq 1$（1级），轻污染；$1 < I_{geo} \leq 2$（2级），中污染；$2 < I_{geo} \leq 3$（3级），中-重污染；$3 < I_{geo} \leq 4$（4级），重污染；$4 < I_{geo} \leq 5$（5级），重-极重污染；$I_{geo} > 5$（6级），极重污染。

（La/Sm）$_N$和（Gd/Yb）$_N$的比值可以指示轻稀土和重稀土的分馏程度。用

δCe、δEu 来估计 Ce、Eu 的异常程度，由 Ce、Eu 的标准值与其各自相邻元素的标准值之间的插值来比较估计 Ce、Eu 异常。计算公式为：

$$X_N = X_{Sample}/X_{Taylor} \tag{5-2}$$

$$(La/Sm)_N = \frac{La_{Sample}/Sm_{Sample}}{La_{Taylor}/Sm_{Taylor}} \tag{5-3}$$

$$(Gd/Yb)_N = \frac{Gd_{Sample}/Yb_{Sample}}{Gd_{Taylor}/Yb_{Taylor}} \tag{5-4}$$

$$\delta Ce = Ce_N/(La_N \times Pr_N)^{1/2} \tag{5-5}$$

$$\delta Eu = Eu_N/(Sm_N \times Gd_N)^{1/2} \tag{5-6}$$

式中，X 表示某种元素，X_{Sample} 表示样品中某种元素的含量，X_{Taylor} 表示球粒陨石相应元素的含量，下标 N 表示球粒陨石标准化值。

土壤在成土过程中，其稀土元素含量受其自身成土母质的影响，随着气候条件、土壤氧化还原条件、腐殖质等的影响下其相对丰度会相应产生变化，从而造成稀土元素的分馏效应（周峰等，2003；Freitas et al.，2020）。由表 5-4 可知，研究区土壤样品中 14 种稀土元素含量从大到小依次为：Ce>La>Nd>Pr>Sm>Gd>Dy>Er>Yb>Ho>Eu>Tb>Lu>Tm，Ce、La、Nd 含量占主导地位，与樊连杰等（2016）、张棕巍等（2016）研究结果一致，原子序数为偶数的稀土元素含量普遍高于其相邻两个原子序数为奇数的稀土元素含量，即遵循 Odd-Harkins 规则。REE 在 50.6~181.7 mg/kg，平均值为 109.0 mg/kg，LREE（La、Ce、Pr、Nd、Sm、Eu）和 HREE（Gd、Tb、Dy、Ho、Er、Tm、Yb、Lu）含量分别为 45.4~162.3 mg/kg 和 5.27~19.4 mg/kg，平均值分别为 95.0 mg/kg 和 14.0 mg/kg，分别占稀土元素总量的 87.16% 和 12.84%。14 个稀土元素中，La、Ce、Nd 含量较其他元素高，3 个元素之和占稀土元素总量的 73.67%。

表 5-4 研究区域土壤监测指标含量描述性统计

稀土元素	最大值	最小值	平均值	变异系数（%）	中国土壤背景值	宁夏土壤背景值
La	39.4	11.5	22.6±5.6	24.6	39.7	38.5
Ce	88.6	7.1	37.9±18	48.4	68.4	53.1
Pr	7.2	1.6	4.9±1.3	25.6	7.17	5.23
Nd	31.7	6.5	19.8±5.9	29.9	26.4	22.0
Sm	5.98	1.7	4.3±0.9	21.5	5.22	4.39

（续表）

稀土元素	最大值	最小值	平均值	变异系数（%）	中国土壤背景值	宁夏土壤背景值
Eu	1.39	0.38	1.00±0.2	19.9	1.03	0.86
Gd	5.43	1.5	3.8±0.9	23.5	4.6	3.86
Tb	0.91	0.23	0.62±0.15	24.1	0.63	0.51
Dy	5.08	1.4	3.7±0.9	23.6	4.13	3.53
Ho	0.77	0.28	1.04±0.18	23.3	0.87	0.74
Er	3.03	0.8	2.21±0.5	23.1	2.54	2.27
Tm	0.46	0.11	0.34±0.08	23.1	0.37	0.33
Yb	3.06	0.85	2.27±0.52	22.8	2.44	1.95
Lu	0.49	0.11	0.35±0.08	23.4	0.36	0.31
$\sum$REE	181.7	50.6	109.0±23.8	44.7	163	157.7
LREE	162.3	45.4	95.0±21.6	26.9	148	124.09
HREE	19.4	5.27	14.0±3.2	23.1	15.9	13.53
LREE/HREE	9.75	5.27	6.87±0.85	12.3	9.28	9.17
$(La/Yb)_N$	17.9	3.10	7.09±3.00	42.4	—	—
$(Gd/Yb)_N$	1.52	1.02	1.34±0.078	5.8	—	—
δCe	1.92	0.35	0.91±0.26	28.0	—	—
δEu	1.01	0.67	0.76±0.067	8.7	—	—

Eu、Tm、Yb、Lu 含量接近中国土壤背景值，La、Ce、Pr、Nd、Sm、Gd、Tb、Dy、Ho、Er 含量低于中国土壤的平均值；Eu、Gd、Tb、Ho、Tm、Yb 含量平均值高于宁夏土壤背景值，Sm、Dy、Er 和 Lu 元素含量接近宁夏土壤背景值，La、Ce、Pr 和 Nd 含量平均值低于宁夏土壤背景值。$\sum$REE 平均值远远低于中国土壤背景值和宁夏土壤背景值，LREE 稍低于中国土壤背景值和宁夏土壤背景值，HREE 低于中国土壤背景值但高于宁夏土壤背景值。LREE 和 HREE 比值介于 5.27~9.75，LREE 含量远远高于 HREE。

稀土元素对植物生长和土壤微生物活动都会产生促进或抑制的作用，目前对稀土元素的作用所达成的共识为"低促高抑"，低剂量稀土元素对生物体的生理活动、土壤微生物具有良好的促进作用，高剂量的稀土将会对生物体、微生物产生抑制作用，甚至产生毒害（刘轶轩等，2017）。而且稀土元素通过食物链进入人体后，也会使人体生理特征发生显著变化，对人类健康产生了影响（张江义等，2010；Murray et al.，1990；Mleczek et al.，2018）。依据地累积指数法，对中宁枸杞种植园土壤中稀土元素污染状况进行评价，如表 5-5 所示。结果表明，14 种稀土元素平均值的地积累指数值均小于 0，说明中宁县枸杞种植土壤中 14 种稀土元素无污染。

表 5-5　中宁枸杞种植土壤稀土元素的积累指数值及其分级

稀土元素	均值	最大值	最小值	分级	污染程度
La	-1.35	-0.55	-2.33	0	无污染
Ce	-0.91	0.15	-2.52	0	无污染
Pr	-0.67	-0.13	-2.27	0	无污染
Nd	-0.74	-0.06	-2.36	0	无污染
Sm	-0.62	-0.14	-1.97	0	无污染
Eu	-0.36	0.11	-1.76	0	无污染
Gd	-0.62	-0.09	-1.93	0	无污染
Tb	-0.30	0.24	-1.72	0	无污染
Dy	-0.52	-0.06	-1.95	0	无污染
Ho	-0.53	-0.09	-1.99	0	无污染
Er	-0.62	-0.17	-2.09	0	无污染
Tm	-0.55	-0.12	-2.15	0	无污染
Yb	-0.37	0.06	-1.78	0	无污染
Lu	-0.41	0.08	-2.07	0	无污染

5.4.2　中宁枸杞种植土壤中稀土元素分馏模式

为了表征中宁枸杞种植土壤中稀土元素间的分馏程度，需要绘制土壤稀土元素分配曲线，但为了消除偶、奇数原子序数造成的元素间丰度差异的影响，采用球粒陨石对稀土元素结果进行标准化处理（王祖伟等，2022）。选用赵志根（2000）推荐的球粒陨石参数标准 2 对研究区内土壤中稀土元素检测结果标准化处理，绘制中宁枸杞种植土壤中稀土元素球粒陨石标准化分配曲线，见

图5-4。111份土壤样品的稀土元素的分配模式基本一致，呈现出负斜率趋势（整体向右倾斜），表现出轻稀土富集、重稀土亏损的现象。

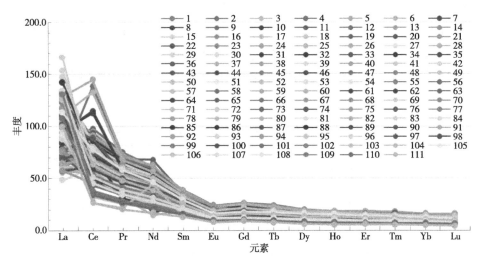

图5-4　研究区土壤REE的球粒陨石标准化分配模式（见书后彩图）

由表5-5可知，研究区内样点（La/Yb）$_N$值介于3.59~9.28，平均值为6.07，曲线同样向右倾斜，表明土壤发育过程中轻重稀土之间发生明显分异，使（La/Yb）$_N$值较大，轻稀土相对富集。（La/Sm）$_N$值介于1.80~4.48，平均值2.96，表明轻稀土元素之间具有明显的分馏；（Gd/Yb）$_N$表示重稀土之间的分馏程度，其值介于1.02~1.52，平均值为1.34，说明重稀土元素之间存在明显的分馏现象。而且（La/Yb）$_N$值明显高于（Gd/Yb）$_N$，说明较重稀土元素，轻稀土元素的分馏效应更明显。

δEu和δCe值用来表征稀土元素中Eu、Ce的异常程度，是反映土壤环境的重要参数，中宁土壤中的δEu值介于0.67~1.01，平均值为0.76，表现出明显的Eu负异常，这表明土壤中的稀土元素相对于球粒陨石已经发生明显的分异，在标准化图解中，Eu处出现明显的"谷"，表明稀土元素分配模式为Eu亏损型。Eu异常通常由原岩继承而来，陆源岩一般呈Eu负异常（张江义等，2010）。

δCe在0.76~1.25，平均值为0.95，与中国土壤δCe值（0.99）相近，基本无异常或为微弱的正异常。Ce异常是海相环境特点的一个指标，Murry等认为球粒陨石标准化后Ce的负异常能充分证明土壤受到海水的影响。

5.4.3　中宁县土壤稀土元素空间分布特征

稀土元素的空间分布对生态环境具有重要的影响作用，本节利用空间克里

格插值法绘制中宁县枸杞种植土壤中稀土元素空间分布图，见图5-5，La 在恩

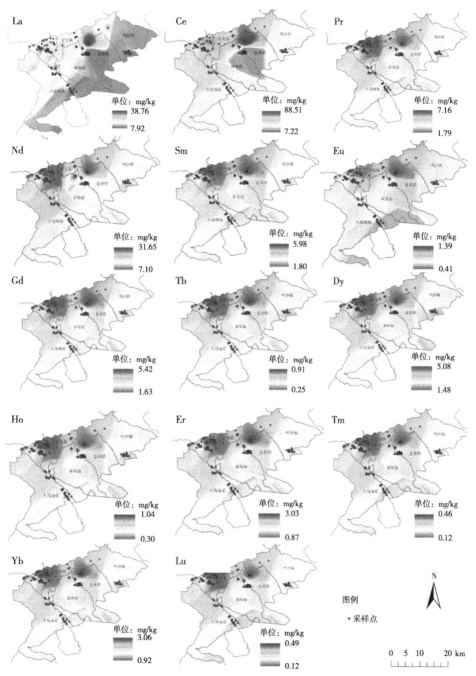

图5-5 中宁枸杞种植土壤中稀土元素空间分布示意图（见书后彩图）

和镇北部达到了最高值，次高值位于舟塔乡和宁安镇，低值位于监测区域的东南部；Ce、Pr、Nd、Sm、Eu、Gd、Tb、Dy、Ho、Er、Tm、Yb、Lu 13 种稀土元素在中宁县土壤中呈现相同的分布规律，即稀土元素含量在中宁县西北部（舟塔乡、宁安镇及新堡镇和恩和镇的西北部）较高、在东南部（大战场镇、鸣沙镇、新堡镇和恩和镇的东南部）较低，Ce 在新堡镇和恩和镇达到最低值，Eu、Lu 在大战场镇的南部及新堡镇的南部达到最低值，除了 La、Ce 外，其他稀土元素具有相似的来源。土壤中稀土元素含量受土壤类型、成土母质、土壤理化性质等因素的影响，李小飞等（2013）研究发现：pH 值越低，土壤稀土元素的溶解态越高，土壤中黏粒含量越多且更有利于吸附游离在土壤中的稀土离子；土壤有机质可直接与稀土离子结合形成络合物，造成稀土元素富集（黄圣彪等，2002），康乐等（2023）研究发现在海拔高度、坡长、有机质含量、距河流距离、降水量、气温和地表温度等因素中，有机质含量对重金属积累的正向驱动作用最为明显。土壤有机质含量升高，容易使土壤环境呈还原状态，而 Eu 在氧化条件下以三价离子形态存在，不呈现分馏现象，在还原条件下以二价离子形态存在，表现出与其他稀土元素发生分馏现象，这也可能是本研究 Eu 异常的原因。本研究前期也检测了研究区域土壤理化指标，以有机质为例，舟塔乡、宁安镇及恩和镇北部、鸣沙镇西北部的有机质含量（最高值达到 31g/kg）显著高于大战场镇、新堡镇、恩和镇南部及鸣沙镇（低值约为 0.8g/kg），这与稀土元素的分布一致，这也印证了土壤中稀土元素含量受土壤类理化性质影响这一结论，同时也表明土壤中稀土元素受人为因素的影响，稀土元素可以作为人类活动对土壤干扰的示踪元素。

5.4.4 中宁县不同种植年限土壤中稀土元素差异性分析

中宁县枸杞与土壤中 REE 含量分布均遵循 Odd-Harkins 规则，REE 含量分布稍有不同，其中 Nd、Gd、Dy、Eu 在枸杞中的含量排序相对于土壤中含量排序靠前，这可能与枸杞对稀土元素的差异性吸收有关，土壤中稀土元素尤其是轻稀土元素会通过生物作用富集于农作物中，从而造成随耕作年限增加稀土元素总量及轻稀土含量降低。

本研究分析了枸杞不同种植年限 2 年（$n=15$）、3 年（$n=20$）、4 年（$n=43$）、6 年（$n=14$）、>7 年（$n=19$）表层土壤中稀土元素的变化特征，见图 5-7。由图可知，枸杞种植土壤中 LREE、HREE、REE 呈增加趋势，枸杞种植年限短（2~4 年）的土壤中 LREE、HREE、REE 显著低于年限长（6 年以上）的土壤。本研究结果与前人研究结果不同（李小飞等，2013；Mleczek et al.，2018；袁丽娟等，2019），可能因为枸杞属于多年生木本类植物，种植密

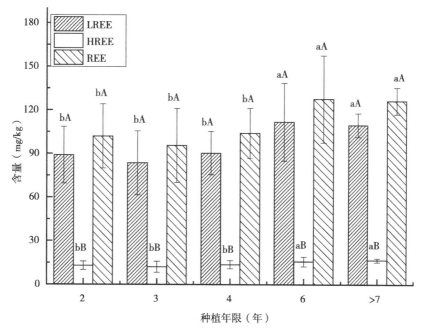

图 5-6 枸杞不同种植年限地表土壤中稀土元素

注：图中不同小写字母表示 LREE、HREE 和 REE 在不同年份间的差异显著性；不同大写字母表示同一年份 LREE、HREE 和 REE 间的差异显著性。

度较小、复种率低、生长较慢，其对土壤中稀土元素的积累吸附作用较慢造成的，目前关于稀土元素与植物生长关系的报道相对较少，稀土元素与枸杞生长关系还需要进一步研究。从同一年份 LREE、HREE 和 REE 分析来看，同一年份 HREE 显著低于 LREE 和 REE，同一年份 LREE 和 REE 间无显著差异。

5.5 中宁县枸杞中稀土元素含量特征

5.5.1 中宁县枸杞中稀土元素含量分析

枸杞中稀土元素的分布特征如表 5-6 所示，LREEs 中含量最高的元素为 Ce，含量为 35.6~151.7 μg/kg，占稀土元素构成的 39.38%，其次是 Nd，含量为 26.0~107.0 μg/kg，占稀土元素构成的 27.91%，然后是 La，含量范围为 10.1~72.8 μg/kg，占稀土元素构成的 16.81%，三者占稀土元素总量的 84.10%，Ce、La、Nd 含量在枸杞稀土元素中占主导地位，与土壤中稀土元素的分布相同。枸杞与土壤中稀土元素具有较强的正相关关系，除了 La 元素在枸杞和土壤中的相关系数为 0.6801，其余 13 种稀土元素含量在枸杞和土壤中的相关系数均在 0.8 以上，具体见图 5-7。中宁县枸杞 REE 含量从大到小依次为 Ce>Nd>La>Pr>Gd>Dy>Sm>Er>Yb>Eu>Ho>Tb>Lu>Tm，与土壤中 REE 含量分布稍有不同，但也遵循 Odd-Harkins 规则。

表 5-6　中宁枸杞样品中 14 种稀土元素含量

稀土元素	最大值	最小值	平均值	变异系数（%）
La	72.8	10.1	33.0±20.5	62.2
Ce	151.7	35.6	77.3±25.5	33.0
Pr	17.5	4.1	9.2±2.7	29.4
Nd	107.0	26.0	54.8±15.6	28.4
Sm	9.41	2.12	4.65±1.34	28.9
Eu	3.19	0.73	1.73±0.52	30.1
Gd	15.98	3.71	7.91±2.34	29.6
Tb	2.13	0.49	1.02±0.30	29.0
Dy	10.19	2.18	5.91±1.69	28.6
Ho	2.62	0.40	1.08±0.36	32.9
Er	10.77	2.16	4.25±1.34	31.5
Tm	0.67	0.16	0.37±0.11	31.0
Yb	4.39	1.24	2.57±0.65	25.4
Lu	0.81	0.18	0.39±0.12	30.8
ΣREE	328.6	96.6	196.3±46.8	46.8
LREE	309.1	87.6	180.7±44.0	24.4
HREE	26.4	9.01	15.6±3.7	23.9
LREE/HREE	17.4	8.49	11.7±2.1	18.1

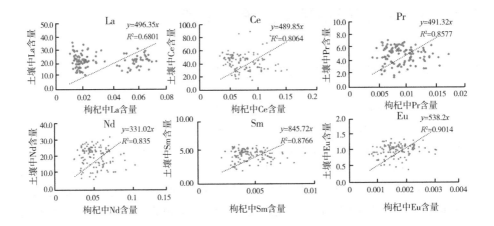

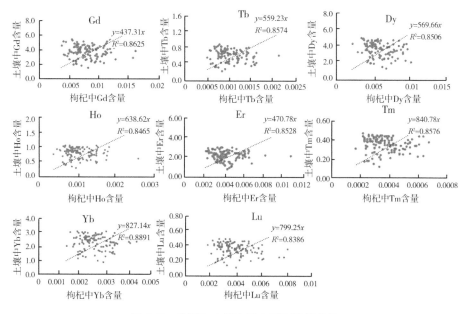

图 5-7　枸杞与土壤中稀土元素的相关性

5.5.2　中宁枸杞中稀土元素分馏模式

　　采用球粒陨石模型对 111 份枸杞样品中 REEs 的浓度进行标准化，以获得中宁枸杞中稀土元素的分馏模式，如图 5-8 所示。稀土元素在土壤、枸杞中的分配曲线模式基本一致，与张智印（2022）研究结果一致，表明稀土元素分布具有一定的同源性。

　　从总体上看，111 份枸杞样品中 REEs 的分馏模式一致（均向右倾斜），说明枸杞样品中 REEs 具有相似的分馏特征。LREEs（La、Ce、Pr、Nd、Sm、Eu）所在曲线较陡，HREEs（Gd、Tb、Dy、Ho、Er、Tm、Yb、Lu）所在曲线较平缓，说明 LREEs 和 HREEs 之间存在明显的分异。枸杞中 LREEs 含量为 87.56 ~ 309.13 μg/kg，平均值为（180.70±44.03）μg/kg，HREEs 含量为 9.01 ~ 26.38 μg/kg，平均值（15.59±3.72）μg/kg，表明枸杞样品中 LREEs 占比极大，LREEs/HREEs 介于 8.49 ~ 17.39，平均值为 11.74，说明研究区种植的枸杞中轻稀土元素在总量中占优势，且轻重稀土元素分异程度较大。

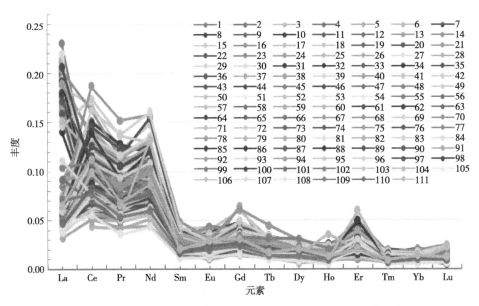

图 5-8　枸杞样品中稀土元素的球粒陨石标准化分配模式（见书后彩图）

5.6　小结

中宁县枸杞种植表层土壤均呈碱性，土壤速效磷、全盐、全量磷、速效氮 CV 较大；对中宁县枸杞种植土壤中缺乏有机质、全氮、碱解氮等养分，应该注意补充土壤养分。通过对中宁县土壤中重金属进行污染评价，中宁县枸杞种植土壤整体质量状况较好。中宁县土壤中重金属元素表现出较为明显的空间分布格局，其空间分布规律与有机质相同、与 pH 值相反；分布高值区均位于中宁县的舟塔乡、宁安镇及新堡镇和恩和镇的西北部，低值区位于大战场镇、鸣沙镇、新堡镇和恩和镇的东南部。表层土壤中元素受自然来源和人为来源的共同影响。

中宁县枸杞种植土壤不存在稀土元素污染，且轻重稀土分馏明显，且轻稀土元素具有更显著的分馏作用，枸杞与其产地土壤中稀土元素具有一定同源性，稀土元素可作为枸杞产地溯源的指标，也可作为人类活动对土壤干扰的示踪元素。

6 基于无机元素的枸杞产地识别体系构建与应用研究

自 1987 年，国家卫生部已将枸杞列为药食同源植物之一，宁夏也被确定为全国唯一药用枸杞基地，并列为全国十大药材生产基地之一。枸杞产业已成为宁夏农村经济社会发展、农业增效、农民增收的重要特色优势产业。

随着世界经济和贸易全球化的快速发展，食品在不同国家和地区之间的跨界流通越来越频繁，也导致了食品安全事件频繁发生，引起了全世界的广泛关注；受利益驱动，一些不法企业或个人为了降低成本增加收入，进行食品掺伪和欺诈的行为，一些"名特优"食品的原产地保护工作越来越得到重视，如何对食品产地溯源，已成为一个极为迫切的全球性问题。因此，为了保护宁夏枸杞品牌、增强消费者积极性、杜绝假冒伪劣产品，需要使用科学的技术手段进行监测和检查。食品产地识别和确证技术是近年来各国学者研究和发展的一项新技术，它能够为地理标志产品、地区名优特产品的追溯和甄别提供技术支撑。

稳定同位素特征与地理因素（如土壤、大气和水源等）密切相关，受人为活动（如施肥等）影响较小，从而保证了判别结果的有效性和稳定性，矿物元素不仅能凸显农产品的区域特征，而且较其他成分稳定，是理想的食品产地识别指标。目前产地识别的可行性、有效性研究多，但识别指标的稳定性及机理方面的研究少，尤其是矿物元素、近红外光谱、有机成分等识别技术机理研究非常薄弱。因此，本项目拟以宁夏、甘肃、青海、新疆枸杞为研究对象，建立不同产地枸杞稳定同位素和矿物元素的指纹图谱；对宁夏产区枸杞进行模拟试验，探明稳定同位素和矿物元素在土壤-农产品整个系统中的变化规律，通过化学计量学方法，最终构建枸杞产地识别指标体系和产地识别模型。

6.1 实验材料和分析方法

6.1.1 实验材料

中宁地区枸杞样品于2018年6—10月采自宁夏中宁的6个小产区，舟塔产区（$n=34$）、鸣沙洲产区（$n=14$）、红梧山产区（$n=24$）、红柳沟产区（$n=12$）、清水河产区（$n=27$）、天景山产区（$n=3$）。

宁夏不同产地枸杞样品：根据宁夏的地形和枸杞种植情况，选择固原、银北、（包括银川、惠农区、平罗等主要碱性地区）和中宁三个区域，固原、银北和中宁3个产区采集的样本数分别为29个、31个、61个。

西北不同产地枸杞样品：本实验328个枸杞样本的采样完全根据主产区分布及产量进行规划，宁夏、甘肃、青海、新疆四个省（自治区）采集的样本数分别为169个、28个、52个、89个，其中宁夏回族自治区采集点分布在中卫市、银川市、吴忠市、固原市、石嘴山市，甘肃省采样点分布在酒泉市、张掖市、白银市，青海省采样点集中分布在柴达木盆地，新疆维吾尔自治区采样点分布集中在精河县。

6.1.2 分析方法

枸杞中矿物元素分析方法同"4.1.3"。

EA-IRMS分析：采用Vario PYRO cube元素分析仪（Elementar公司，德国）联用Isoprime 100稳定同位素比率质谱仪（Isoprime公司，英国）用于稳定同位素比率的测定。稳定同位素分析标准品B2203（$\delta^{13}C = -27.85‰$，$\delta^{2}H = -25.30‰$，$\delta^{18}O = 20.99‰$）、IA-R006（$\delta^{13}C = -11.64‰$）、B2157（$\delta^{13}C = -27.21‰$，$\delta^{15}N = 2.85‰$）、B2174（$\delta^{13}C = -37.32‰$，$\delta^{15}N = -0.45‰$）、B2205（$\delta^{2}H = -87.80‰$，$\delta^{18}O = 26.88‰$）购自国际原子能机构（IAEA，维也纳，奥地利）用于样本稳定同位素比率的多点校正。

6.1.2.1 碳、氮稳定同位素测定

为保证样品在同位素比率质谱（IRMS）的响应信号响应值在$2 \sim 10$ nA，预试验确定称样量约为2.00 mg。用4 mm×4 mm×4 mm尺寸的锡箔杯包成方块状，压挤排出空气，按每个样本平行3个重复样顺序依次放入120位自动进样器。样本进入元素分析仪中经高温充分燃烧并充分氧化还原，样品中碳元素转化为纯净的CO_2，经氩气稀释后进入同位素质谱仪检测。仪器具体参数设置如

下：元素分析仪的氧化炉和还原炉温度分别为 920 ℃ 和 600 ℃，氦气吹扫流量为 230 mL/min；同位素比率质谱检测时间为 550 s，高纯 CO_2 作为仪器精准度参考气。

6.1.2.2　氢、氧稳定同位素测定

分别称取枸杞干燥精细粉末，用 4 mm×4 mm×4 mm 尺寸的银杯包成方块，平行 2 份重复样，压挤排出空气，然后置于自动进样器上送入元素分析仪，经高温裂解，产生高纯的 CO 和 H_2 气体，经稀释后进入同位素质谱仪进行检测。具体参数如下：氦气流量为 125 mL/min，燃烧炉温度为 1450℃；同位素质谱检测时间为 950 s，以高纯 O_2 和 H_2 气体作为参考气。

6.1.2.3　稳定同位素比率计算

由于元素重同位素自然丰度相对较低，仪器获取的重同位素与轻同位素的比值（R）极小。国际上通常采用将已知同位素比值的标准品作为参照，计算未知样本中稳定同位素比率的相对值。稳定性同位素比率计算公式如下：

$$\delta = \left[\left(R_{样品}/R_{标准} \right) -1 \right] \times 1000‰$$

式中，$R_{样品}$ 为所测样品中重同位素与轻同位素丰度比，即 $^{13}C/^{12}C$，$^{18}O/^{16}O$，$^{2}H/^{1}H$；$R_{标准}$ 为国际参考标准中重同位素与轻同位素丰度比。

6.2　小尺度区域枸杞产地识别研究

宁夏中宁县作为中国枸杞的原产地和道地产区，人工种植枸杞的历史已达 600 年之久，因中宁枸杞与其他产地枸杞具有不同的独特品质，宁夏中宁县也被誉为"中国枸杞之乡"，截至 2018 年底，宁夏枸杞种植面积达 6.67 万 hm^2，枸杞干果总产量 14 万 t，年综合产值 130 亿元，枸杞产业已成为宁夏农村经济社会发展、农业增效、农民增收的重要支柱产业。目前，国内已注册的枸杞商标除中宁枸杞外，还有靖远枸杞、瓜州枸杞、精河枸杞、柴达木枸杞等，随着枸杞地理标志保护产品的增多，假冒产品标识、以次充好的现象时有发生，严重损害消费者权益。因此，建立鉴别宁夏产地枸杞的有效方法是非常必要的。

目前，产地溯源技术主要包括矿物元素分析技术、稳定同位素技术、有机成分指纹溯源技术、近红外光谱指纹溯源技术、拉曼光谱指纹溯源技术等。矿物元素分析技术被认为是植物源性食品产地判别较为有效的方法，已被广泛应用。例如谷物、橄榄油、葡萄酒、茶叶等的产地溯源。电感耦合等离子体质谱（Inductively coupled plasma mass spectrometry，ICP-MS）仪因具

有高灵敏度、线性范围宽、可多元素同时测定等优势，是目前矿物元素测定最常用的技术。枸杞中元素含量与当地的水、土壤等环境因素密切相关，形成不同地区各自的元素特征，因此，筛选枸杞中与产地直接相关的元素指标作为产地溯源指标是枸杞产地溯源研究的关键。MAIONE 等通过检测分析 21 种矿物元素对巴西大米进行分类精度研究，结果表明 3 种分类模型对巴西中西部、南部地区大米的产地预测准确度分别为 93.66%、93.83% 和 90%；MA 等利用 ICP-MS 对 32 份正宗洞庭碧螺春、23 份形似洞庭碧螺春的非洞庭碧螺春样品和来自浙江省 28 份绿茶样品中 37 种矿物质元素的含量进行了测定，构建判别模型的正确判别率为 96.4%，实现了对相同和不同产地品牌绿茶的产地判别。

国内外学者利用矿物元素技术进行了大空间尺度的产地溯源应用，取得了理想的判别效果。本研究以宁夏不同区域及中宁小尺度区域为例，采用矿物元素分析技术对宁夏 3 个产区（固原、中宁和银北地区）和中宁 5 个小产区（舟塔产区、鸣沙洲产区、红梧山产区、红柳沟产区和清水河产区）进行产地判别分析。研究矿物元素分析技术在小尺度区域内枸杞产地判别中的可行性，成果可为枸杞产地溯源提供科学方法和理论依据，对提高宁夏枸杞的整体质量和国际竞争力具有重要意义。

6.2.1 宁夏不同区域枸杞产地识别

以宁夏不同区域为例，采用矿物元素分析技术对宁夏南北尺度的 3 个产区枸杞样品进行产地识别研究，3 个产区包括宁夏南边的固原地区、处于宁夏中间位置的中宁以及宁夏北边的银北地区。通过对宁夏固原、中宁及银北地区的枸杞样品中的 52 种矿物元素进行 OPLS-DA 判别分析。

如图 6-1A 所示，来自固原（GY）、银北（YB）和中宁（ZN）的样品明显分离，各地区的枸杞样品聚集在一起，模型解释能力和预测能力分别为 0.99 和 0.98，该模型具有较高的拟合度。图 6-1A 中样品的分组表明，来自同一地区的样品在矿物元素方面是相似的，而来自不同地区的样品之间的差异很大。在标记元素选择方法的基础上，图 6-1B 具体说明了前 10 个元素标记及其相应的 VIP 值。显然，这些元素标记可分为三类：稀土元素 Th、Ce、Sm、Pr；人体必需微量元素 Mo 和 Mn；人体有毒元素 Ba、Co、Pb 和 Y。具体判别结果见表 6-1，由表可知，在整个判别结果中，只有 2 个固原枸杞被误判为中宁枸杞，整体正确判别率为 98.4%。

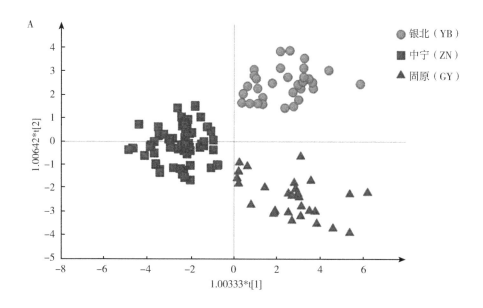

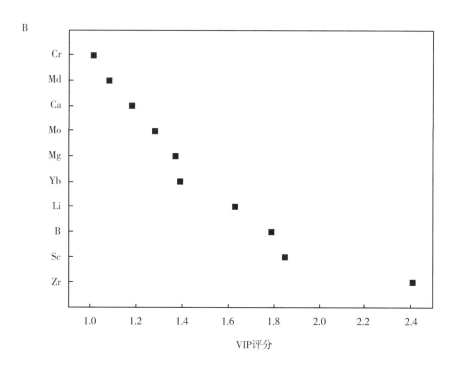

图 6-1 宁夏不同产地构杞 OPLS-DA 判别图（A）和 VIP 评分（B）

表 6-1 3 个地区 OPLS-DA 判别率

原属产区	正确判别率（%）	YB	ZN	GY
YB（$n=31$）	100	31	0	0
ZN（$n=61$）	100	0	61	0
GY（$n=29$）	93.1	0	2	27
121	98.35	31	63	27

图 6-2 显示了鉴别固原、银北和中宁枸杞果实中前 10 种元素的平均浓度，可以清楚地观察到，枸杞中这 10 种矿质元素含量水平存在较大差异。在这些元素中，Mn 的含量最高，为 9~23 mg/kg，其次是 Mo、Co、Ba、Pb、Y 和 Ce，Pr、Sm 和 Th 含量较低，为 μg/kg 级。Y、Ce、Pr、Sm 和 Th 5 种稀土元素在中宁枸杞中的含量显著低于其他两个地区的枸杞样品。Pb 和 Ba 这两种有

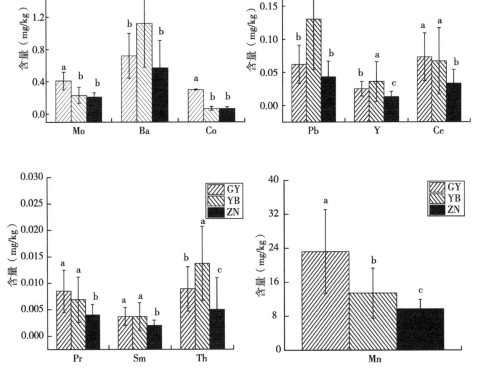

图 6-2 固原（GY）、银北（YB）、中宁（ZN）枸杞果实中鉴定中前 10 种矿物元素含量
注：不同的小写字母表示不同成熟阶段样品间的差异显著（$P<0.05$）。

毒有害元素在 3 个地区的含量变化趋势相似，均在银北区枸杞中达到最高，在中宁枸杞中达到最低水平；Co 元素在中宁和银北枸杞中的含量相近，显著低于固原地区的枸杞样品；在中宁枸杞样品中，Mo 和 Mn 的含量最低，而在固原的枸杞样品中，Mo 和 Mn 含量达到最高。本研究结果表明，稀土元素 Ce、Pr、Th、Sm 可以区分枸杞果实的来源。同样，Bertoldi 等（2019）发现稀有元素可以用来区分意大利枸杞的起源，意大利样品中稀有元素含量显著低于亚洲枸杞样品。其他研究也报道了稀土元素可以用来鉴别农产品如，蜂蜜（Bertoldi et al.，2016）和榛子（Baroni et al.，2015）的来源，筛选出的用于识别枸杞地理来源的元素含量与其相应土壤的理化性质等密切相关。同时，本研究测定了能够区分枸杞果实地理来源的前 10 种元素在相应土壤中的含量，结果如表 6-2 所示。在这 3 个地区中，稀土元素的含量是中宁地区最低的，尽管没有统计上的显著差异。枸杞的稀土元素含量与当地耕作土壤的特性直接相关（Bertoldi et al.，2019），这与本研究结果相同。然而，这一推论并不适用于 Mo、Co 和 Ba，因为这三种元素在枸杞果实中的含量与土壤中的含量并不呈正相关。例如，在 3 地采集的枸杞样品中，中宁枸杞样本的 Mo 含量最低，但其相应土壤中的含量却显著高于银北地区；中宁枸杞果实的 Ba 含量最低，而 3 个地区土壤的 Ba 含量则没有显著差异。因此，对于非稀土元素，枸杞果实中矿质元素的含量还与其他因素有关，如土壤 pH 值等理化性质。研究结果表明，土壤元素分析与 OPLS-DA 判别分析相结合，可以识别标记元素，从而确定枸杞果实的地理来源。

表 6-2　3 个地区枸杞对应土壤中前 10 位标记元素的含量

元素	土壤中元素的平均含量（mg/kg）		
	固原（$n=29$）	银北（$n=31$）	中宁（$n=61$）
Mo	1.02±0.20a	0.511±0.25b	0.935±0.31a
Mn	618.8±39a	573±56a	526±143a
Co	9.93±0.92a	7.69±0.4b	9.48±1.9ab
Pb	18.0±1.1a	19.7±0.9a	11.2±3.4b
Ba	463±25a	478.8±131a	509±120a
Y	19.4±1.1b	14.9±3.9b	47.6±21a
Ce	55.1±2.4a	49.9±3.6a	40.2±11a
Pr	6.6±0.3a	5.9±0.8ab	5.2±1.3b

注：不同小写字母表示同一元素在不同区域具有显著性差异（$P<0.05$）。

6.2.2　中宁不同产区枸杞产地识别

宁夏中宁县作为中国枸杞的原产地和道地产区，人工种植枸杞的历史已达

600 年之久，因中宁枸杞与其他产地枸杞具有不同的独特品质，宁夏中宁县也被誉为"中国枸杞之乡"，中宁的枸杞种植区域也划分为 6 个小产区，分别为舟塔产区、鸣沙洲产区、红梧山产区、红柳沟产区、清水河产区和天景山产区，采用枸杞中 43 种矿物元素含量对中宁 6 个小产区（舟塔产区（$n=33$）、鸣沙洲产区（$n=13$）、红梧山产区（$n=23$）、红柳沟产区（$n=12$）、清水河产区（$n=27$）和天景山产区（$n=3$））进行产地判别分析。研究矿物元素分析技术在小尺度区域内枸杞产地判别中的可行性。

通过对舟塔产区、鸣沙洲产区、红梧山产区、红柳沟产区、清水河产区、天景山产区枸杞中 43 种元素含量进行方差分析。其中 Ba、Bi、Cd、Ce、Co、Cr、Cu、Dy、Eu、Gd、Ge、Hg、Ho、Li、Mg、Mn、Mo、Nb、Nd、Ni、Pr、Rb、Sm、Sr、Tb、Th、Tl、Tm、U、Y、Yb、Fe、Ca、Pb、P、Er 36 种元素含量在 6 个产区间存在显著差异（$P<0.05$），元素 As、B、Cs、Se、Zn、N、K 含量在产区间差异不显著（$P>0.05$），中宁小尺度区域内各产区枸杞中矿物元素含量有其各自的地域特征，矿物元素在小尺度相似地域之间具有较大的差异。

6.2.2.1 枸杞中矿物元素的主成分分析

主成分分析通过将存在相关性的变量转换成线性不相关的变量，提取完全没有相关性又保留了原始数据大部分信息的几个主成分，本研究对中宁枸杞产区间存在显著差异的 36 种元素进行主成分分析，KMO 统计量为 0.809（KMO 统计量>0.5），各元素之间具有显著相关性，可以进行主成分分析，结果见表 6-3。第 1 主成分方差贡献率为 30.083%，综合了 Pr、Tb、Sm、Nd、Dy、Yb、Ho、Ce、Tm、Gd、Th、Y、Eu、Bi 14 种元素信息；第 2 主成分方差贡献率为 12.741%，综合了 Mo、Ge、Co 元素信息；第 3 主成分方差贡献率为 7.672%，综合了 Tl、Rb、Cs 元素信息；第 4 主成分方差贡献率为 5.701%，代表了 Mg、Mn 元素信息；第 5 主成分方差贡献率为 4.730%，代表了 N、K、Li 元素信息；第 6 主成分方差贡献率为 4.225%，综合了 Ca、P、Pb 元素信息；第 7 主成分方差贡献率为 3.640%，代表了 Zn、Cu 元素信息；第 8 主成分方差贡献率为 2.798%，代表了 Sr 元素信息；第 9 主成分方差贡献率为 2.613%，代表了 Er 元素信息；第 10 主成分方差贡献率为 2.381%，代表了 As 元素信息；前 10 个主成分累计方差贡献率为 76.583%。筛选出 Pr、Tb、Sm、Nd、Dy、Yb、Ho、Ce、Tm、Gd、Th、Y、Eu、Bi、Mo、Ge、Co、Tl、Rb、Cs、Mg、Mn、N、K、Li、Ca、P、Pb、Zn、Cu、Sr、Er、As 33 种枸杞的特征矿物元素。

表 6-3 前 10 个主成分的载荷矩阵及方差贡献率

元素	成分									
	1	2	3	4	5	6	7	8	9	10
Pr	0.935	0.033	0.05	0.137	0.047	0.028	-0.055	0.136	0.055	0.045
Tb	0.928	0.043	0.09	-0.1	-0.019	-0.042	-0.005	0.118	0.028	0.002
Sm	0.918	0.052	0.099	-0.065	-0.017	-0.005	-0.038	0.207	0.047	0.007
Nd	0.917	0.097	-0.006	-0.075	-0.11	-0.027	-0.003	0.006	-0.115	0.02
Dy	0.895	-0.146	0.049	0.064	0.02	-0.1	0.035	-0.027	0.083	0.01
Yb	0.874	0.117	0.059	0.189	0.016	-0.003	-0.041	-0.039	0.098	0.036
Ho	0.864	-0.076	-0.02	0.03	-0.02	0.022	0	-0.005	0.116	0.008
Ce	0.855	-0.077	0.006	-0.002	0.121	-0.021	-0.061	0.191	0.176	0.067
Tm	0.85	-0.022	0.07	0.173	0.14	0.01	-0.142	0.129	0.194	-0.014
Gd	0.833	-0.147	0.081	0.185	-0.056	-0.111	0.055	-0.061	0.028	-0.012
Th	0.818	-0.019	0.078	-0.169	0.161	-0.133	-0.056	0.177	0.061	-0.007
Y	0.814	0.184	-0.015	-0.131	-0.139	-0.012	0.043	-0.026	-0.087	0.009
Eu	0.679	0.072	0.093	0.54	-0.099	0.003	0.023	-0.126	0.132	0.119
Bi	0.672	0.15	0.202	-0.294	0.141	0.142	-0.114	0.237	0.142	0.03
U	0.585	0.349	-0.094	0.289	-0.101	0.205	-0.087	0.165	-0.017	0.288
Fe	0.583	0.339	0.218	0.053	0.048	-0.239	0.108	-0.207	0.046	-0.03
Nb	0.511	0.462	0.21	-0.02	-0.087	0.221	0.072	0.008	0.137	-0.038
Mo	0.003	0.801	-0.054	0.006	0.013	0.172	-0.055	0.143	-0.019	-0.059
Ge	-0.067	0.651	0.007	0.119	-0.395	0.158	-0.057	-0.338	-0.191	0.246
Co	0.091	0.632	0.227	-0.064	0.211	-0.061	0.23	0.286	-0.1	0.002
Cr	0.303	0.567	0.245	0.294	0.091	0.292	0.142	-0.063	0.187	0.105
Hg	-0.181	0.503	0.015	0.189	-0.194	0.145	0.005	-0.36	-0.174	0.423
Tl	0.131	0.155	0.891	0.054	0.068	0.102	-0.087	0.01	0.005	-0.02
Rb	0.083	-0.025	0.841	-0.018	-0.045	0.197	0.217	-0.034	0.069	0.008
Cs	0.468	0.081	0.736	0.094	0.013	-0.089	-0.113	0.261	0.105	-0.027

（续表）

元素	成分									
	1	2	3	4	5	6	7	8	9	10
Mg	0.028	0.04	0.131	0.788	0.308	0.214	0.085	0.082	−0.07	0.009
Mn	0.031	−0.023	0.15	−0.697	0.368	−0.01	0.065	0.196	−0.039	0.131
N	−0.1	0.082	0.286	0.144	0.733	−0.261	0.253	0.014	−0.033	−0.203
K	−0.068	−0.17	−0.154	−0.275	0.679	−0.058	−0.076	−0.137	0.189	−0.078
Li	0.319	0.106	−0.071	0.056	0.646	0.242	0.267	0.176	−0.011	0.046
Cd	−0.161	0.056	0.089	0.141	0.467	0.329	0.179	−0.453	−0.049	0.121
Ca	−0.128	0.058	0.359	−0.134	−0.031	0.624	−0.006	−0.159	−0.287	0.182
P	−0.277	0.207	−0.003	0.161	0.005	0.611	0.278	0.042	−0.012	−0.183
Pb	0.024	0.262	0.095	0.374	−0.152	0.609	0.105	−0.133	0.008	0.02
B	0.214	0.227	0.104	0.148	0.24	0.528	−0.207	0.047	0.494	0.101
Zn	0.039	−0.033	−0.133	0.086	0.202	−0.037	0.798	0.171	0.15	0.036
Cu	−0.193	0.099	0.194	−0.071	0.096	0.296	0.774	−0.271	−0.129	0.046
Ni	−0.117	0.411	0.363	−0.194	0.188	0.418	0.461	−0.035	−0.155	0.114
Sr	0.217	0.13	0.091	−0.049	−0.001	−0.051	0.025	0.82	−0.036	0.146
Er	0.194	−0.167	0.042	−0.123	0.041	−0.155	0.107	−0.093	0.819	0.06
Ba	0.381	0.058	0.145	0.396	0.012	0.061	−0.12	0.32	0.537	−0.069
As	0.127	0.091	0.026	−0.045	−0.083	0.017	0.083	0.084	0.057	0.852
Se	−0.012	0.21	0.26	0.341	−0.07	0.032	0.387	−0.123	−0.058	−0.408
方差贡献率（%）	30.083	12.741	7.672	5.701	4.730	4.225	3.640	2.798	2.613	2.381
累计方差贡献率（%）	30.083	42.823	550.495	56.195	60.926	65.15	68.79	71.589	74.202	76.583

6.2.2.2 枸杞产区区分模型

矿物元素含量的差异揭示了不同产区枸杞存在差异，但不足以对枸杞产区进行准确判别，为了实现对中宁不同产区枸杞的产地判别，分别采用 Fisher 和 OPLS-DA 判别分析方法对中宁 6 个产区枸杞样本进行判别分析。

（1）基于 Fisher 判别分析方法的枸杞产区判别模型。为了进一步了解各元素含量指标对枸杞原产地的判别情况，建立基于 Fisher 判别函数的一般判别方法对枸杞样品进行多变量判别分析，以 36 种具有显著差的矿物元素作为判别分析的自变量，进行逐步判别分析，结果显示，Bi、Cd、Co、Cr、Cu、Gd、Ge、Hg、Mg、Pr、Se、Zn、P 13 种矿物元素对产地判别显著的元素被引入判别模型中。不同产地构杞判别函数模型系数见表6-4，判别分类结果见表6-5。提取模型前 5 个典型判别函数，Willks' Lambda 检验结果进一步证实，在 α=0.05 的显著性水平下，5 个函数对分类效果均为显著，其中判别函数 1 和判别函数 2 累积解释判别模型能力为 78.2%，且相关系数均大于 0.6，表明判别函数 1 和判别函数 2 对 4 个构杞产地分类占主要贡献作用，利用判别函数 1 和判别函数 2 的得分值作散点图，见图6-3。由图可知，舟塔、鸣沙洲、红梧山、天景山产区容易区分，并分别位于不同空间，清水河产区和红柳沟产区样品有部分重叠。分类结果表明：回代检验的整体正确判别率为 91.0%，回代检验是针对所有训练样本进行的检验，样品的错判率是相应总体率的偏低估计，而留一交叉检验比较真实地体现了模型的判别能力，交叉检验中舟塔产区和红梧山产区分别有 3 个样本误判为清水河产区，天景山产区有 1 个样本误判为清水河产区，交叉检验的整体正确判别率为 83.8%，说明基于矿物元素指纹的差异可以有效鉴别不同产地的构杞。

表6-4　不同产地构杞判别函数模型系数

元素	不同产区					
	舟塔	鸣沙洲	红柳沟	红梧山	清水河	天景山
Bi	10.953	8.184	9.473	9.123	9.821	4.118
Cd	90.233	77.948	41.422	3.410	26.597	−11.429
Co	−0.093	−0.127	−0.066	−0.078	−0.008	−0.001
Cr	−64.694	−55.948	−58.008	−45.143	−61.069	−13.592
Cu	4.070	4.744	1.841	1.427	3.418	0.620
Gd	3.905	3.187	3.594	2.358	2.903	1.609
Ge	8.352	6.076	6.138	4.248	6.293	2.512
Hg	11.931	7.807	9.736	7.020	10.257	11.724
Mg	67.744	69.260	72.082	56.046	59.800	40.721
Pr	−4.901	−2.226	−3.921	−1.803	−3.485	−2.204
Se	151.655	71.503	140.843	41.972	50.410	70.622
Zn	−0.216	−0.447	0.527	0.739	0.135	1.003
P	2.117	1.209	0.858	1.178	1.354	1.017
（常量）	−109.687	−91.971	−83.954	−66.804	−78.234	−60.416

注：费希尔线性判别函数。

表 6-5 不同产区枸杞的一般判别分析结果

方法	原属产区	预测组成员信息						整体正确判别率（%）
		舟塔	鸣沙洲	红柳沟	红梧山	清水河	天景山	
回代检验	舟塔（n=33）	32	0	1	0	1	0	
	鸣沙洲（n=13）	0	12	1	0	0	0	
	红柳沟（n=12）	0	1	11	0	0	0	
	红梧山（n=23）	0	0	0	20	3	0	91.0
	清水河（n=27）	0	1	1	1	24	0	
	天景山（n=3）	0	0	0	0	0	3	
	正确率（%）	93.9	92.3	94.7	87.0	88.9	100	
交叉验证	舟塔（n=33）	28	0	1	0	4	0	
	鸣沙洲（n=13）	0	11	1	0	1	0	
	红柳沟（n=12）	0	1	10	1	0	0	
	红梧山（n=23）	0	0	1	19	3	0	83.8
	清水河（n=27）	1	1	1	1	23	0	
	天景山（n=3）	0	0	0	1	2	3	
	正确率（%）	84.8	84.6	83.3	82.6	85.2	66.7	

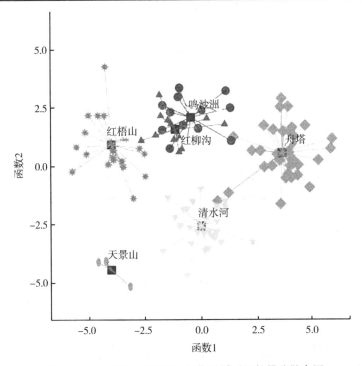

图 6-3 不同产区枸杞前 2 个典型判别函数得分散点图

（2）基于 OPLS-DA 判别分析方法的枸杞产区区分模型。对 5 个产区枸杞样本中的 43 种矿物元素含量进行 OPLS-DA 分析，构建溯源模型。OPLS-DA 模型中，R^2X（cum）与 R^2Y（cum）分别表示在 X 轴方向和 Y 轴方向上主成分 1 和主成分 2 对变量的解释能力，Q^2（cum）表示模型对分组的预测能力，该模型中 R^2X（cum）、R^2Y（cum）和 Q^2（cum）分别为 0.709、0.598 和 0.499，说明建立的 OPLS-DA 模型中 2 个主成分能有效解释 5 个产区之间的差异，且该模型具有一定的预测能力。

图 6-4、图 6-5 为 OPLS-DA 模型第 1、第 2 主成分得分图和载荷图。可以看出，各个产区样品群体内有明显的聚集趋势，仅有 1 个红梧山的样本落在

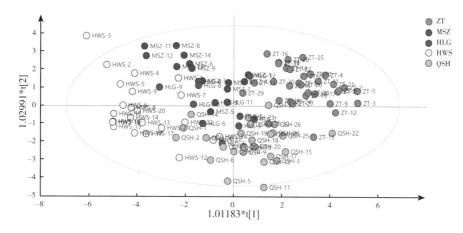

图 6-4　OPLS-DA 模型第 1、第 2 主成分得分图

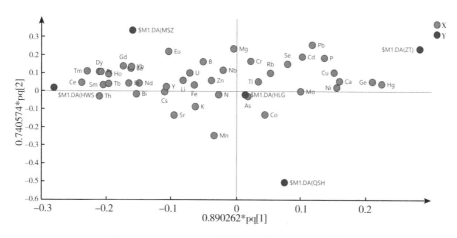

图 6-5　OPLS-DA 模型第 1、第 2 主成分载荷图

Hotelling T²椭圆图外，舟塔产区（ZT）、鸣沙洲产区（MSZ）可以较好地区分开，红柳沟产区（HLG）分别与清水河产区（QSH）和红梧山产区（HWS）样品有部分重叠。横坐标为第1主成分得分，通过第1主成分可以将舟塔、红梧山与清水河产区样品区分开；纵坐标为第二主成分得分，通过第2主成分可以将清水河产区与鸣沙洲产区区分。载荷图表示第1、第2主成分中各指标与不同产区的相关性大小，即图中X变量与Y变量越靠近，其相关性越高。由图可知，舟塔产区的Ge、Ni、Ca、Cu、P、Pb、Cd、Hg含量较高；鸣沙洲产区的Gd、Yb、Nd、Y、Li、Fe、U、B、Nb、Mg含量较高；红柳沟产区的N含量较高；红梧山产区的Ce、Th、Sm、Tb、Pr、Th、Ho、Dy、Bi、Er、Nd、Ba、Yb、Er等元素含量较高；清水河产区Co、Mn含量相对较高，这与矿物元素含量差异的分析结果相近。

利用建立的模型对5个产区的枸杞样品进行原产地判别，具体结果见表6-6。舟塔产区34个样品正确判别率为100%；鸣沙洲产区14个样品中2个误判，正确判别率为85.71%；红柳沟产区12个样品中有2个被误判，正确判别率为83.3%；红梧山产区24个样品中3个样品误判，正确判别率为87.5%；清水河产区27个样品2个误判，正确判别率为92.59%，111个样品的整体正确判别率为91.89%。

表6-6　OPLS-DA 模型数据判别率

原属产区	正确判别率（%）	舟塔	鸣沙洲	红柳沟	红梧山	清水河
舟塔（n=34）	100	34	0	0	0	0
鸣沙洲（n=14）	85.71	1	12	1	0	0
红柳沟（n=12）	83.3	1	1	10	0	0
红梧山（n=24）	87.5	0	0	1	21	2
清水河（n=27）	92.59	1	0	0	1	25
111	91.89	37	13	12	22	27

通过分析宁夏中宁5个小产区枸杞中43种矿物元素含量的组成特征，明确了不同产区枸杞中28种矿物元素存在地域差异。通过主成分分析确定了Pr、Tb、Sm、Nd、Dy、Yb、Ho、Ce、Tm、Gd、Th、Y、Eu、Bi、Mo、Ge、Co、Tl、Rb、Cs、Mg、Mn、N、K、Li、Ca、P、Pb、Zn、Cu、Sr、Er、As 33种枸杞的特征矿物元素。Fisher判别分析确定了Cd、Ce、Co、Cu、Gd、Hg、Mg、Se、Zn、P 10种枸杞的有效溯源指标。Fisher判别分析方法构建的判别模型的回代检验和交叉检验的整体正确判别率分别为97.3%和82.0%，基于OPLS-

DA 建立的判别模型的整体正确判别率为 91.89%，相比之下，OPLS-DA 判别效果更好。模型的整体正确判别率较低，但综合考虑到中宁仅为一个县级区域，面积 4226km²，这样一个小尺度区域内的枸杞产地正确判别率可以接受。通过多元统计方法基本实现了对小尺度区域范围内枸杞产地的有效判别。误判率相对较高的原因可能与产区划分有关，虽然实现了地域划分，但 5 个产区地域距离较近；同时样本数量不一致也是影响判别模型准确率的因素之一。结合以上分析，矿物元素技术结合多元统计分析方法对枸杞产地判别有效可行。该结果为下一步分析环境因素（如土壤、水、肥料等）对枸杞矿物元素指纹信息的影响提供了基础数据。该模型的建立可用于枸杞原产地识别，对宁夏地理标志性产品及消费者合法权益的保护提供了有效的技术支撑。

6.2.3　多元统计分析结合 ArcGIS 可视化构建宁夏枸杞产地特征地理图谱

当前，利用稳定同位素、多元素及化学计量学方法在枸杞产地溯源中取得了一定的应用，然而在宁夏各产区小尺度地理间产地判别仍缺乏相应的文献报道。基于多元建模判别在小尺度地理间判别往往具有较大误差的局限性，判别精度较低，难以实现精准产地溯源。而通过农业信息地理系统（ArcGIS）平台可以构建农产品产地特征地理分布图谱，可视化呈现小尺度地理间产地特征细微差异，更好地实现其产地溯源。本研究拟测定宁夏不同县市主产区枸杞中稳定同位素比率、矿物元素和稀土元素含量，构建产地特征数据库及多元判别模型。利用 ArcGIS 可视化地呈现宁夏各县市小尺度地理间枸杞产地特征，构建其地理分布图谱，实现枸杞溯源判别。该研究有望为枸杞原产地追溯及 PGI 标签真实性确证提供新的思路。

6.2.3.1　宁夏枸杞稳定同位素特征区域差异

宁夏不同地区的 92 个枸杞样本中 C、H、O 稳定同位素比率（$\delta^{13}C$、δ^2H、$\delta^{18}O$）测定结果及单因素方差比较（ANOVA）结果如表 6-7 所示。对枸杞中单个同位素比率的两两产地间和多重产地间方差比较，考察每个稳定同位素值是否具有显著的地域差异，其结果分别用不同小写字母上标和 P 表示。$\delta^{13}C$ 的均值范围大体在（-28.1±0.4)‰~（-27.4±0.4)‰，多重比较结果显示其无显著差异（用相同字母上标表示且 $P>0.05$）。其中，贺兰县采集的枸杞样本中 $\delta^{13}C$ 值为（-27.4±0.4)‰相较于其他地区略偏正，而西夏区枸杞样本的 $\delta^{13}C$ 值为（-28.1±0.4)‰相对偏负。宁夏不同产区采集的枸杞样本中 δ^2H 值分布在（-44.8±3.9)‰~（-36.9±5.8)‰，其多重比较结果表明其 δ^2H 值存在显著差异且 P 为 0.106。青铜峡市样本测定结果显著偏正，其值为（-36.9±

5.7)‰，而其他地区产枸杞样本中 δ^2H 均值偏低且彼此间无显著差异（相同字母上标表示），其中，原州区为（-44.6±6.0)‰，贺兰县为（-43.6±11.6)‰，西夏区为（-43.4±2.4)‰，灵武市为（-43.5±3.5)‰，兴庆区为（-44.0±3.3)‰，海原县为（-44.8±3.9)‰，中宁县为（-44.6±6.0)‰。枸杞中 $\delta^{18}O$ 值在宁夏不同产地间的变化范围为（43.7±1.0)‰～（47.3±1.2)‰，多重比较结果显示各地枸杞样本的 $\delta^{18}O$ 值存在差异且 P 为 0.266。青铜峡市、兴庆区以及海原县的枸杞样本 $\delta^{18}O$ 值较为富集，分别测得为（47.3±1.2)‰、（47.2±2.0)‰、（46.9±2.5)‰，而贺兰县枸杞的 $\delta^{18}O$ 值最为贫化，仅为（43.7±1.0)‰。

表 6-7　宁夏不同市县区域枸杞样本稳定同位素比率及单因素比较结果　单位:‰

市级产区	县级	同位素比率		
		$\delta^{13}C$	δ^2H	$\delta^{18}O$
固原市	原州区 ($n=6$)	-27.9±0.5[a]	-44.6±6.0[b]	46.2±2.9[ab]
吴忠市	青铜峡市 ($n=5$)	-27.9±1.1[a]	-36.9±5.7[a]	47.3±1.2[a]
银川市	贺兰县（$n=4$）	-27.4±0.4[a]	-43.6±11.6[b]	43.7±1.0[b]
	西夏区（$n=4$）	-28.1±0.4[a]	-43.4±2.4[b]	46.6±1.6[ab]
	灵武市（$n=6$）	-28.0±0.5[a]	-43.5±3.5[b]	46.4±1.0[ab]
	兴庆区（$n=4$）	-27.7±0.6[a]	-44.0±3.3[b]	47.2±2.0[ab]
中卫市	海原县（$n=12$）	-27.9±0.9[a]	-44.8±3.9[b]	46.9±2.5[a]
	中宁县（$n=51$）	-27.9±0.5[a]	-44.6±6.0[b]	46.2±2.9[ab]
LSD P 值		0.747	0.106	0.266

注：不同小写字母上标（即 a，b，c）表示显著性差异，显著性水平为 $P=0.05$。

总体上，宁夏枸杞稳定同位素比率特征并不具备显著地域差异，因而无法将各个产地样本进行区分。如图 6-6 所示，利用 ArcGIS 平台可视化呈现枸杞稳定同位素特征的地域。利用有限采样的检测数据，通过 ArcGIS 平台自带的克里金（Kriging）插值拟合算法，构建宁夏枸杞主要产地的 $\delta^{13}C$、δ^2H、$\delta^{18}O$ 特征分布图。从图 6-6A 可知，枸杞中 $\delta^{13}C$ 特征具有一定的第一差异，地理分布图上部分银川地区呈现和中卫地区和吴忠地区完全不同的色调，但后几个产区颜色并不具有显著差异。从图 6-6B 可知，在枸杞 δ^2H 地理分布图上银川地区的色调同样和其他产区具有显著差异。而从图 6-6C 可知，枸杞 $\delta^{18}O$ 地理分布图上中卫市中宁县部分 PGI 保护产区具有明显差异的色调，完全不同于中宁县周边产区及其他市产区。然而，枸杞单一稳定同位素比率特征热图中，邻近

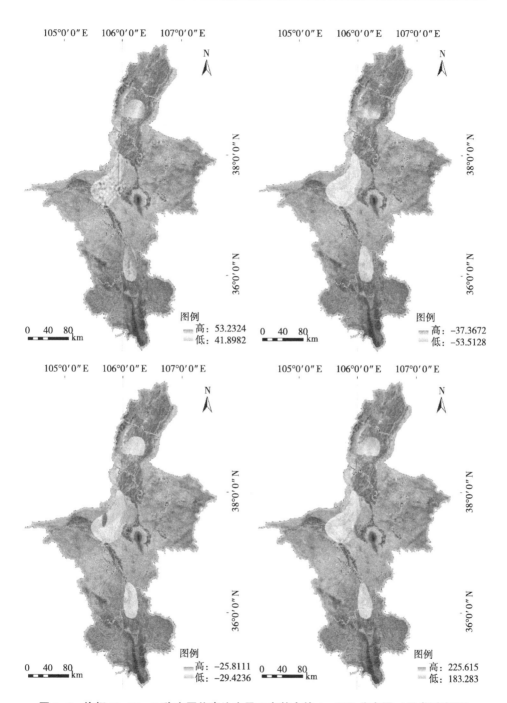

图6-6　枸杞 C、H、O 稳定同位素比率及三者整合的 ArcGIS 分布图（见书后彩图）

产区间的差异并不明晰。为融合所有变量的区域差异信息，通过将枸杞 $\delta^{13}C$、δ^2H、$\delta^{18}O$ 值经归一化处理后赋值为 0~255 区间的数值，分别视为三原色（红色 R、绿色 G 和蓝色 B）的色阶值。接着，每个样本的灰度值通过公式计算，从而融合三种变量的差异信息。如图 6-6D 所示，基于三元变量融合灰度值制作 ArcGIS 热图，区域间差异更为明显。银川产区南端和北端热图颜色明显不同，固原市和中卫市产区靠近黄河及支流产区与边缘荒漠产区热图色泽同样差异明显。融合枸杞三个稳定同位素变量构建的 ArcGIS 热图，通过色泽能够直观地呈现产区间样本特征。然而，可能是由于融合的变量过少，差异性信息有限，上述热图仍不足以呈现更为精细的地区差异。

6.2.3.2 宁夏枸杞矿物元素含量区域特征差异

宁夏 8 个不同市县区域采集的枸杞样本中 43 种矿物元素含量测定结果的平均值和标准偏差如表 6-8 所示。不同小写字母上标表明，8 个地区产枸杞中单个矿物元素含量具有一定的地域特征。从表 6-8 中可知，宁夏各产区枸杞样本中存在部分元素含量具有显著差异（$P<0.001$），对于 Al 元素，西夏区样本测定的值高达（253.87±149.82）mg/kg，而青铜峡市产枸杞的值最低，仅为（22.16±12.97）mg/kg。对于 P 元素，在青铜峡市及兴庆区的枸杞中显著富集，分别为（4236.36±479.08）mg/kg 与（3740.63±630.30）mg/kg。对于 Ti，西夏区枸杞中测定的结果显著偏高为（4.20±1.39）mg/kg，青铜峡市枸杞的值显著偏低为（1.90±0.78）mg/kg。对于 Mn，海原县枸杞中含量最丰富，为（16.03±5.47）mg/kg，而含量最低的是产自西夏区的枸杞，仅有（7.74±0.45）mg/kg。对于 Co，海原县枸杞的含量为（0.15±0.07）mg/kg，处于较高水平，青铜峡市与贺兰县的含量都为（0.05±0.03）mg/kg，均处于较低水平。表 6-8 中最小显著差异法（LSD）多重方差比较计算结果显示，除上述 5 个元素外，枸杞中 Ni、Cu、Ga、Ge、Rb、Zr、Nb、Mo、Ba、Hf、Tl、Pb、Bi、Th、U 这 15 个矿物元素的含量在 8 个不同市县地区也具有极显著差异。值得一提的是，西夏区采集枸杞样本中的多数矿物元素含量显著偏高，尤其是 Al、Ti、Ga、Ge、Zr、Nb、Hf、Tl、Pb、Bi、Th、U 这 12 个矿物元素是所有地区中最为丰富的。此外，海原县和原州区的枸杞样本其部分元素含量也处于较高水平，但兴庆区和中宁县采集的样本其矿物元素含量鲜少有显著偏高的。

除上述具有极显著差异的矿物元素外，宁夏 8 个地区枸杞样本中还存在一部分元素含量具有显著性差异。对于 Li，灵武市枸杞中的含量高达（3.13±1.27）mg/kg，而其他地区的含量基本在（0.72±0.16）~（1.62±1.51）mg/kg 的范围内。对于 Mg，青铜峡市产枸杞中含量最丰富为（1473.93±200.96）mg/kg，

表6-8　宁夏8个不同县级区域枸杞样本中43个矿物元素含量及其单因素比较结果

矿物元素	原州区 (n=6)	青铜峡市 (n=5)	贺兰县 (n=4)	西夏区 (n=4)	灵武市 (n=6)	兴庆区 (n=4)	海原县 (n=12)	中宁县 (n=51)	LSD P值
Li [mg/kg]	1.57±0.59[b]	0.75±0.24[b]	1.25±0.57[b]	1.25±0.37[b]	3.13±1.27[a]	0.72±0.16[b]	1.51±0.62[b]	1.62±1.51[b]	0.063
B [mg/kg]	9.83±1.08[a]	10.25±1.25[a]	9.95±0.49[a]	9.74±1.29[a]	10.06±0.82[a]	9.23±0.86[a]	10.00±1.52[a]	10.01±1.03[a]	0.923
Mg [mg/kg]	1325.15±113.34[a]	1473.93±200.96[a]	1422.30±55.58[ab]	1108.95±111.69[c]	1067.65±128.54[c]	1196.25±83.24[bc]	1278.27±246.46[b]	1153.80±188.28[c]	0.001
Al [mg/kg]	119.53±41.82[b]	22.16±12.97[c]	136.41±27.86[b]	253.87±149.82[a]	127.03±28.00[b]	115.24±12.05[b]	217.72±114.75[ab]	119.05±76.40[b]	<0.001
P [mg/kg]	2895.49±845.52[b]	4236.36±479.08[a]	2810.27±211.49[b]	2464.29±311.50[b]	2675.28±288.78[b]	3740.63±630.30[a]	2689.17±530.55[b]	2560.68±355.56[b]	<0.001
Ca [mg/kg]	706.52±110.56[a]	752.36±184.32[a]	683.81±165.98[a]	608.38±238.04[a]	820.64±254.20[a]	678.75±95.34[a]	642.29±155.04[a]	659.56±248.14[a]	0.756
Ti [mg/kg]	2.75±0.77[b]	1.90±0.78[b]	3.69±1.06[ab]	4.20±1.39[a]	2.72±1.13[b]	2.35±1.23[b]	3.56±1.00[ab]	2.26±0.80[b]	<0.001
V [mg/kg]	0.03±0.03[b]	0.04±0.00[b]	0.06±0.02[ab]	0.07±0.09[ab]	0.04±0.01[b]	0.01±0.00[b]	0.09±0.06[a]	0.04±0.06[ab]	0.121
Cr [mg/kg]	0.91±0.15[ab]	0.76±0.08[b]	0.86±0.18[ab]	0.85±0.30[ab]	0.94±0.06[ab]	0.83±0.10[ab]	0.94±0.15[a]	0.95±0.23[a]	0.543
Mn [mg/kg]	12.22±2.89[a]	10.26±0.99[bc]	10.88±3.20[bc]	7.74±0.45[c]	10.62±1.61[bc]	9.29±0.58[c]	16.03±5.47[a]	9.63±2.39[c]	<0.001
Fe [mg/kg]	39.38±11.05[a]	31.05±2.45[a]	40.81±5.24[a]	54.05±10.98[a]	56.10±10.42[a]	36.27±12.88[a]	67.33±28.65[a]	58.24±54.37[a]	0.695
Co [mg/kg]	0.10±0.03[b]	0.05±0.03[c]	0.05±0.03[c]	0.07±0.02[bc]	0.11±0.02[b]	0.10±0.04[b]	0.15±0.07[a]	0.06±0.02[c]	<0.001
Ni [mg/kg]	1.61±0.37[a]	0.71±0.15[bc]	0.36±0.11[c]	0.60±0.15[bc]	1.81±0.19[a]	0.68±0.15[bc]	1.56±0.49[a]	1.05±0.68[b]	<0.001
Cu [mg/kg]	9.99±1.19[a]	5.16±1.00[bc]	3.91±0.78[c]	7.05±2.56[bc]	10.32±1.42[a]	8.59±0.29[ab]	9.24±1.92[ab]	7.10±2.94[c]	<0.001
Zn [mg/kg]	21.11±4.70[a]	17.57±3.30[ab]	13.13±2.58[b]	19.41±10.35[ab]	19.56±5.53[ab]	21.20±2.41[a]	17.31±4.50[ab]	15.77±5.29[ab]	0.070

（续表）

矿物元素	原州区 (n=6)	青铜峡市 (n=5)	贺兰县 (n=4)	西夏区 (n=4)	灵武市 (n=6)	兴庆区 (n=4)	海原县 (n=12)	中宁县 (n=51)	LSD P 值
Ga [mg/kg]	0.07±0.05[b]	0.03±0.01[c]	0.10±0.02[ab]	0.10±0.07[a]	0.02±0.01[c]	0.04±0.01[c]	0.04±0.02[c]	0.03±0.01[c]	<0.001
Ge [mg/kg]	0.00±0.00[b]	0.00±0.00[c]	0.00±0.00[b]	0.00±0.00[b]	0.00±0.00[b]	0.00±0.00[bc]	0.00±0.00[a]	0.00±0.00[b]	<0.001
As [mg/kg]	0.02±0.01[ab]	0.01±0.00[b]	0.02±0.00[b]	0.03±0.02[a]	0.02±0.01[ab]	0.01±0.00[b]	0.02±0.01[ab]	0.02±0.01[b]	0.005
Se [mg/kg]	0.03±0.00[a]	0.03±0.00[a]	0.03±0.00[a]	0.03±0.00[a]	0.03±0.00[a]	0.03±0.00[a]	0.03±0.01[a]	0.03±0.01[a]	0.546
Rb [mg/kg]	12.17±8.14[b]	2.34±0.61[b]	2.68±0.15[b]	2.21±0.77[b]	1.54±0.47[b]	2.97±0.57[b]	2.34±1.43[b]	4.20±3.32[b]	<0.001
Sr [mg/kg]	9.81±1.93[ab]	3.56±1.01[b]	9.44±4.89[ab]	4.21±1.16[b]	8.76±2.47[ab]	4.73±1.47[ab]	11.27±3.40[a]	8.86±7.17[ab]	0.163
Zr [mg/kg]	0.04±0.05[b]	0.00±0.00[c]	0.10±0.02[a]	0.10±0.07[a]	0.02±0.00[bc]	0.01±0.00[bc]	0.03±0.03[b]	0.02±0.02[bc]	<0.001
Nb [mg/kg]	0.01±0.00[b]	0.00±0.00[d]	0.01±0.00[ab]	0.01±0.00[a]	0.00±0.00[cd]	0.00±0.00[cd]	0.01±0.00[a]	0.00±0.00[c]	<0.001
Mo [mg/kg]	0.24±0.22[b]	0.29±0.11[ab]	0.25±0.11[b]	0.11±0.11[b]	0.24±0.06[b]	0.34±0.08[ab]	0.39±0.10[a]	0.22±0.09[b]	<0.001
Ru [mg/kg]	0.00±0.00[a]	0.00±0.00[b]	0.00±0.00[b]	0.00±0.00[b]	0.00±0.00[b]	0.00±0.00[b]	0.00±0.00[a]	0.00±0.00[a]	0.493
Pd [mg/kg]	0.00±0.00[b]	0.00±0.00[b]	0.00±0.00[b]	0.00±0.00[b]	0.00±0.00[b]	0.00±0.00[b]	0.00±0.00[a]	0.00±0.00[b]	0.002
Cd [mg/kg]	0.03±0.01[b]	0.10±0.02[a]	0.05±0.03[b]	0.09±0.10[ab]	0.07±0.04[ab]	0.03±0.02[b]	0.03±0.01[b]	0.04±0.04[b]	0.001
Sn [mg/kg]	0.02±0.01[ab]	0.01±0.00[b]	0.02±0.00[b]	0.02±0.01[b]	0.01±0.00[b]	0.00±0.00[b]	0.03±0.05[a]	0.01±0.00[b]	0.046
Sb [mg/kg]	0.01±0.01[a]	0.00±0.00[b]	0.01±0.00[b]	0.01±0.00[b]	0.00±0.00[b]	0.00±0.00[ab]	0.01±0.00[b]	0.00±0.00[b]	0.004
Cs [mg/kg]	0.02±0.02[a]	0.00±0.00[c]	0.00±0.00	0.01±0.01[bc]	0.01±0.00[bc]	0.01±0.00[b]	0.01±0.00[bc]	0.01±0.01[b]	0.013

（续表）

矿物元素	原州区（n=6）	青铜峡市（n=5）	贺兰县（n=4）	西夏区（n=4）	灵武市（n=6）	兴庆区（n=4）	海原县（n=12）	中宁县（n=51）	LSD P值
Ba [mg/kg]	1.51±0.87^a	0.97±0.32^b	1.74±0.34^a	0.96±0.29^b	0.38±0.27^c	1.24±0.35^{ab}	0.65±0.36^{bc}	0.60±0.38^{bc}	<0.001
Hf [mg/kg]	0.00±0.00^{bc}	0.00±0.00^c	0.00±0.00^b	0.00±0.00^a	0.00±0.00^c	0.00±0.00^c	0.00±0.00^{bc}	0.00±0.00^c	<0.001
Ta [mg/kg]	0.01±0.01^a	0.00±0.00^{ab}	0.00±0.00^b	0.00±0.00^b	0.00±0.00^{ab}	0.00±0.00^{ab}	0.00±0.00^b	0.00±0.00^b	0.122
W [mg/kg]	0.00±0.01^a	0.00±0.00^b	0.00±0.00^a	0.00±0.01^{ab}	0.00±0.01^{ab}	0.00±0.00^b	0.00±0.00^{ab}	0.00±0.00^b	0.018
Ir [mg/kg]	0.00±0.00^a	0.00±0.00^b	0.00±0.00^a	0.00±0.00^a	0.00±0.00^{ab}	0.00±0.00^b	0.00±0.00^a	0.00±0.00^a	0.005
Pt [mg/kg]	0.00±0.00^b	0.00±0.00^b	0.00±0.00^b	0.00±0.00^b	0.01±0.01^a	0.00±0.00^b	0.00±0.00^b	0.01±0.01^a	0.001
Au [mg/kg]	0.00±0.01^a	0.00±0.00^a	0.00±0.00^a	0.00±0.00^a	0.00±0.00^a	0.01±0.01^a	0.00±0.00^a	0.00±0.00^a	0.324
Hg [mg/kg]	0.00±0.00^b	0.00±0.00^b	0.00±0.00^b	0.00±0.00^b	0.00±0.00^b	0.00±0.00^b	0.00±0.00^{ab}	0.00±0.00^b	0.009
Tl [mg/kg]	0.06±0.03^a	0.05±0.02^a	0.02±0.00^{bc}	0.04±0.02^{ab}	0.02±0.00^{bc}	0.03±0.00^{bc}	0.01±0.01^c	0.03±0.02^b	<0.001
Pb [mg/kg]	0.12±0.12^a	0.03±0.01^c	0.11±0.05^{ab}	0.16±0.08^a	0.04±0.01^c	0.05±0.02^{bc}	0.07±0.04^c	0.04±0.02^c	<0.001
Bi [mg/kg]	0.00±0.00^c	0.00±0.00^c	0.01±0.01^b	0.02±0.01^a	0.00±0.00^c	0.00±0.00^c	0.00±0.00^c	0.00±0.00^c	<0.001
Th [mg/kg]	0.01±0.00^b	0.00±0.00^b	0.03±0.00^a	0.03±0.02^a	0.01±0.00^b	0.00±0.00^b	0.01±0.00^b	0.00±0.01^b	<0.001
U [mg/kg]	0.00±0.00^c	0.00±0.00^c	0.02±0.00^b	0.02±0.01^a	0.00±0.00^c	0.00±0.00^c	0.01±0.00^c	0.00±0.00^c	<0.001

注：不同小写字母上标（即 a，b，c）表示显著性差异，显著性水平为 P=0.05。

而灵武市枸杞的含量相对贫乏仅为（1067.65±128.54）mg/kg。对于 V，海原县枸杞中的含量处于较高水平为（0.09±0.06）mg/kg，兴庆区产枸杞中含量最低为 0.01 mg/kg。除上述 3 个元素外，枸杞中 Cr、Zn、As、Sr、Pd、Cd、Sn、Sb、Cs、Ta、W、Ir、Pt、Hg 这 15 个元素在宁夏 8 个不同县级区域间具有一定差异性。

不同产地的枸杞样本中也存在少量矿物元素的含量相似且不具有明显差异（相同字母上标表示，$P>0.05$）。B 元素的平均含量在不同产地间的变化范围为（9.23±0.86）~（10.25±1.25）mg/kg，兴庆枸杞中均值略低而青铜峡产区的值略高。Ca 的含量在（608.38±238.04）~（820.64±254.20）mg/kg，灵武市枸杞的含量略丰富而西夏区的相对贫瘠。Fe 含量在（31.05±2.45）~（67.33±28.65）mg/kg 波动，其变化范围较广。Se 含量在不同产区的差异很细微，基本在（0.03±0.01）mg/kg 左右。此外，Ru 和 Au 在各个产地采集的枸杞样本中含量近乎于 0.00 mg/kg。

6.2.3.3 宁夏枸杞稀土元素含量区域特征差异

宁夏不同市县地区采集的枸杞样本中测定的 13 种稀土元素含量及其单因素比较结果如表 6-9 所示。通过比较分析，不同产地间枸杞中稀土元素含量测定结果都具有显著的地域差异（$P<0.05$ 且用不同的小写字母上标表示）。对于 Sc，原州区、贺兰县、西夏区、灵武市、兴庆区以及海原县这六个地区采集的枸杞样本中的含量基本在（0.03±0.01）mg/kg，均高于青铜峡市（0.02±0.00）mg/kg 和中宁县（0.02±0.01）mg/kg 枸杞样本中 Sc 含量。对于 Y，西夏区采集枸杞样中的含量远胜于其他地区，其值为（0.08±0.05）mg/kg，贺兰县、海原县、灵武市、兴庆区和原州区的枸杞中元素含量逐级递减，而青铜峡市枸杞样本中几乎不含有 Y。对于 Ce，海原县、西夏区与灵武市的枸杞样本中其平均含量均处于较高水平，其值在（0.07±0.04）mg/kg，而原州区、贺兰县、兴庆区及中宁县的样本中平均 Ce 含量大概在（0.03±0.02）mg/kg 左右，青铜峡市的枸杞样中也几乎检测不到 Ce。对于 Pr，海原县、西夏区和灵武市枸杞中含量居高，基本在（0.01±0.01）mg/kg 的范围内，而其他 5 个地区采集的枸杞中测得 Pr 含量极低且差异不显著。对于 Nd，西夏区和海原县的含量更丰富，其值分别为（0.04±0.02）mg/kg 和（0.03±0.02）mg/kg，原州区、贺兰县及灵武市的值均为（0.02±0.01）mg/kg，兴庆区和中宁县的值略低为（0.01±0.01）mg/kg，而青铜峡市枸杞样本中也几乎不含有 Nd。对于 Sm 和 Gd 这两个稀土元素，西夏区的枸杞样本中的含量相对于其他地区更富集且均为（0.01±0.00）mg/kg，而其他地区产枸杞的含量相对贫化近乎于 0。对于 Dy 和 Yb，西夏区和贺兰县枸杞样本的含量处于较高水平，其值分别在

表6-9 宁夏8个县级区域枸杞样本中13个稀土元素含量及其单因素比较结果

稀土元素	原州区 (n=6)	青铜峡市 (n=5)	贺兰县 (n=4)	西夏区 (n=4)	灵武市 (n=6)	兴庆区 (n=4)	海原县 (n=12)	中宁县 (n=51)	LSD P值
Sc [mg/kg]	0.03±0.00a	0.02±0.00ab	0.03±0.01a	0.03±0.01a	0.02±0.00a	0.03±0.00a	0.03±0.01a	0.02±0.01b	<0.001
Y [mg/kg]	0.01±0.00d	0.00±0.00d	0.06±0.01b	0.08±0.05a	0.02±0.00cd	0.01±0.00d	0.02±0.01c	0.01±0.01d	<0.001
Ce [mg/kg]	0.03±0.01b	0.00±0.00b	0.04±0.01b	0.06±0.04ab	0.05±0.02ab	0.03±0.01b	0.07±0.04a	0.03±0.02b	<0.001
Pr [mg/kg]	0.00±0.00bc	0.00±0.00c	0.00±0.00bc	0.01±0.00ab	0.01±0.00b	0.00±0.00bc	0.01±0.01a	0.00±0.00bc	<0.001
Nd [mg/kg]	0.02±0.00bc	0.00±0.00c	0.02±0.00b	0.04±0.02a	0.02±0.01b	0.01±0.00bc	0.03±0.02a	0.01±0.01bc	<0.001
Sm [mg/kg]	0.00±0.00c	0.00±0.00c	0.00±0.00bc	0.01±0.00a	0.00±0.00bc	0.00±0.00c	0.00±0.00b	0.00±0.00c	<0.001
Eu [mg/kg]	0.00±0.00c	0.00±0.00c	0.00±0.00b	0.00±0.00a	0.00±0.00c	0.00±0.00c	0.00±0.00bc	0.00±0.00c	<0.001
Gd [mg/kg]	0.00±0.00bc	0.00±0.00c	0.00±0.00b	0.01±0.00a	0.00±0.00b	0.00±0.00bc	0.01±0.00ab	0.00±0.00b	<0.001
Tb [mg/kg]	0.00±0.00bc	0.00±0.00c	0.00±0.00b	0.00±0.00a	0.00±0.00b	0.00±0.00d	0.00±0.00ab	0.00±0.00b	<0.001
Dy [mg/kg]	0.00±0.00d	0.00±0.00d	0.01±0.00b	0.01±0.01a	0.00±0.00cd	0.00±0.00d	0.00±0.00c	0.00±0.00d	<0.001
Ho [mg/kg]	0.00±0.00d	0.00±0.00d	0.00±0.00b	0.00±0.00a	0.00±0.00cd	0.00±0.00d	0.00±0.00c	0.00±0.00d	<0.001
Tm [mg/kg]	0.00±0.00b	0.00±0.00b	0.00±0.00a	0.00±0.00a	0.00±0.00b	0.00±0.00b	0.00±0.00b	0.00±0.00b	<0.001
Yb [mg/kg]	0.00±0.00b	0.00±0.00b	0.01±0.00a	0.02±0.01a	0.00±0.00b	0.00±0.00b	0.00±0.00b	0.00±0.00b	<0.001

注：不同小写字母上标（即a、b、c）表示显著性差异，显著性水平为P=0.05。

163

（0.01±0.01）mg/kg 和（0.02±0.01）mg/kg 范围内波动，而其他地区的含量近乎为 0。就 Eu、Tb、Ho、Tm 这 4 个元素而言，各个产地采集的枸杞样本中测得的含量都极低，其值接近于 0。值得一提的是，宁夏 8 个不同产区采集的枸杞样本稀土元素含量测定结果与矿物元素含量相似。西夏区枸杞样本总体稀土元素含量显著偏高，其次是海原县、贺兰县的含量相对丰富，灵武市、原州区、兴庆区以及中宁县的含量较贫乏，而青铜峡市多数元素含量近乎于 0。

6.2.3.4　产地溯源建模与 ArcGIS 图谱构建

枸杞中稳定同位素比率、矿物元素及稀土元素 ANOVA 分析结果表明，单个变量无法完全区分宁夏 8 个不同县级地区的枸杞样本。因此，本研究基于枸杞 3 个稳定同位素比率、43 个矿物元素与 13 个稀土元素变量，采用偏最小二乘判别分析（PLS-DA）建模，对数据进行降维，提取所有变量的差异信息，构建新的变量，实现不同产地的样本区分（图 6-7、表 6-10）。PLS-DA 结果显示，青铜峡市与贺兰县枸杞样本判别准确率高达 100%。兴庆区和海原县地区为 75%，其中兴庆有 1 个样本被误判为中宁县的，海原县有 2 个样本被误分为中宁县的以及 1 个被误分为青铜峡市的。此外，原州区、灵武市、中宁县都有 1/3 的样本被归类到其他地区，原州区的有 2 个分别被误判到兴庆区和海原县，灵武市有 2 个样本都被归为中宁县，中宁县的枸杞样大多被误判为灵武市、兴庆区、青铜峡市和海原县。而西夏区枸杞的判别准确率仅有 50%，其中

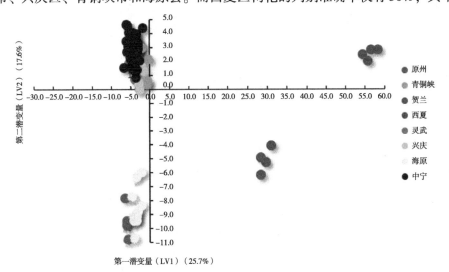

图 6-7　宁夏 8 个不同县级产地 92 个枸杞样本基于稳定同位素比率、
矿物元素及稀土元素含量的 PLS-DA 判别分析前两个潜变量
坐标系的得分散点分布图（见书后彩图）

2 个样本被误判为贺兰县的。该模型中宁夏不同县级产地间小尺度地理区域间的总体判别准确度为 70.1%。

表 6-10 宁夏 8 个不同地区 92 个枸杞样本的偏最小二乘
判别分析留一法交叉验证准确度

产地	样本数	准确度（%）
原州区	6	66.7
青铜峡市	5	100
贺兰县	4	100
西夏区	4	50.0
灵武市	6	66.7
兴庆区	4	75.0
海原县	12	75.0
中宁县	51	66.7
总体准确度	92	70.7

总体而言，基于稳定同位素、矿物元素、稀土元素特征构建偏最小二乘判别分析模型进行宁夏不同产区枸杞产地溯源研究，总体判别精度难以满足实际应用的要求。部分产区间枸杞样本的判别精度低于 70%，如原州区 66.7%、灵武市 66.7%、中宁县 66.7%、西夏区 50.0%。由于宁夏枸杞产地的行政区划和地理区划不完全一致，相邻产地间地形地势、微气候、土壤背景、农业活动大体一致，造成样本地理特征接近，完全按照行政区划进行类别区分不具有可行性。该难题无法通过优化建模方法实现解决。在此情况下，构建产地特征可视化区域分布图谱，可以更为直观地呈现地域间的差异，从而达到微观地理尺度间的溯源目的。

通过偏最小二乘判别分析，所有变量的方差信息主要提取到前几个潜变量上。在本研究中，枸杞的产地溯源 PLS-DA 模型中，前 3 个潜变量的方差贡献率分别为 25.7%、17.6% 和 15.4%，累计方差贡献率 58.7%，意味着大部分的变量方差信息已提取并拟合到前 3 个潜变量上。然而，该模型依然无法区分宁夏地区小尺度地理产地间的枸杞样本，意味着无法通过稳定同位素及多元素分析结合多变量建模实现宁夏各县市级产区间枸杞产品的产地溯源。在此情况下，本研究利用 ArcGIS 平台绘制宁夏枸杞各潜变量得分特征的地理分布图，如图 6-8 所示。其中，图 6-8A~C 为样本在第一、第二、第三个潜变量上的投影得分特征 ArcGIS 分布热图，图 6-8D 为相应的融合前 3 个主成分投影得分（RGB 值）换算成灰度值（Gray 值）的 ArcGIS 分布热图。明显可知，第一潜

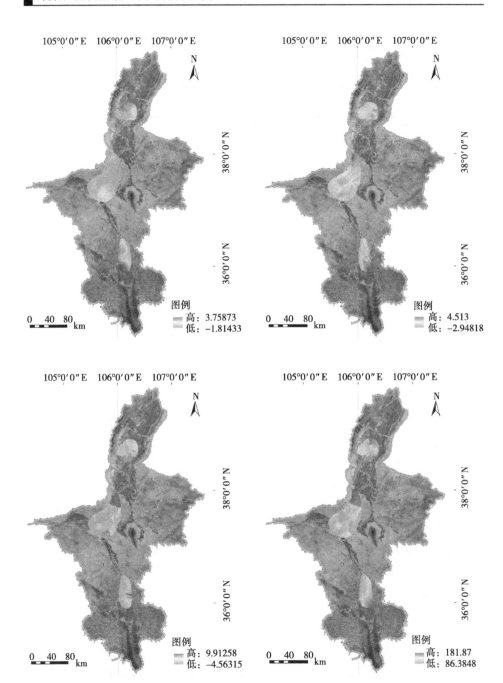

图6-8 PLS-DA 判别分析枸杞样本在第一、第二、第三主成分上得分及三者融合方差灰度值的 ArcGIS 分布热图（见书后彩图）

变量特征主要体现中卫市产区与其他产区的差异（热图上中卫市产区总体呈现低值，而其他产区呈现高值），第二潜变量特征进一步地表达中卫市产区的内部差异（北部产区呈现明显高值，南部和中部产区呈现低值）和固原市产区的地域差异（沿河流东部产区呈现比西部产区更高值），而第三潜变量的将中卫市和固原市内部特定产区的差异表现得更为明显，如中卫市南部中宁县产区和固原市中一部分产区呈现明显高值。通过进一步地将 3 个潜变量特征按灰度值换算后绘制宁夏枸杞多变量融合 ArcGIS 热图，则全面地反映枸杞稳定同位素、矿物元素、稀土元素的地域特征分布。在图 6-8D 热图上，宁夏银川产区和吴忠市青铜峡产区的枸杞样本具有明显的差异，且中卫市北部产区与中宁产区也具有明显差异，固原市沿河流东南部和西北部产区间也同样可以很好地区分。因此，构建的宁夏枸杞多变量融合产地特征图谱，能够为宁夏各县市级产地间枸杞的溯源提供新的指导。

植物源性农产品的稳定同位素特征具有地域性差异，与产地的土壤背景、气候环境以及农业活动等紧密相关。植物组织中碳稳定同位素组成的差异与产地间气候环境因子（如光照强度、温度湿度、降水等）密切相关，其导致光合作用中糖合成过程发生自然的碳同位素分馏。但由于宁夏不同县市间距离较近，各产地间地理气候差异不足引起枸杞中较明显的 δ^{13}C 值变化，因此不具有显著性区域差异。氢、氧稳定同位素组成主要与产地的纬度、海拔高度、降水及灌溉水源等密切相关。吴忠市青铜峡产地枸杞中 δ^2H 和 δ^{18}O 值都显著高于其他地区可能是受青铜峡水库影响。其次，枸杞中矿物元素与稀土元素特征指纹产生的关键因素是栽培土壤背景，枸杞内多元素含量的差异与产地的地质、气候和水源等因素有关，宁夏种植枸杞土壤大多属于黄河冲积河套平原。西夏区枸杞样本中测得多数矿物元素及稀土元素含量丰富，这可能是因为西夏区东临贺兰山脉，土壤矿物质含量丰富。海原县与原州区的样本中含量也稍显富集，因为这两个产区位于西夏南部地区，与北部的平原相反，南部多山地丘陵地带，矿产资源充裕。但灵武、兴庆、中宁地区的样本其元素含量鲜少有显著偏高的，大概是由于这三个地区地势较平坦且临近黄河及其支流水系。此外，枸杞种植过程中灌溉的水源也不同且相互独立，宁夏地区主要引黄河水进行灌溉。灌溉水源引入大量周边地区矿物元素和稀土元素，形成独特的地域特征。

Gong 等通过分析枸杞中稳定同位素、稀土元素、自由氨基酸和糖类，尝试对宁夏、内蒙古、甘肃、青海、新疆五省区枸杞溯源，同时开展宁夏中宁县地理标志保护产地枸杞与其他产地枸杞进行区分，该研究取得较高的判别精度。然而，该研究从各省级大尺度地理区划间研究枸杞产地溯源的可行性，并未探讨该模型是否能够满足对宁夏县市级小尺度地理区划间枸杞产地溯源要求。通常而言，不同省份枸杞具有外形上的显著差异，中宁枸杞颗粒大，而青海柴达木枸杞、新疆精河枸杞颗粒明显更小，且各个产地间枸杞色泽上也完全能够进行区分。因此，针对中宁地理标志保护产地的枸杞产区保护，更为重要的是开展对宁夏各县市级产地间枸杞溯源可行性研究。本研究通过采集宁夏不同县市主产区枸杞样本稳定同位素、矿物元素和稀土元素数据，构建多元统计判别模型，但总体判别准确度仅70.1%。受限于小尺度地理区域间地理气候的相似性，无法通过优化判别模型提升精度。此外，大规模重复采样成本高昂，且难以覆盖全部枸杞产区。因此，本研究基于有限数量的样本采集数据，利用ArcGIS平台，构建宁夏各个产区枸杞特征分布图谱，可视化地展现宁夏各县市产地的枸杞特征，提供一种新的产地溯源思路。同时，本研究也说明对于我国枸杞产地溯源需要注意以下三个方面：第一，枸杞的产地溯源，需要考虑地理的相近性，而不能完全参照我国行政区划进行产地的判别分析；第二，基于微量元素含量数据的枸杞产地溯源的模型优化依然难以达到100%的判别精度，需要通过增加其他方面参数，进一步提升模型的准确度；第三，本研究中缺乏产地的土壤和水源中矿物元素与稀土元素的特征数据，难以深入探讨宁夏各产地枸杞产地特征的形成机制。

6.2.4　小结

基于52种矿物元素对宁夏固原、中宁和银北地区枸杞样品进行OPLS-DA可有效区分宁夏固原、中宁和银北不同产区的枸杞样品，筛选出可有效区分宁夏不同产区的3类10种标记元素，分别为：稀土元素Th、Ce、Sm、Pr；人体必需微量元素Mo和Mn；人体有毒元素Ba、Co、Pb和Y，整体正确判别率为98.4%。

通过检测分析宁夏中宁县舟塔、鸣沙洲、红梧山、红柳沟、清水河和天景山6个小产区的111份枸杞样品中43种矿物元素含量，枸杞样品中有36种矿物元素含量在不同地域间存在显著差异。通过Fisher判别分析确定了Bi、Cd、Co、Cr、Cu、Gd、Ge、Hg、Mg、Pr、Se、Zn、P 13种矿物元素为中宁不同产区枸杞的有效溯源指标，Fisher判别分析方法建立的判别模型的整体正确判别率为83.8%。

本研究通过对宁夏8个县市级产区枸杞主产地采集的92个样本进行分析，测定其3个稳定同位素比率、43个矿物元素和13个稀土元素含量，构建多元统计分析偏最小二乘判别分析（PLS-DA）模型，实现宁夏各县市级产地间枸杞总体判别准确度仅70.1%，无法满足溯源应用的要求。通过融合多元变量方差信息，创新性地提出绘制 ArcGIS 产地溯源图谱，可视化地呈现小尺度地理区间差异。通过构建单个稳定同位素指标、多个指标融合数据、单个判别函数得分特征、多个判别函数等分融合特征的地理分布热图，通过颜色反映各县市间枸杞的产地特征差异。该图谱分析技术，有望成为一种宁夏枸杞产地溯源、中宁枸杞地理标志产品识别的分析策略，用于中宁枸杞产品的原产地确证与地理标志产品品牌保护，推动宁夏枸杞产业的健康发展。

通过上述研究，基本实现了小尺度区域内枸杞的产地判别，研究证明了矿物元素技术可用于枸杞的原产地判别。

6.3　西北不同产区枸杞产地识别研究

近年来，国家大力实施品牌兴农、质量强农战略，一大批具有鲜明地域特色的名优产品被认定为国家地理标志产品，有效地推进了农业生产的标准化、产品品牌价值的提升和产业集群发展，对区域经济的发展贡献度不断加大。对食品的原产地进行认证和追溯是欧盟、美国、日本、新西兰等许多发达国家和地区的通行做法，通过食品产地追溯体系的建设，一方面为原产地标识的保护提供技术支撑，另一方面也是实施"从农田到餐桌"安全全程控制的必要手段。因此，研发可靠有效的产地判别技术，成为构建产地追溯体系、保护地理标志产品、落实食品标签法规和保障食品安全的迫切需求。农产品溯源技术是为保护地区品牌和特色产品，防止食品掺假和食源性疾病扩散，确保食品安全，降低公司召回成本而建立起来的一项追踪检测技术。

随着枸杞地理标志保护产品越来越多，假冒产品标识、以次充好的现象也时有发生，对其市场公平贸易、品牌保护和消费者权益造成严重侵害。目前，国内外开展了不同的检测方法研究来验证原产地保护产品的真实性，如 Coetzee 等（2005）通过对葡萄酒中 40 种元素进行筛选分析发现，Li、B、Mg、Al、Si、Cl、Sc、Mn、Ni、Ga、Se、Rb、Sr、Nb、Ba、La、W、Ti、U 19 种元素存在地区差异，最终筛选出 Al、Mn、Rb、Ba、W、Ti 作为产地溯源的指标；Jaroslava 等也发现 Al、Ba、Ca、Co、K、Li、Mg、Mn、Mo、Rb、Sr、V 及 Sr/Ba、Sr/Ga、Sr/Mg 对葡萄酒地域的判别效果比较好；王浩等研究发现通过分析葡萄酒中 C、N 稳定同位素以及元素含量，可以实现对有机和非有机葡萄酒的精确区分；也有研究表明元素指纹技术能很好地判别茶叶的产地来源。目前，产地溯源研究主要集中在葡萄酒、茶叶、谷物、蜂蜜等。

枸杞中含有丰富的矿物元素，这些矿物元素能够反映枸杞生长的土壤环境、元素的种类和含量差异，具有一定地理标志特征，在枸杞产地溯源中应用较多。近年来，我国也开始关注枸杞原产地保护和鉴别，并开展相关研究。宁夏作为枸杞种植大省，为了避免越来越多的外来枸杞品牌对宁夏枸杞的冲击，枸杞产地溯源研究势在必行。

本章以宁夏枸杞、青海枸杞、甘肃枸杞和新疆枸杞为研究对象，检测分析不同产区枸杞中 60 种矿物元素及 C、N 稳定同位素比值，对不同产区枸杞进行判别分析，旨在建立稳健的枸杞产地判别模型，成果可为枸杞产地溯源提供科学方法和理论依据，对提高宁夏枸杞的整体质量和国际竞争力具有重要意义。

西北不同产地枸杞样品：本实验 328 个枸杞样本的采样完全根据主产区分布及产量进行规划，详细采样信息如表 6-11 所示。宁夏、甘肃、青海、新疆四个省份采集的样本数分别为 159 个、28 个、52 个、89 个，其中宁夏回族自治区采集点分布在中卫市、银川市、吴忠市、固原市、石嘴山市，甘肃省采样点分布在酒泉市、张掖市、白银市，青海省采样点集中分布在柴达木盆地，新疆维吾尔自治区采样点分布集中在精河县。这些地区中，中宁枸杞、柴达木枸杞、精河枸杞是三个国家公认的地理标志保护的枸杞品牌，其产地分别分布在宁夏中卫市中宁县、青海柴达木地区、新疆精河县。

表6-11 宁夏、甘肃、青海、新疆四省份枸杞样本采样信息

省区	采样总数（n）	地区	采样点数
宁夏	159	中卫市	111
		银川市	21
		吴忠市	8
		固原市	12
		石嘴山市	7
甘肃	28	酒泉市	19
		张掖市	4
		白银市	5
青海	52	柴达木地区	52
新疆	89	精河县	89

6.3.1 不同产地枸杞中检测指标差异分析

受地质、水和土壤环境因素的影响，不同地域土壤中矿物元素的组成和含量存在差异，导致在不同地域生长的生物体有其各自的矿物元素指纹特征。对宁夏、青海、甘肃和新疆 4 个地区枸杞中 60 种矿物元素及 C、N 稳定同位素比值进行方差分析，具体数据见表 6-12。结果显示，4 个地区枸杞中的 60 种矿物元素均有检出，且各元素含量差异较大，枸杞中含量最高的元素为 P，其次为 Mg、Ca 和 Al，为 g/kg 级；Fe、Zn、Cu、B、Mn、Sr、Li、Rb、Ti、Ni、Cr、Ba 的含量为 mg/kg 级；Co、Mo、Se、V、La、Ce、Nd、Sc、Y、Pb、Cd、As、Tl、Sn、Cs、Zr、Ga 含量为几十个 μg/kg，Pr、Yb、Dy、Er、Gd、Sm、Hg、Sb、U、Bi、Be、Nb、Pd、Hf、Ta、W、Ir、Pt、Ge、Th、Ru、Au 含量为几个 μg/kg，Eu、Lu、Tb、Ho、Tm 的含量更低，为 ng/kg。$\delta^{13}C$ 含量介于 $-27.64‰ \sim -24.75‰$，$\delta^{15}N$ 含量介于 $-2.36‰ \sim 5.64‰$。

表 6-12　不同产地枸杞中检测指标含量

元素	产地				P
	NX （n=159）	GS （n=28）	QH （n=52）	XJ （n=88）	
Cu	8.58±3.0b	9.97±2.0a	7.47±2.2c	10.94±2.7a	0
Co	0.080±0.04b	0.12±0.04a	0.065±0.02c	0.060±0.03c	0
B	10.06±1.2a	10.30±1.1a	8.57±0.9c	9.35±1.3b	0
Mg	1214±205a	1140±188b	890±106c	1101±172b	0
Mn	11.74±4.6a	10.04±2.7b	8.60±1.8c	8.43±2.3c	0
Mo	0.25±0.11b	0.22±0.07b	0.18±0.07c	0.32±0.15a	0
Fe	56.7±38ab	56.9±11ab	66.9±26a	48.2±17b	0.006
Zn	18.3±5.9a	15.5±4.9b	11.2±3.2c	18.0±5.5a	0
Ca	720±249a	595±170b	744±124a	637±160b	0
Se	0.042±0.02a	0.029±0.005b	0.031±0.007b	0.044±0.02a	0
V	0.065±0.11b	0.085±0.06ab	0.12±0.06a	0.12±0.1a	0
La	0.067±0.1b	0.064±0.03b	1.05±1.1a	0.076±0.1b	0
Ce	0.055±0.09a	0.051±0.02a	0.079±0.03a	0.060±0.04a	0.143
Nd	0.021±0.01c	0.024±0.008bc	0.035±0.02a	0.027±0.02b	0
Sc	0.022±0.008b	0.029±0.010a	0.031±0.03a	0.018±0.02b	0
Y	0.019±0.02c	0.017±0.007c	0.028±0.01a	0.023±0.02ab	0.002

（续表）

元素	产地				P
	NX （n=159）	GS （n=28）	QH （n=52）	XJ （n=88）	
Pr	0.0053±0.003b	0.0065±0.003b	0.0084±0.003a	0.0064±0.005b	0
Eu	0.00068±0.0003b	0.00097±0.001ab	0.0011±0.0005a	0.00096±0.001ab	0.006
Yb	0.0021±0.004a	0.0024±0.003a	0.0024±0.001a	0.0023±0.003a	0.815
Dy	0.0037±0.002b	0.0038±0.002b	0.0054±0.003a	0.0048±0.004	0
Er	0.0012±0.0006b	0.0020±0.0009a	0.0019±0.0009a	0.00056±0.0003c	0
Lu	0.00070±0.0008a	0.00034±0.0002a	0.00057±0.0004a	0.0011±0.002a	0.355
Gd	0.0045±0.003b	0.0056±0.003b	0.0072±0.003a	0.0057±0.005b	0
Sm	0.0025±0.002b	0.0029±0.001b	0.0038±0.002a	0.0033±0.003ab	0
Tb	0.00046±0.0003a	0.00087±0.0009a	0.00065±0.0004a	0.00077±0.001a	0.011
Ho	0.00058±0.0006b	0.0012±0.002a	0.00082±0.0007ab	0.0011±0.002ab	0.004
Tm	0.00020±0.0003a	0.00030±0.0002a	0.00030±0.0003a	0.00038±0.001a	0.127
Pb	0.066±0.05b	0.11±0.2b	0.21±0.2a	0.098±0.09b	0
Cd	0.046±0.04a	0.023±0.01b	0.057±0.04a	0.048±0.03a	0
As	0.020±0.009b	0.024±0.007b	0.031±0.02a	0.029±0.02a	0
Hg	0.0015±0.001a	0.0016±0.001a	0.0016±0.004a	0.0019±0.004a	0.722
Cr	0.82±0.2ab	0.85±0.2a	0.81±0.4ab	0.71±0.2b	0.005
Ni	1.00±0.6b	1.24±0.5a	0.63±0.2c	0.61±0.3c	0
Ba	0.82±0.8a	0.68±0.3a	0.91±0.4a	0.54±0.2a	0.004
Tl	0.019±0.02b	0.0099±0.01b	0.036±0.09a	0.016±0.02b	0.012
Sb	0.0044±0.006b	0.0090±0.007a	0.011±0.02a	0.0045±0.004b	0
Sn	0.026±0.03b	0.035±0.02a	0.014±0.009b	0.014±0.007b	0
U	0.0033±0.005b	0.0041±0.002b	0.0072±0.004a	0.0082±0.005a	0
Bi	0.0023±0.004a	0.0030±0.003a	0.0040±0.005a	0.0041±0.01a	0.146
Be	0.0024±0.001a	0.0025±0.0008a	0.0026±0.001a	0.0015±0.0008a	0
Sr	8.57±5.3a	5.74±2.9b	3.94±1.3c	4.97±2.0bc	0

（续表）

元素	产地				P
	NX（n=159）	GS（n=28）	QH（n=52）	XJ（n=88）	
Li	1.45±1.0b	2.79±1.6a	1.48±0.7b	0.81±0.5c	0
Rb	4.22±3.9a	3.23±1.8a	3.08±1.6a	1.64±1.3b	0
Cs	0.012±0.01ab	0.011±0.004ab	0.015±0.007a	0.0098±0.006b	0.034
Ti	2.85±1.3b	3.90±1.6a	2.59±1.7b	2.88±1.6b	0.002
Zr	0.028±0.03ab	0.038±0.03a	0.022±0.02b	0.029±0.03ab	0.095
Nb	0.0073±0.005c	0.013±0.01a	0.011±0.006ab	0.0092±0.01bc	0
Pd	0.0018±0.002a	0.0029±0.001a	0.0017±0.002a	0.0046±0.03a	0.456
Hf	0.0012±0.001ab	0.0027±0.003a	0.00085±0.001b	0.0026±0.006a	0.001
Ta	0.0038±0.004a	0.0038±0.003a	0.0029±0.001a	0.0038±0.004a	0.565
W	0.0016±0.003b	0.0047±0.003a	0.0050±0.004a	0.0040±0.002a	0
Ir	0.0021±0.002b	0.016±0.02a	0.012±0.02a	0.0043±0.003b	0
Pt	0.0055±0.007a	0.0015±0.001c	0.0041±0.002ab	0.0022±0.002bc	0
Ga	0.038±0.03a	0.037±0.01a	0.049±0.02a	0.041±0.07a	0.376
Ge	0.0015±0.0008a	0.0017±0.0006a	0.0017±0.001a	0.0015±0.0008a	0.233
Th	0.0080±0.007b	0.016±0.01a	0.016±0.009a	0.015±0.02a	0
P	2841±521a	2588±466b	2515±503b	2621±661b	0
Al	188±112b	167±69b	299±126a	207±94b	0
Ru	0.0011±0.0007a	0.00088±0.0005a	0.00089±0.0003a	0.00097±0.0004a	0.13
Au	0.0033±0.003b	0.082±0.15a	0.020±0.04b	0.0035±0.004b	0
$\delta^{13}C$	−26.68±0.96b	−26.47±0.77b	−25.85±1.1a	−26.49±1.2b	0.001
$\delta^{15}N$	2.60±3.5a	3.74±1.9a	3.05±2.3a	−0.062±2.3b	0

注：矿物元素含量单位为 mg/kg；$\delta^{13}C$ 和 $\delta^{15}N$ 为‰。
不同小写字母表示元素在不同产区间差异显著（$P<0.05$）。

对 60 种元素及 C、N 稳定同位素指标进行方差分析，结果见表 6-12。结果表明，在 $P<0.05$ 水平，4 个产区枸杞样品中的 Ce、Yb、Lu、Tm、Hg、Bi、Zr、Pd、Ta、Ga 和 Ge 11 种元素含量差异不显著，其他 49 种矿物元素及 C、

N 稳定同位素均存在显著的地域差异。宁夏枸杞中 Mg、Mn、Zn、Sr、Rb、Pt、P、Ru 8 种元素含量高于其他产地，V、Pr、Eu、Yb、Dy、Gd、Sm、Tb、Ho、Tm、Pb、As、Hg、Sb、U、Bi、Nb、W、Th、Au 含量及 $\delta^{13}C$ 低于其他省份；青海枸杞样品中 Fe、Ca、La、Ce、Nd、Sc、Y、Pr、Eu、Yb、Dy、Gd、Sm、Pb、Cd、As、Ba、Tl、Sb、Be、Cs、W、Ga、Ge、Th、Al 26 种矿物元素含量及 $\delta^{13}C$ 含量均高于其他 3 个产地，而 Cu、B、Mg、Zn、Sr、Ti、Zr、Pd、Hf、Ta、Ir、P 含量较低；甘肃枸杞中 Co、B、Er、Tb、Ho、Cr、Ni、Sn、Li、Ti、Zr、Nb、Hf、Au 14 种矿物元素含量及 $\delta^{15}N$ 高于其他省份，Ca、Se、La、Ce、Y、Lu、Cd、Tl、Sn、Pt、Ga、Al、Ru 含量较小；新疆枸杞样品中 Cu、Mo、Se、V、Lu、Tm、Hg、U、Bi、Pd、Ir 11 种矿物元素含量高于其他省份，Co、Mn、Fe、Sc、Er、Cr、Ni、Ba、Be、Li、Rb、Cs 元素含量及 $\delta^{15}N$ 低于其他产地。

总体来看，青海枸杞中矿物元素普遍高于其他产区的枸杞，且在 16 种稀土元素中，青海枸杞中 La、Ce、Nd、Sc、Y、Pr、Eu、Yb、Dy、Gd、Sm 11 种稀土元素均高于其他产地，这与地理环境有关，我国土壤中稀土元素的含量由南向北和由东向西呈逐渐降低的态势。综上所述，在测定的 62 个指标中，有 51 个指标在不同枸杞产区间存在显著差异，不同产地的枸杞样品中矿物元素和 C、N 稳定同位素有其各自的特征，说明基于矿物元素和 C、N 稳定同位素分析对枸杞产地进行判别是可行的。

6.3.2　枸杞中稳定同位素及矿物元素指纹图谱的建立

6.3.2.1　枸杞 C、N 稳定同位素指纹

稳定同位素特征分析是基于同位素的自然分馏效应，主要受环境、地形、气候、土壤和生物代谢类型等影响而发生不同的分馏作用，利用同位素的比率差异揭示区域特征。枸杞生长过程中，通过植物体光合作用吸收空气中 CO_2 合成有机物，因而植物体中 C 同位素比值理论上与空气中的 C 同位素比值相同。^{13}C 除受自身遗传因素影响外，还会受到与植物本身生长密切相关的地理和环境因子比如经纬度、海拔、大气温度、湿度、大气 CO_2 浓度、光照强度、降水等的影响，有研究发现，土壤中有机质微生物分解产生的烃类气体（如甲烷）和无机碳酸根离子（如 CO_3^{2-}、HCO_3^-），也能作为植物光合作用的可用碳源。所以，即使是同一种植物，在不同产区 C 同位素比值也存在差异，所以可以通过测定 $\delta^{13}C$ 在植物组织中和某些环境物质中如土壤等的含量来揭示与植物生理生态过程相关的环境信息。植物生长过程中，N 是影响和限制植物生长的营养元素之一，植物体吸收环境介质中 NO_3^- 的无机

盐类物质，通过生物固氮合成有机物和氨基酸，但在此过程中 N 同位素分馏较小，植物组织中稳定氮同位素组成 $\delta^{15}N$ 在很大程度上受到植物本身类型和植物生长环境如气候条件、土壤状况等因素的影响，造成其在不同地区间存在较大差异，即 $\delta^{15}N$ 在一定的时间和空间上也可以揭示与植物生理生态过程相关的环境信息。

以 4 个省份枸杞中 $\delta^{13}C$ 和 $\delta^{15}N$ 绘制散点图（图6-9）。由图6-9可以看出，由 $\delta^{13}C$ 和 $\delta^{15}N$ 无法有效区分宁夏、青海、甘肃和新疆的枸杞样本，但能从图中发现一些规律。宁夏枸杞 $\delta^{13}C$ 和 $\delta^{15}N$ 范围跨度较大，这可能与宁夏样品数量大，样品覆盖范围较大有关；甘肃枸杞样品整体 $\delta^{15}N$ 较高，相反，新疆样品的 $\delta^{15}N$ 较低，聚在了图的下方，新疆枸杞样品的 $\delta^{13}C$ 跨度较大；青海枸杞样品的 $\delta^{13}C$ 较高，聚在了图的右边。宁夏枸杞的产地分布于黄河流经的平原地区，气候较甘肃（沙漠绿洲）湿润，较青海（平均海拔>4000m 的青藏高原）温暖，但日照时间较新疆泾河县短。四省气候差异显著，导致枸杞果实碳同位素的分馏变异，从而达到起源溯源的目的。

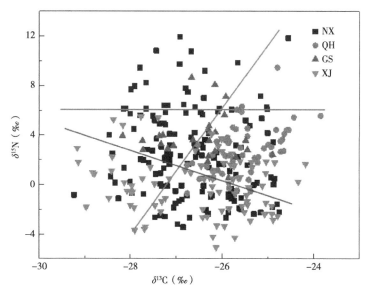

图6-9　枸杞果实 $\delta^{13}C$ 和 $\delta^{15}N$ 散点图（见书后彩图）

通过对西北四个省份的 N 稳定同位素比值的特征进行分析发现，四个地区枸杞中 $\delta^{15}N$ 差异较大，且单纯从宁夏的枸杞样本来看，$\delta^{15}N$ 的跨度也比较大，介于-3.44‰~11.94‰，这主要归因于产地间农业活动（施肥种类、枸杞树年龄等）的差异。有研究表明，茶叶中 N 同位素与栽培土壤关系密切，茶叶与栽培土壤中 $\delta^{15}N$ 值呈现一定的相关性；也有学者称农作物中 ^{15}N 主要来源于栽培土壤，使用人工合成肥料会使农作物中^{15}N贫化，不同枸杞产地间施肥方式和栽培方式不同，会导致不同地域间枸杞中δ^{15}N出现差异。

6.3.2.2　枸杞矿物元素指纹

为了更直观地体现不同产地枸杞中元素含量差异，对4个产地枸杞中60种元素建立元素指纹图谱。4个产地枸杞中60种元素均有检出，参考乔婷婷等的方法，为了绘图方便，对数据进行标准化处理，将一些含量悬殊的元素同时扩大或缩小相同倍数使其含量在同一数量级。P缩小1000倍；Al、Mg、Ca缩小100倍；Fe元素缩小10倍；Ba、Cr、Ni扩大10倍；As、Cd、Ce、Co、Cs、Mo、Nd、Rb、Sc、Se、Sn、Tl、V、Y、Pb、Ga、Zr扩大100倍；Bi、Dy、Gd、Ge、Hg、Nb、Pr、Sb、Sm、Th、U、Yb、Ir、Au、Ta、Pt、W、Hf、Pd扩大1000倍；Eu、Ho、Tb、Tm、Ru元素扩大10000倍，标准化处理后得到各元素的相对含量，以元素为横坐标，以相对含量为纵坐标，见图6-10A，以元素为横坐标，以元素含量的log10值为纵坐标，绘制元素指纹图谱（图6-10B）。

图6-10可以较为直观地体现出4个产地枸杞中的元素差异。结果显示，枸杞中常量元素以Fe、Mg、Al、P、Ca等较为丰富，微量元素以Zn、Cu、Mn、Sn、Ti、Ni等较为丰富。总体来看，4个产地枸杞中元素的整体峰型基本相同，但在元素Al、Ba、Cd、Pr、Sb、Sm、Sn、Tl、Tm、U、Pb、Zr、Au、

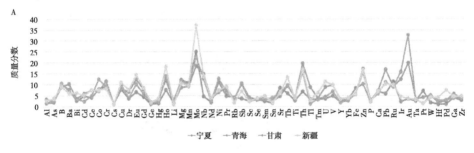

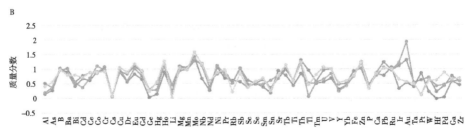

图6-10　不同产地枸杞中元素特征图谱（见书后彩图）

Pt、W、Pd 和 Ga 处，4 个产地曲线走势差异较大；同时，由图 6-10 还可以明显看出 4 个产地枸杞中同一元素含量高低，如宁夏枸杞的 Mg、Sb、Sr、Ru 和 Pt 含量显著高于其他 3 个产地，青海枸杞中的 Al、Ba、Cd、Cr、Sc、Th、Tl、Tm、Fe、Pb 和 Ga 的含量较高，甘肃枸杞中的 B、Co、Ni、Sn、Ir 和 Au 含量较高；新疆枸杞中的 As、Bi、Ce、Cu、Dy、Eu、Ho、Mn、Tb、U、Y、Hf 和 Pd 含量较高，而同一元素在不同产地枸杞中含量差异可能与其种植的枸杞品种、土壤类型及当地的水肥条件等因素密切相关。

6.3.3　产地、年份及交互作用对枸杞中检测指标的影响分析

通过 SPSS 软件一般线性模型实现的多变量分析，即主效应和交互效应的方差分析。分析产地、年份及其交互作用对各元素含量变异的影响，结果见表 6-13。通过分析结果可知，枸杞中除 Ca、Ce、Yb、Lu、Ho、Tm、Hg、Bi、Zr、Pd、Cs、Hf、Ta、Ga、Ge 15 种元素不受产地的影响外，其他 45 种矿物元素及 C、N 稳定同位素比值均受枸杞原产地的影响（$P<0.05$）；Cu、Mo、Ce、Er、Lu、Cd、Ba、Sr、Rb、Cs、Pd、Pt 12 种元素不受枸杞样品年份的影响，其他 48 种矿物元素及 C、N 稳定同位素比值均受枸杞采样年份的影响（$P<0.05$）；产地和年份的交互作用对 Mg、Zn、Ce、Tm、Pb、Cd、Ni、Ba、Sb、Bi、Be、Rb、Cs、Pd、Ga、Th、Ru 17 种矿物元素含量没有显著影响，对其他元素和 C、N 稳定同位素比值具有显著影响（$P<0.05$）。

表 6-13　产地、年份及其交互作用对矿物元素的影响

元素	产地×年份交互作用		产地		年份	
	F 值	显著性	F 值	显著性	F 值	显著性
Cu	2.337	0.032	17.875	0.000	0.677	0.567
Co	3.796	0.001	17.896	0.000	4.228	0.006
B	3.248	0.004	23.698	0.000	8.417	0.000
Mg	1.810	0.097	33.893	0.000	5.559	0.001
Mn	11.432	0.000	20.122	0.000	2.603	0.052
Mo	4.476	0.000	19.432	0.000	2.312	0.076
Fe	4.118	0.001	6.363	0.000	7.275	0.000
Zn	0.739	0.618	22.857	0.000	8.688	0.000
Ca	5.813	0.000	1.902	0.129	4.496	0.004
Se	4.613	0.000	5.524	0.001	9.804	0.000

（续表）

元素	产地×年份交互作用		产地		年份	
	F 值	显著性	F 值	显著性	F 值	显著性
V	3.556	0.002	10.077	0.000	14.415	0.000
La	21.562	0.000	20.413	0.000	18.803	0.000
Ce	1.575	0.154	1.512	0.211	2.457	0.063
Nd	16.805	0.000	16.336	0.000	24.467	0.000
Sc	19.891	0.000	17.100	0.000	37.427	0.000
Y	6.361	0.000	5.148	0.000	17.050	0.000
Pr	12.711	0.000	9.262	0.000	14.643	0.000
Eu	5.221	0.000	3.663	0.013	14.180	0.000
Yb	2.486	0.023	0.718	0.542	20.641	0.000
Dy	11.700	0.000	13.335	0.000	40.918	0.000
Er	4.326	0.004	31.253	0.000	1.834	0.178
Lu	13.231	0.000	1.098	0.355	2.036	0.081
Gd	11.148	0.000	10.642	0.000	26.684	0.000
Sm	10.918	0.000	9.042	0.000	26.367	0.000
Tb	7.181	0.000	2.587	0.053	20.246	0.000
Ho	2.475	0.024	2.333	0.074	21.934	0.000
Tm	1.408	0.211	1.055	0.368	12.864	0.000
Pb	2.100	0.053	11.729	0.000	10.174	0.000
Cd	0.645	0.694	5.120	0.002	1.220	0.302
As	8.066	0.000	13.647	0.000	9.142	0.000
Hg	6.365	0.000	2.365	0.071	23.685	0.000
Cr	28.170	0.000	19.707	0.000	84.138	0.000
Ni	1.261	0.275	19.566	0.000	2.823	0.039
Ba	0.986	0.435	4.941	0.002	1.345	0.260
Tl	50.385	0.000	35.341	0.000	87.156	0.000
Sb	1.824	0.094	6.138	0.000	5.778	0.001
Sn	9.749	0.000	4.236	0.006	7.727	0.000
U	5.828	0.000	25.509	0.000	26.138	0.000

元素	产地×年份交互作用		产地		年份	
	F 值	显著性	F 值	显著性	F 值	显著性
Bi	1.306	0.254	0.795	0.497	8.272	0.000
Be	1.832	0.100	9.968	0.000	7.938	0.006
Sr	2.189	0.044	18.692	0.000	2.408	0.067
Li	3.043	0.007	13.838	0.000	4.513	0.004
Rb	2.082	0.055	14.221	0.000	0.219	0.883
Cs	1.713	0.117	1.297	0.275	0.703	0.551
Ti	9.959	0.000	4.884	0.004	36.045	0.000
Zr	7.313	0.000	2.376	0.076	94.574	0.000
Nb	15.483	0.000	10.259	0.000	32.307	0.000
Pd	0.830	0.547	0.705	0.550	1.002	0.392
Hf	2.424	0.026	3.865	0.100	12.511	0.000
Ta	4.605	0.000	1.235	0.297	7.160	0.000
W	10.340	0.000	9.644	0.000	56.329	0.000
Ir	16.017	0.000	11.426	0.000	64.580	0.000
Pt	6.133	0.000	6.286	0.000	0.105	0.957
Ga	0.733	0.623	1.088	0.354	4.370	0.005
Ge	8.346	0.000	1.799	0.147	5.456	0.001
Th	0.726	0.629	8.603	0.000	10.852	0.000
P	6.936	0.000	15.005	0.000	48.109	0.000
Al	20.930	0.000	25.155	0.000	24.678	0.000
Ru	2.179	0.090	5.898	0.002	8.831	0.003
Au	4.605	0.004	4.193	0.007	12.898	0.000
$\delta^{13}C$	5.120	0.000	4.387	0.005	25.627	0.000
$\delta^{15}N$	3.444	0.003	18.856	0.000	3.246	0.022

6.4　枸杞溯源指标体系及模型构建

主成分分析通过将存在相关性的变量转换成线性不相关的变量，提取完全没有相关性又保留了原始数据大部分信息的几个主成分，本研究对西北枸杞产区间存在显著差异的 49 种矿物元素及 C、N 稳定同位素进行主成分分析，分析结果显示 KMO 统计量为 0.837（>0.5），说明各元素之间具有显著相关性，可以进行主成分分析，结果见表 6-14。

表6-14 前13个主成分的载荷矩阵及方差贡献率

元素	成分												
	1	2	3	4	5	6	7	8	9	10	11	12	13
Cu	0.2	0.047	0.267	0.442	-0.305	0.06	0.092	-0.209	-0.076	-0.38	0.319	-0.27	0.232
Co	0.243	0.045	0.192	0.721	-0.009	0.018	0.102	-0.038	0.003	0.058	0.281	0.218	-0.01
B	-0.064	-0.039	0.718	0.231	0.158	0.007	-0.044	0.085	-0.056	0.087	-0.071	-0.054	0.115
Mg	-0.07	-0.064	0.848	0.019	0.028	-0.155	0.042	0.198	0.076	0.096	0.123	0	0.084
Mn	0.268	-0.04	0.627	0.376	0.109	-0.216	0.151	0.017	-0.14	0.104	0.109	0.143	-0.075
Mo	0.162	0.09	0.03	0.07	0.009	-0.029	-0.087	0.102	-0.006	0.008	0.858	0.02	0.049
Fe	0.575	-0.059	0.141	0.18	0.277	0.162	0.006	0.035	-0.044	-0.11	-0.12	0.151	0.094
Zn	-0.017	-0.097	0.541	0.09	-0.15	0.008	0.114	-0.01	-0.188	-0.263	0.444	-0.035	0.125
Ca	0.348	-0.04	0.468	0.221	0.029	-0.246	0.176	0.138	0.016	-0.143	-0.304	-0.119	-0.289
Se	0.179	-0.13	0.676	-0.049	-0.187	-0.074	0.011	-0.096	-0.191	-0.236	-0.197	-0.003	0.175
V	0.398	0.062	0.028	-0.079	-0.184	0.304	0.128	-0.053	0.139	-0.468	-0.328	0.001	0.084
La	0.133	-0.061	-0.176	-0.011	-0.112	0.2	0.006	-0.077	0.035	-0.091	-0.094	-0.104	-0.773
Nd	0.896	0.308	-0.027	0.061	0.045	0.054	0.044	-0.037	0.042	0.078	0.089	0.027	-0.086
Sc	0.36	0.325	0.056	0.135	0.577	0.206	0.048	-0.116	0.101	0.068	0.168	0.151	-0.13
Y	0.8	0.276	-0.009	0.022	0.022	-0.096	-0.071	0.073	0.221	0.041	-0.011	-0.08	0.077
Pr	0.824	0.449	0	0.095	0.018	0.061	0.056	-0.012	0.014	0.162	0.076	0.028	-0.117
Eu	0.366	0.863	-0.012	-0.01	0.077	0.036	0.067	0.044	0.003	0.073	0.069	0.072	-0.077
Dy	0.733	0.573	-0.12	0.028	0.118	-0.035	-0.037	0.052	0.114	0.105	0.089	-0.062	0.047
Er	0.21	0.132	-0.069	0.288	-0.03	0.295	0.131	-0.125	0.139	0.518	-0.138	0.224	-0.158

（续表）

元素	成分												
	1	2	3	4	5	6	7	8	9	10	11	12	13
Gd	0.819	0.476	-0.098	0.114	0.076	0.055	0.037	0.017	0.049	0.136	0.081	0	-0.065
Sm	0.769	0.507	-0.036	0.035	0.06	0.021	0.046	0.006	0.015	0.095	0.079	0.042	-0.048
Tb	0.313	0.812	-0.104	0.051	0.109	0.029	-0.003	0.156	-0.039	0.127	0.08	-0.059	0.015
Ho	0.266	0.909	-0.05	0.032	0.083	0.048	-0.022	0.058	0.022	0.098	0.061	-0.041	0.042
Pb	0.401	-0.008	-0.061	-0.014	0.02	0.218	0.112	-0.107	0.556	-0.012	-0.047	0.073	-0.12
Cd	0.1	0.026	-0.018	0.139	0.18	-0.28	-0.144	-0.244	0.593	-0.208	-0.042	-0.365	0.001
As	0.758	0.063	-0.03	-0.043	-0.059	0.199	0.17	-0.003	0.351	-0.07	0.097	-0.1	-0.026
Cr	0.375	0.018	0.235	0.179	0.68	0.126	-0.03	0.11	-0.005	0.093	-0.047	0.091	0.263
Ni	-0.022	-0.015	0.12	0.827	0.131	-0.038	0.214	0.135	-0.081	0.016	0.072	-0.022	0.028
Ba	0.204	-0.007	0.135	-0.114	0.092	-0.094	0.118	0.165	0.207	-0.169	-0.024	0.552	-0.088
Tl	0.157	0.233	-0.132	0.012	0.76	0.02	0.129	-0.054	0.131	-0.135	0.048	0.015	0.153
Sb	0.309	0.028	-0.125	0.044	-0.023	0.199	0.099	-0.023	0.574	0.191	-0.05	0.209	0.054
Sn	-0.049	0.127	-0.099	0.202	-0.027	-0.024	0.017	-0.1	-0.067	-0.01	0.044	0.665	0.171
U	0.492	0.48	-0.197	-0.103	-0.11	0.021	-0.153	0.015	0.271	-0.097	0.027	-0.162	0.204
Be	0.194	0.144	0.054	0.064	-0.072	0.035	0.005	0.022	-0.015	0.704	-0.016	-0.22	0.26
Sr	0.058	-0.067	0.256	0.25	0.04	-0.182	0.073	0.775	-0.134	0.048	0.037	0.172	0.051
Li	0.059	0.018	0.04	0.717	0.013	0.196	-0.083	0.224	0.228	0.15	-0.24	0.02	0.0
Rb	-0.088	-0.04	0.129	0.165	0.16	-0.099	0.873	-0.027	0.017	-0.038	-0.094	0.071	0.03
Cs	0.259	0.051	0.001	0.073	0.059	0.025	0.867	0.131	0.062	0.043	0.015	0.035	-0.045

（续表）

元素	成分												
	1	2	3	4	5	6	7	8	9	10	11	12	13
Ti	0.569	0.219	0.267	0.264	0.122	0.062	-0.029	-0.065	-0.013	0.038	-0.098	0.19	0.355
Nb	0.34	0.757	-0.127	0.075	0.035	0.086	-0.003	-0.138	-0.041	0.087	0.033	0.258	-0.044
Hf	0.076	0.933	0.035	-0.032	0.005	0.075	0.021	-0.001	-0.068	-0.036	-0.014	0.021	0.054
W	0.176	0.235	-0.194	-0.013	-0.018	0.762	-0.062	-0.063	0.071	-0.054	-0.003	-0.106	-0.03
Ir	0.086	0.103	-0.117	0.105	0.162	0.773	-0.027	-0.054	0.058	0.089	-0.01	0.016	-0.141
Pt	-0.134	-0.099	0.016	-0.066	0.499	-0.038	0.198	0.219	-0.125	0.039	-0.114	-0.124	-0.128
Th	0.200	0.721	-0.117	-0.075	-0.058	0.202	-0.007	-0.039	0.165	-0.214	-0.172	0.031	0.109
P	-0.314	-0.2	0.596	-0.164	-0.086	-0.076	0.02	-0.095	0.369	-0.033	0.23	0.008	-0.275
Al	0.864	0.122	0.161	0.008	0.104	0.089	0.068	-0.139	0.014	-0.104	-0.014	0.115	-0.108
Ru	-0.075	0.13	-0.003	0.048	0.058	0	0.041	0.883	-0.053	-0.037	0.066	-0.108	0.03
Au	0.009	0.383	-0.034	0.144	0.23	0.27	-0.129	-0.102	-0.048	0.163	-0.076	0.285	0.105
$\delta^{13}C$	0.023	0.214	0.215	0.158	0.024	0.001	0.035	0.178	0.235	0.369	0.014	0.258	0.059
$\delta^{15}N$	0.147	0.014	-0.026	0.039	0.478	0.236	0.148	0.112	0.321	0.027	0.068	0.097	0.154
特征值	12.338	5.245	3.231	2.74	2.068	1.767	1.719	1.539	1.44	1.387	1.313	1.163	1.053
方差贡献率（%）	25.18	10.704	6.594	5.591	4.22	3.607	3.507	3.141	2.939	2.83	2.679	2.374	2.149
累计方差贡献率（%）	25.18	35.884	42.478	48.07	52.289	55.896	59.404	62.545	65.484	68.314	70.993	73.366	75.515

第 1 主成分方差贡献率为 25.18%，综合了 Nd、Pr、Gd、Al、Y、Sm、Dy、Fe、As 9 种元素信息；第 2 主成分方差贡献率为 10.704%，综合了 Eu、Tb、Ho、Nb、Hf、Th 6 种元素信息；第 3 主成分方差贡献率为 6.594%，综合了 Mg、Mn、Se 元素信息；第 4 主成分方差贡献率为 5.591%，代表了 Co、Ni、Li 元素信息；第 5 主成分方差贡献率为 4.220%，代表了 Cr 元素信息；第 6 主成分方差贡献率为 3.607%，综合了 W、Ir 元素信息；第 7 主成分方差贡献率为 3.507%，代表了 Rb、Cs 元素信息；第 8 主成分方差贡献率为 3.141%，代表了 Sr、Ru 元素信息；第 9 主成分方差贡献率为 2.939%，代表了 Pb、Cd、Sb 元素信息；第 10 主成分方差贡献率为 2.830%，代表了 Be 元素信息；第 11 主成分方差贡献率为 2.679%，代表了 Mo 元素信息；第 12 主成分方差贡献率为 2.374%，代表了 Ba、Sn 元素信息；第 13 主成分方差贡献率为 2.149%，代表了 La 元素信息；前 13 个主成分累计方差贡献率为 75.515%。筛选出 Nd、Pr、Gd、Al、Y、Sm、Dy、Fe、As、Eu、Tb、Ho、Nb、Hf、Th、Mg、Mn、Se、Co、Ni、Li、Cr、W、Ir、Rb、Cs、Sr、Ru、Pb、Cd、Sb、Be、Mo、Ba、Sn、La 36 种对枸杞矿物元素构成影响较大的元素。

分别采用利用第一主成分和第二主成分及第一、第二和第三主成分对 4 个产地的枸杞样本做二维和三维散点图（图6-11）。由图6-11可知，前 2 个或前 3 个主成分不能很好地区分不同产区的枸杞样本，但不同区域的枸杞样本较为聚集。

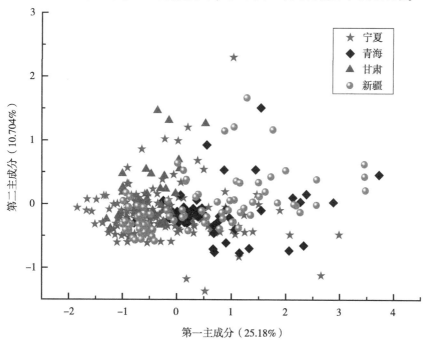

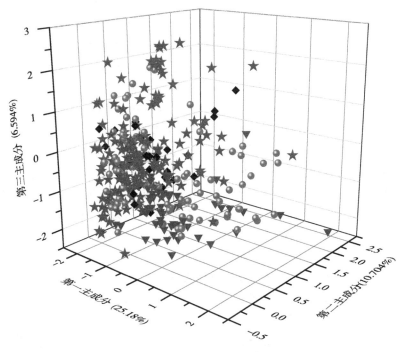

图 6-11　主成分得分散点图

6.5　不同产地枸杞的判别分析

6.5.1　基于 Fisher 线性判别分析的枸杞产地区分模型

为了进一步了解各元素含量指标对枸杞原产地的判别情况，建立基于 Fisher 判别函数的一般判别方法对枸杞样品进行多变量判别分析，去掉产地间无显著差异的 11 种元素 Ce、Yb、Lu、Tm、Hg、Bi、Zr、Pd、Ta、Ga 和 Ge，采用剩余的 49 种元素及 C、N 稳定同位素比值对西北 4 个省份的枸杞样品进行 Fisher 线性判别分析，建立了枸杞产地的判别模型。有 29 个指标被引入判别函数中，包括 Cu、Co、B、Mg、Mo、Zn、Ca、La、Y、Eu、Er、Cd、As、Cr、Sn、U、Sr、Li、Rb、Ti、Hf、W、Ir、Th、Al、Ru、Au、δ^{13}C、δ^{15}N，判别分类函数系数见表 6-15。

表 6-15 判别分类函数系数

元素	宁夏	青海	甘肃	新疆
Cu	−2.141	−2.128	−1.659	−0.425
Co	162.451	142.29	198.716	111.487
B	6.533	5.432	7.235	6.244
Mg	0.031	0.021	0.034	0.032
Mo	−62.19	−62.447	−70.938	−49.519
Zn	2.465	2.164	2.278	2.144
Ca	−0.007	0.003	−0.009	−0.005
La	−3.93	1.472	−4.382	−5.181
Y	−23.992	−256.408	−121.223	−218.818
Eu	−13562.302	−9498.633	−13497.761	−12893.251
Er	6800.592	8115.085	10080.202	5639.767
Cd	73.864	84.643	26.453	39.792
As	130.576	−13.191	264.617	383.985
Cr	−61.951	−55.278	−64.105	−63.928
Sn	288.461	258.093	326.42	252.817
U	−591.166	−77.065	−370.273	131.534
Sr	−0.083	−0.549	−0.581	−0.422
Li	−4.858	−4.671	−3.673	−6.862
Rb	−0.183	−0.281	−0.43	−0.917
Ti	−7.463	−8.32	−6.724	−6.232
Hf	871.182	−730.294	608.339	577.672
W	188.321	875.041	233.158	1265.796
Ir	−56.176	−74.852	72.854	−192.173
Th	592.155	702.497	614.342	532.896
Al	0.053	0.096	0.031	0.035
Ru	9433.255	12495.462	11450.041	12901.327
Au	120.246	169.821	407.535	121.875
$\delta^{13}C$	−39.08	−37.365	−38.234	−38.362
$\delta^{15}N$	0.074	0.395	0.011	−0.827
（常量）	−561.02	−513.321	−557.761	−550.406

提取模型前3个典型判别函数，Willks' Lambda 检验结果进一步证实，在 α＝0.05 的显著性水平下，3 个函数对分类效果均为显著，表明判别模型拟合率可接受，其中判别函数1 和判别函数2 累积解释判别模型能力为83.5%，且相关系数均大于0.85，表明判别函数1 和判别函数2 对 4 个枸杞产地分类占主要贡献作用，利用判别函数1 和判别函数2 的得分值作散点图（图6-12）。由图6-12 可知，青海、新疆与宁夏和甘肃的枸杞可以明显地区分开来，但二维图不能有效区分宁夏和甘肃的枸杞样品。

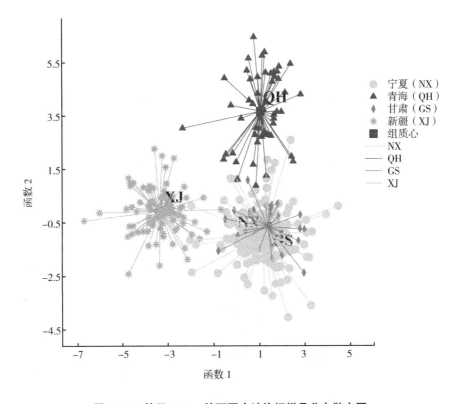

图 6-12 基于 Fisher 的不同产地枸杞样品分布散点图

利用所建立的判别模型对 4 个产地的枸杞样品进行归类，并对所建模型的有效性进行验证。由表6-16 可知，不同产地枸杞样本的回代检验的整体正确判别率达97.9%。具体来看，只有宁夏的 2 个样品被误判，1 个误判为甘肃样品，1 个误判为青海样品，青海有 1 个样品被误判为宁夏样品，甘肃有各 1 个枸杞样品被误判为宁夏、青海和新疆。回代检验是针对所有训练样本进行的检验，因此样本的错判率是相应总体率的偏低估计。而留一交叉检验比较真实地体现了模型的判别能力。本研究建立的判别模型交叉检验的正确判别率为

94.5%，在留一交叉检验中，宁夏样本有 2 个样本误判为青海枸杞，4 个枸杞样本误判为甘肃枸杞，还有 2 个样本误判为新疆枸杞；青海枸杞中各有 1 个样本分别误判为宁夏枸杞和新疆枸杞；甘肃样本误判率最高，为 21.4%，其中有 4 个样本误判为宁夏枸杞，有 1 个样本误判为青海枸杞，有 1 个样本误判为新疆枸杞；新疆有 2 个样本误判为宁夏枸杞。因为甘肃省的自然地理环境较为复杂，因其北部与蒙古国接壤，东南西三面分别与内蒙古、宁夏、陕西、青海和新疆为邻；甘肃的地理位置介于 32°~43°N，92°~109°E，经纬度跨度比较大，而且甘肃省的形态十分像一根"骨头"，呈西北—东南走向；甘肃省位于我国三大自然区（东部季风区、西北干旱半干旱区和青藏高原）的交会地带，其兼具这三大自然区的自然地理特征。

地域相近因素可能是甘肃枸杞误判率相对较高的原因，同时，样本数量是影响判别模型准确率的因素之一，甘肃仅有 28 个样本，降低了模型的稳健性。

表 6-16　不同产地枸杞的 Fisher 判别分析结果

方法	产地	预测组成员				整体正确判别率（%）
		宁夏	青海	甘肃	新疆	
回代检验	宁夏（$n=159$）	157	1	1	0	97.9
	青海（$n=52$）	1	51	0	0	
	甘肃（$n=28$）	1	1	25	1	
	新疆（$n=89$）	1	0	0	88	
	正确判别率（%）	98.7	98.1	89.3	98.9	
交叉验证	宁夏（$n=159$）	151	2	4	2	94.5
	青海（$n=52$）	1	50	0	1	
	甘肃（$n=28$）	4	1	22	1	
	新疆（$n=89$）	2	0	0	87	
	正确判别率（%）	95.0	96.2	78.6	97.7	

6.5.2　基于 PLS-DA 判别分析的枸杞产地区分模型

偏最小二乘法判别分析是一种用于判别分析的多变量统计分析方法，是特征投影显示方法的一种，可揭示自变量（X）和因变量（Y）之间的模型关系。本项目采用偏最小二乘判别分析（PLS-DA）对数据进行分析，PLS-DA 是一种有监督的判别分析统计方法，其中 R^2X 和 R^2Y 分别表示所建模型对 X 和 Y 矩阵的解释率，Q^2 表示模型的预测能力，本模型拟合准确度较好

（$R^2X = 0.61$、$R^2Y = 0.728$，$Q^2 = 0.631$），结果见图 6-13，判别分析结果见表 6-17。

由图 6-13A 得分图中的每一个点代表 1 个样品，聚合程度反映同一产地枸杞样品间相似度。由得分图可知，聚合程度较好，宁夏、青海和新疆的枸杞样品可有效区分，基本无重叠，而甘肃的枸杞样品部分与青海和宁夏有部分重叠。根据 6-13B 载荷图中每一个点代表 1 个指标，距离原点越远的点权重值越大，决定样本差异的作用越大。可以看出，宁夏和青海在 X 轴上有明显的区分，W、Mg、U、Sr、Mn、Pb、As 等距离原点截距较大的元素对区分宁夏和青海枸杞样品的贡献率较大；新疆的枸杞样品与其他 3 个省份枸杞样品在 Y 轴上明显区分，Li、Er、δ^{15}N、Cu、Mo 等元素贡献较大。

VIP 值可反映变量（元素）对模型分类的整体贡献度，PLS-DA 模型中变量 VIP 值>1.0 说明该变量对整体模型的贡献度高于平均水平。根据 VIP 值（图 6-13C），可筛选出 Er（VIP：1.58369）、Cu（1.48308）、W（1.38939）、Li（1.38900）、La（1.36221）、δ^{15}N（122622）、Mg（1.16643）、Mn（1.15388）、Co（1.14821）、Mo（1.13484）、Sr（1.13389）、Al（1.12737）、As（1.11405）、Ir（1.11353）、Ni（1.08471）、Zn（1.07436）、Au（1.06974）、Ca（1.04601）、U（1.01565）、δ^{13}C（1.00396）20 个对区分枸杞产区贡献度较大的指标，这些指标可以作为不同省份枸杞产地区分的重要指标。

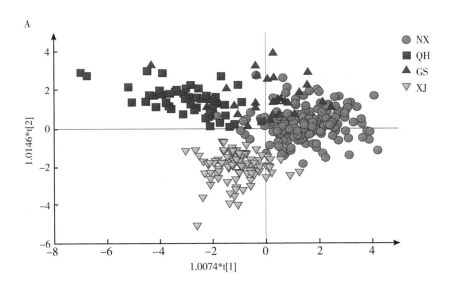

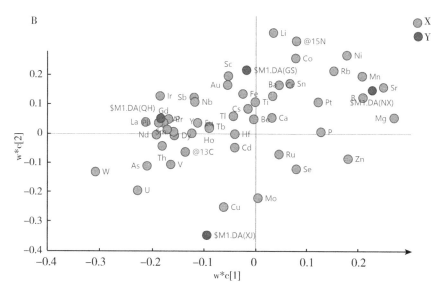

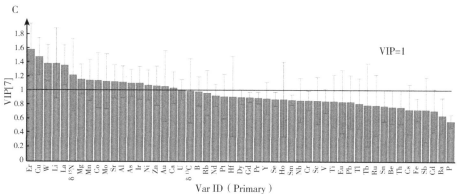

图6-13 西北不同产地枸杞 PLS-DA 得分图（A）、载荷图（B）和 VIP 评分（C）

表6-17 不同产地枸杞的 PLS-DA 判别分析结果

方法	产地	预测组成员				整体正确判别率（%）
		宁夏	青海	甘肃	新疆	
PLS-DA	宁夏（n=159）	158	0	0	1	
	青海（n=52）	4	48	0	0	
	甘肃（n=28）	9	1	17	1	94.8
	新疆（n=89）	1	0	0	88	
	正确判别率（%）	99.4	92.3	60.7	98.9	

为了考察宁夏产区枸杞与其他产区枸杞的分离情况，用现有数据构建 OPLS-DA，对宁夏产区枸杞与其他 3 个产区进行区分。由图 6-14 可知，宁夏产区枸杞与其他产区枸杞可明显分离，在宁夏产区与其他地区比较中发现 2 个

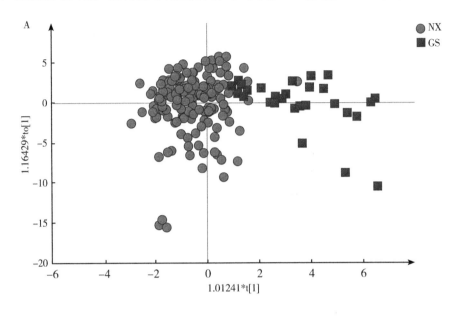

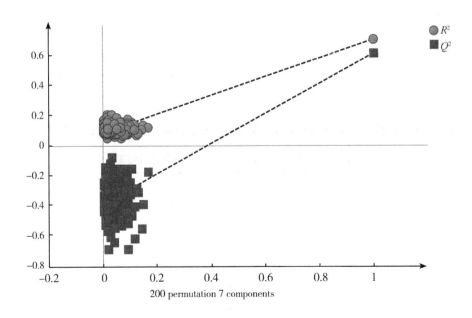

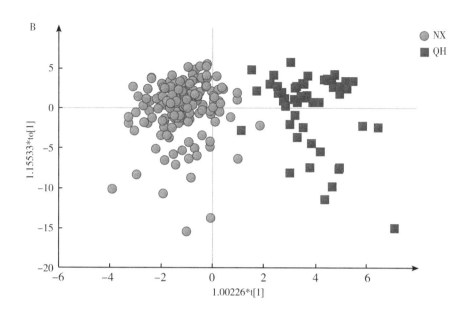

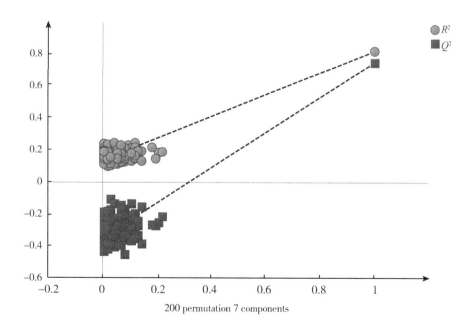

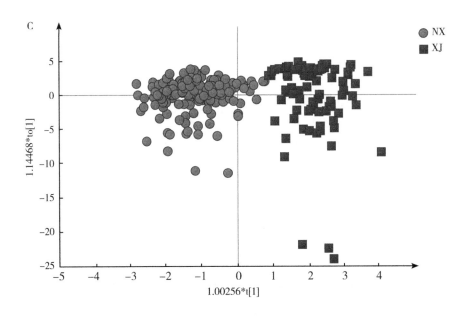

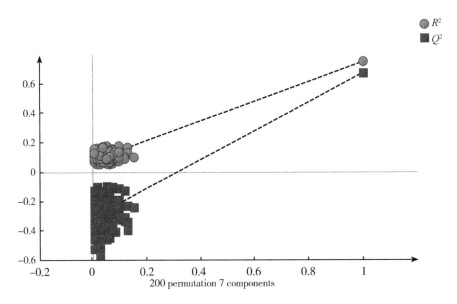

图6-14　基于枸杞中矿物元素含量和稳定同位素比值的 OPLS-DA
评分图（上）和 OPLS-DA 模型 200 次置换检验（下）

（A）宁夏回族自治区及甘肃省；（B）宁夏回族自治区及青海省；（C）宁夏回族自治区及新疆维吾尔自治区。

主成分（PCs）可以解释 X 变量方差的 43.6%，其中 $R^2 Xcum = 0.427$，$R^2 Ycum = 0.638$，$Q^2 = 0.614$，表明该模型对这两个地区枸杞来源的预测能力较强。在其他两组比较中也发现了类似的趋势，例如宁夏产区与青海产区（$R^2 Xcum = 0.464$，$R^2 Ycum = 0.819$，$Q^2 = 0.748$），宁夏产区与新疆产区（$R^2 Xcum = 0.487$，$R^2 Ycum = 0.831$，$Q^2 = 0.770$）。结果表明，元素组成、同位素比值可以用来区分宁夏产区和其他 3 个产区的枸杞。

6.6　枸杞产地区分模型的应用

为了验证本项目所建立的枸杞判别模型的可行性，根据枸杞中矿物元素含量及 C、N 稳定同位素比值，采用 Fisher 判别分析方法建立的判别模型，计算出枸杞样品与判别模型的匹配值，并将最大的匹配值所对应的产地作为该枸杞样品的产地。例如样 1 与判别模型中宁夏、青海、甘肃和新疆枸杞产地模型的匹配值分别为 108.2、91.1、150.2、117.7，因此，该样本被判为甘肃枸杞。

选用 2017 年采集的 112 份未参与建立枸杞模型的中宁枸杞样本进行模型验证，具体结果见表 6-18。由表 6-18 可知，采用 Fisher 判别分析方法构建的判别模型，112 份枸杞中有 1 个枸杞样本被误判为新疆枸杞，5 个枸杞样本被误判为甘肃枸杞，正确判别率为 94.6%。

表 6-18　模型验证结果

样品编号	样品来源	宁夏	青海	甘肃	新疆	判别产地
1	中宁县周塔乡大滩村	598.0	528.2	583.7	589.3	宁夏
3	中宁县周塔乡长桥村	611.8	526.9	601.0	596.4	宁夏
4	中宁县周塔乡田滩村 4 队合作社	579.4	492.8	567.4	570.6	宁夏
6	中宁县周塔乡孔滩村 4 队合作社	594.0	519.5	580.0	579.5	宁夏
8	中宁县周塔乡铁渠村	584.1	437.7	554.6	571.7	宁夏
10	中宁县周塔乡铁渠村	628.3	553.8	627.6	615.9	宁夏
11	中宁县周塔乡铁渠村	647.2	519.0	628.7	633.1	宁夏
12	中宁县周塔乡铁渠村	609.7	541.4	600.8	605.4	宁夏
13	中宁县周塔乡黄桥村	635.1	465.8	608.1	619.0	宁夏
14	中宁县周塔乡黄桥村 1 队	607.8	538.8	606.0	600.8	宁夏
15	中宁县周塔乡黄桥村 1 队	512.4	442.2	496.7	511.6	宁夏
16	中宁县周塔乡黄桥村	553.6	489.9	542.1	553.5	宁夏
17	中宁县周塔乡古城子	631.9	513.7	647.7	676.4	新疆

（续表）

样品编号	样品来源	宁夏	青海	甘肃	新疆	判别产地
18	中宁县周塔乡铁渠村	654.2	468.7	634.0	623.3	宁夏
20	中宁县石喇叭 3 队	627.8	464.2	600.9	600.5	宁夏
21	中宁县石喇叭 3 队	652.9	470.0	627.7	631.4	宁夏
22	中宁县石喇叭 1 队	664.5	493.3	643.9	635.0	宁夏
23	中宁县石喇叭 1 队	560.4	477.8	548.1	552.7	宁夏
24	中宁县红宝基地	525.1	446.6	518.3	522.1	宁夏
25	中宁县红宝基地	492.0	427.1	484.3	488.7	宁夏
26	中宁县红宝基地	635.6	375.0	601.0	597.8	宁夏
27	中宁县泉眼山	586.1	512.1	578.1	584.4	宁夏
28	中宁县渠口上	630.7	441.3	599.9	597.2	宁夏
29	中宁县渠口上	605.2	456.1	583.1	588.1	宁夏
30	中宁县孔滩 1 队基地	605.1	485.2	591.6	585.2	宁夏
31	中宁县上桥 1 队	625.3	459.4	598.2	605.0	宁夏
32	中宁县上桥 5 队	575.9	508.0	566.3	569.9	宁夏
33	中宁县大滩 4 队	547.8	468.0	537.7	534.2	宁夏
35	中宁县大滩 4 队	584.2	454.8	577.3	568.0	宁夏
36	中宁县大滩 4 队	556.4	463.0	543.2	541.7	宁夏
37	中宁县田滩 1 队	610.7	519.8	604.4	592.8	宁夏
38	中宁县田滩 2 队	579.1	502.3	568.1	564.8	宁夏
39	中宁县田滩 7 队	617.2	536.2	607.9	605.8	宁夏
40	中宁县康滩 1 队	624.3	566.9	620.8	619.1	宁夏
41	中宁县康滩 5 队	669.7	567.5	658.2	656.6	宁夏
42	中宁县潘营 7 队	583.1	508.0	574.3	568.7	宁夏
43	中宁县潘营 7 队	575.1	516.8	571.2	561.9	宁夏
44	中宁县潘营基地	637.5	501.8	622.8	605.2	宁夏
45	中宁县国家枸杞良种基地	577.0	520.4	564.8	570.9	宁夏
46	营盘滩	582.9	515.0	572.4	575.9	宁夏
47	中宁县沃福百瑞有机枸杞基地（营盘滩 5 队）	631.3	538.9	622.3	608.9	宁夏
48	中宁县沃福百瑞有机枸杞基地（营盘滩 5 队）	595.4	519.2	589.2	581.6	宁夏

（续表）

样品编号	样品来源	宁夏	青海	甘肃	新疆	判别产地
49	中宁县中石化宁夏易捷石化有限公司枸杞种植基地	495.9	396.7	480.7	476.9	宁夏
50	中宁县华欣枸杞企业合作社	551.6	469.8	549.8	538.8	宁夏
51	中宁县长滩中石化枸杞基地	602.8	524.9	598.1	598.0	宁夏
52	中宁县玺赞生态枸杞庄园	579.2	475.2	569.1	560.9	宁夏
53	中宁县玺赞生态枸杞庄园	504.8	410.5	503.4	477.8	宁夏
54	中宁县玺赞生态枸杞庄园	550.8	470.3	548.0	536.2	宁夏
55	中宁县玺赞生态枸杞庄园	513.2	414.6	497.2	502.9	宁夏
56	中宁县玺赞生态枸杞庄园	524.0	436.3	513.6	508.8	宁夏
58	中宁县玺赞生态枸杞庄园	514.5	386.5	496.7	487.6	宁夏
59	中宁县玺赞生态枸杞庄园	484.4	380.0	468.3	462.9	宁夏
60	中宁县玺赞生态枸杞庄园	485.6	397.6	472.4	468.6	宁夏
61	中宁县玺赞生态枸杞庄园	522.1	432.6	518.6	507.7	宁夏
62	百瑞源（中宁小盐池滩）	646.3	497.8	646.2	618.5	宁夏
63	百瑞源（中宁小盐池滩）	489.4	415.3	482.7	481.3	宁夏
64	百瑞源（中宁小盐池滩）	539.3	450.8	535.2	532.8	宁夏
65	中宁县众合枸杞专业合作社	641.3	542.1	630.9	628.5	宁夏
66	中宁县悦丰百瑞枸杞种植基地恩和镇	733.5	561.8	732.8	701.8	宁夏
68	中宁县悦丰百瑞枸杞种植基地刘桥村	651.7	545.6	646.1	632.2	宁夏
69	中宁县悦丰百瑞枸杞种植基地刘桥村	722.5	606.4	720.2	696.6	宁夏
70	中宁县悦丰百瑞枸杞种植基地刘桥村	677.6	601.7	691.5	660.0	甘肃
71	中宁县盖湾村	700.7	594.5	700.5	673.5	宁夏
72	中宁县盖湾村	603.7	518.5	603.2	588.8	宁夏
73	中宁县盖湾村	722.2	604.6	721.1	702.6	宁夏
74	中宁县大地生态	599.7	489.2	595.6	580.9	宁夏
75	中宁县大地生态	524.0	420.7	519.7	500.2	宁夏
76	中宁县大地生态	712.9	582.9	735.9	684.0	甘肃
77	中宁县大地生态	558.5	474.2	552.5	545.7	宁夏
78	中宁县大地生态	558.9	446.4	546.5	546.9	宁夏
79	中宁县大地生态	632.2	512.0	626.5	604.6	宁夏
80	中宁县大地生态	546.1	461.8	530.2	524.4	宁夏

（续表）

样品编号	样品来源	宁夏	青海	甘肃	新疆	判别产地
81	中宁县大地生态	519.8	352.7	502.0	481.4	宁夏
82	中宁县大地生态	549.7	392.5	538.8	512.7	宁夏
83	中宁县大地生态	625.3	488.3	614.7	595.5	宁夏
84	中宁县大地生态	621.9	510.8	620.1	592.8	宁夏
85	中宁县大地生态	523.1	392.6	495.9	490.5	宁夏
86	中宁县大地生态	548.7	436.3	527.9	523.2	宁夏
87	中宁县大地生态	527.0	436.7	515.6	498.9	宁夏
88	中宁县大地生态	586.9	449.0	570.7	558.2	宁夏
89	中宁县大地生态	610.1	485.5	610.0	583.3	宁夏
90	中宁县大地生态	539.8	441.9	525.7	527.5	宁夏
91	中宁县大地生态	555.9	429.9	537.6	531.9	宁夏
92	中宁县大地生态	589.9	508.3	580.9	575.9	宁夏
93	中宁县大地生态	588.0	503.2	587.0	565.4	宁夏
94	中宁县大地生态	584.8	493.5	583.0	568.4	宁夏
95	中宁县杞泰	631.8	527.4	649.6	614.0	甘肃
97	中宁县杞泰	598.5	489.7	594.0	583.7	宁夏
98	中宁县杞泰	644.0	509.4	639.4	623.4	宁夏
99	中宁县坝头子农场	612.8	495.4	599.1	592.5	宁夏
100	中宁县坝头子农场	624.6	504.9	613.5	604.1	宁夏
101	中宁县坝头子农场	565.0	482.7	551.8	557.4	宁夏
102	中宁县红漫地基地	590.5	498.1	578.3	578.1	宁夏
103	中宁县红漫地基地	572.9	454.6	559.5	558.2	宁夏
104	中宁县红漫地基地	597.4	474.0	588.9	583.4	宁夏
105	中宁县红漫地基地	643.2	550.0	633.0	626.6	宁夏
106	中宁县红漫地基地	590.9	502.2	583.0	575.6	宁夏
107	中宁县红漫地基地	594.6	478.7	583.0	573.7	宁夏
108	中宁县红漫地基地	575.5	477.3	565.7	559.0	宁夏
109	中宁县红漫地基地	580.4	500.7	578.4	573.8	宁夏
110	中宁县红漫地基地	598.2	459.4	582.7	579.4	宁夏
111	中宁县红漫地基地	604.1	501.0	592.9	581.8	宁夏
112	中宁县红漫地基地	587.6	524.3	590.0	576.2	宁夏

样品编号	样品来源	宁夏	青海	甘肃	新疆	判别产地
113	中宁县红漫地基地	559.0	487.1	569.2	573.0	甘肃
114	中宁县红漫地基地	616.3	544.2	643.4	599.5	甘肃
115	中宁县红漫地基地	546.9	474.2	545.0	533.7	宁夏
116	中宁县红漫地基地	512.9	444.7	506.0	497.1	宁夏
117	中宁县红漫地基地	580.4	511.2	578.8	564.6	宁夏
118	中宁县白土粱子	543.2	473.2	534.3	529.0	宁夏
119	中宁县潘营基地	557.8	485.7	554.7	538.9	宁夏
120	中宁县潘营基地	556.4	463.7	553.3	538.7	宁夏
121	中宁县潘营基地	578.3	480.9	573.6	562.6	宁夏

6.7　小结

通过分析中宁不同产区枸杞中矿物元素含量差异，结合多元统计分析，筛选有效的溯源指标，构建枸杞原产地鉴别的判别模型。该研究采集了宁夏中宁县舟塔、鸣沙洲、红梧山、红柳沟和清水河5个小产区的111份枸杞样品，利用电感耦合等离子体质谱仪测定了43种矿物元素含量，结合方差分析、主成分分析和Fisher判别分析、正交-偏最小二乘法判别分析方法建立了枸杞产地判别模型。结果表明，枸杞样品43种矿物元素中有28种矿物元素含量在不同地域间存在显著差异。经过主成分分析，从43种矿物元素可提取出10个主成分33种矿物元素，代表了总指标76.583%的信息。通过Fisher判别分析确定了Cd、Ce、Co、Cu、Gd、Hg、Mg、Se、Zn、P 10种矿物元素为枸杞的有效溯源指标，2种判别模型的整体正确判别率为分别为82.0%和91.89%，基本实现了小尺度区域内枸杞的产地判别。研究证明矿物元素产地溯源技术可用于枸杞的原产地判别。

本研究结合EA-IRMS和ICP-MS分析技术，测定从宁夏8个不同县区采集的枸杞样本中稳定同位素比率、矿物元素和稀土元素含量。并基于三类特征指标结合构建了小尺度枸杞产地的溯源判别模型。这说明该方法能够有效地进行我国各产地枸杞的产地溯源，有望作为一种可靠、稳定的分析策略，用于我国枸杞产品的原产地确证与地理标志产品品牌保护，促进我国枸杞产业的发展。

不同产地的枸杞样品中矿物元素和C、N稳定同位素有其各自的特征，62

个指标中，有 51 个指标在不同枸杞产区间存在显著差异，青海枸杞中矿物元素普遍高于其他产区的枸杞，且在 16 种稀土元素中，青海枸杞中 La、Ce、Nd、Sc、Y、Pr、Eu、Yb、Dy、Gd、Sm 11 种稀土元素均高于其他产地，说明基于矿物元素和 C、N 稳定同位素分析对枸杞产地进行判别是可行的。分析产地、年份及其交互作用对各元素含量变异的影响，结果表明 Ca、Ce、Yb、Lu、Ho、Tm、Hg、Bi、Zr、Pd、Cs、Hf、Ta、Ga、Ge 15 种元素不受产地的影响；Cu、Mo、Ce、Er、Lu、Cd、Ba、Sr、Rb、Cs、Pd、Pt 12 种元素不受枸杞样品年份的影响；Mg、Zn、Ce、Tm、Pb、Cd、Ni、Ba、Sb、Bi、Be、Rb、Cs、Pd、Ga、Th、Ru 17 种矿物元素不受产地和年份的交互作用的影响。

对西北枸杞产区间存在显著差异的 49 种矿物元素及 C、N 稳定同位素进行主成分分析，筛选出包括 Nd、Pr、Gd、Al、Y、Sm、Dy、Fe、As、Eu、Tb、Ho、Nb、Hf、Th、Mg、Mn、Se、Co、Ni、Li、Cr、W、Ir、Rb、Cs、Sr、Ru、Pb、Cd、Sb、Be、Mo、Ba、Sn、La 36 种元素的 13 个主成分，累计方差贡献率为 75.515%。利用前 2 个或前 3 个主成分不能很好地区分不同产区的枸杞样本，但不同区域的枸杞样本较为聚集。以 49 种地域分布差异明显的矿物元素及 C、N 稳定同位素对西北 4 个省份的枸杞样品进行 Fisher 线性判别分析和 PLS-DA 判别分析。Fisher 线性判别分析回代检验和交叉检验的整体正确判别率分别为 97.9% 和 94.5%，筛选出 Cu、Co、B、Mg、Mo、Zn、Ca、La、Y、Eu、Er、Cd、As、Cr、Sn、U、Sr、Li、Rb、Ti、Hf、W、Ir、Th、Al、Ru、Au、δ^{13}C、δ^{15}N 29 种溯源指标；PLS-DA 判别分析正确率为 94.8%，可筛选出 Er、Cu、W、Li、La、δ^{15}N、Mg、Mn、Co、Mo、Sr、Al、As、Ir、Ni、Zn、Au、Ca、U、δ^{13}C 20 个对区分枸杞产区贡献度较大的指标。

根据枸杞中矿物元素含量及 C、N 稳定同位素比值，112 份中宁枸杞样本的正确判别率为 94.6%。

7 基于其他技术的枸杞产地识别研究

近年来，关于枸杞功效机制的研究也取得重大进展，如邓佩佩等（2018）对枸杞多糖的抗肿瘤、免疫调节、抗衰老、调节血糖和血脂代谢、改善骨质疏松和抗辐射等功效的研究现状进行论述；刘秋月等（2016）对甜菜碱药理活性及作用机制进行了详细论述；李洋等（2014）的研究表明，枸杞中黄酮类物质对果实的总抗氧化能力贡献率大于96%；曲蕙名等（2018）的研究表明，β-胡萝卜素具有良好的清除自由基的功效。随着人民生活水平的提高，保健观念增强以及枸杞营养、医药成分研究的不断深入和推广，使药食同源的枸杞近年来深受广大消费者的青睐，因此不仅枸杞的市场销售量不断得到提升，也有新注册的枸杞地理标志不断出现，如青海柴达木枸杞、甘肃靖远枸杞和新疆精河枸杞等，可以预测未来的枸杞市场前景非常可观。然而枸杞的质量安全问题也随之出现。由于不同地区及品种的枸杞品质不同，主要表现在大小、色泽、所含的营养物质含量（2015）等方面，导致不同产区及品种的枸杞在市场上的价格定位也有差异，一些销售商为了赚取更多的利益，以次充好，造成了枸杞市场的混乱，因此，对枸杞品质鉴定及产地溯源的研究非常重要。目前，国内外进行枸杞产地鉴别常用的技术有高效液相指纹图谱法（HPLC）、近红外光谱法和矿质元素指纹图谱法等，前者虽可以快速地通过图谱的构建找出特征性物质来完成产地鉴别，但对仪器及操作技术都有较高要求，并且进行产地鉴别的同时不能实现枸杞营养品质的全面评估，而已有关于枸杞营养品质方面的研究也局限于单一营养组分检测方法的优化及创新或不同产地、不同品种、不同干燥方式等对枸杞部分营养成分影响的研究，没有进一步利用枸杞多种营养组分的差异性，将其应用于产地溯源研究。

7.1 基于生物活性成分的枸杞产地判别模型的构建

青海大学农林科学院郑耀文等对新疆、青海和甘肃枸杞中总糖、多糖、总黄酮、甜菜碱及β-胡萝卜素5种具代表性的生物活性成分进行分析，并构建了产地判别模型。新疆农业大学张瑞基于新疆枸杞和宁夏枸杞中 17 种氨基酸含量构建了不同产区的枸杞产地判别模型。

7.1.1 不同产区枸杞中 5 种营养组分

新疆、青海和甘肃对枸杞中总糖、多糖、总黄酮、甜菜碱及 β-胡萝卜素等 5 种具代表性的生物活性成分结果见表 7-1，新疆枸杞的总糖、枸杞多糖、总黄酮和 β-胡萝卜素含量分别与青海枸杞和甘肃枸杞相比，均在 $P<0.05$ 水平上表现差异性显著，但该 4 个指标含量在青海和甘肃两产地间均表现为差异性不显著，分析可能由于青海和甘肃枸杞种植地的温度、降水量等气候条件相似导致两地部分枸杞的营养品质相近，因此，枸杞的总糖、枸杞多糖、总黄酮和 β-胡萝卜素含量指标可以很好地区分新疆枸杞；甘肃枸杞的甜菜碱含量分别与新疆枸杞和青海枸杞相比，均在 $P<0.05$ 水平上表现显著性差异，而该指标在新疆和青海两产地间表现为差异性不显著，因此，枸杞甜菜碱含量指标可以很好地区分甘肃枸杞。对 5 种营养组分在 3 个产区枸杞内的含量百分比数值大小进行比较，分析可得，青海产区枸杞的枸杞多糖、总黄酮、甜菜碱和 β-胡萝卜素含量平均值均高于新疆、甘肃两地的枸杞，而新疆枸杞的总糖含量却是 3 个产区中最高的，由此可见，不同产区间枸杞的品质存在一定差异性，其营养组分含量具有一定地理表征。

表 7-1 不同产区枸杞的 5 种营养组分

枸杞产区	总糖 （g/100g）	枸杞多糖 （g/100g）	总黄酮 （g/100g）	甜菜碱 （g/100g）	β-胡萝卜素 （μg/100g）
新疆	65.89±2.41[a]	3.65±0.53[a]	0.36±0.06[a]	1.44±0.12[a]	15.72±3.27[b]
青海	49.91±2.66[b]	4.32±1.12[a]	0.55±0.13[a]	1.44±0.12[a]	29.94±8.48[b]
甘肃	49.97±2.41[b]	4.07±0.86[a]	0.53±0.11[a]	1.29±0.08[b]	24.66±5.21[a]

为更好地评估枸杞 5 种营养组分的含量分布及确保后期建立判别模型数据的可靠性，因此将试验数据结果与已有的研究报道进行了比较分析。其中，3 个产区的总糖和枸杞多糖含量均符合国家标准中特优级枸杞的标准（总糖≥45.0%，枸杞多糖≥3.0%），且与于慧春等（2018）的总糖研究结果和刘晓涵等（2009）的枸杞多糖的测定结果范围（3.18%~5.24%）一致；总黄酮结果与张自萍等（2006）测定含量范围（0.57%~1.02%）基本一致；甜菜碱测定结果在艾百拉·热合曼等（2017）测定甘肃样品（约 1.64%）和刘增根等（2012）测定青海样品（0.98%~1.84%）的范围内；β-胡萝卜素的测定结果与曲云卿等（2015）测定结果基本一致，因此本试验数据具有可靠性，可

用于判别模型的建立。

7.1.2　5 种营养组分间相关性分析

　　不同产区枸杞中 5 种营养组分间的相关性分析能更好地衡量 5 种枸杞营养指标在枸杞产地鉴别中的重要性。相关性分析结果如表 7-2 所示。甜菜碱与β-胡萝卜素含量和甜菜碱与枸杞多糖含量间的相关性表现不明显（$P>0.05$），其余营养组分彼此间都呈现显著性相关，其中，除总糖与甜菜碱在 $P<0.05$ 的值均与枸杞总糖含量有关，说明枸杞总糖含量在 5 个营养指标中具有较强的代表性。

表 7-2　枸杞 5 种营养组分间的相关性

营养组分	总黄酮	β-胡萝卜素	总糖	甜菜碱	枸杞多糖
总黄酮	1				
β-胡萝卜素	0.392**	1			
总糖	−0.553**	−0.659**	1		
甜菜碱	−0.382**	−0.077	0.307*	1	
枸杞多糖	0.369**	0.390**	−0.553**	−0.137	1

　　注：*表示 2 种指标间具有显著差异；**表示 2 种指标间具有极显著差异。

7.1.3　基于 5 种营养组分的枸杞产区判别分析

　　利用不同产区枸杞 5 种营养组分的差异性及 5 种营养组分间的相关性，对不同产区枸杞进行产地鉴别，因此对数据进行判别分析，并建立相应的判别模型。图 7-1 为典型判别函数的得分图，由图 7-1 可知，新疆和甘肃产地的枸杞围绕各自组质心聚集趋势较好，而青海产地的枸杞随组质心聚集趋势相对较差，其中新疆产地的枸杞能够与其他产地的枸杞明显区分，且全部样本判别准确，而青海产地和甘肃产地的枸杞组质心相距较近，样本间有部分重叠，当进一步扩大样本量时，会不可避免地出现错判现象。

　　判别分析的分类结果如表 7-3 所示，训练集与交叉验证集的总体判别准确率分别为 86.3% 和 84.3%，且在训练集和交叉验证集中出现误判的均是由青海和甘肃样本造成，其结果与判别函数得分图的结果相一致。其中，新疆、青海和甘肃的预测判别率分别为 100%、76.5% 和 82.4%，交叉验证结果的地理判别率分别为 100%、76.5% 和 76.5%。发现新疆产地的枸杞鉴别效果最好，在预测结果与交叉验证结果中判别率都能达到 100.0%，而对青海和甘肃产地的枸杞判别准确率相对次之，但也均在 76.5% 以上。其次，对青海与甘肃部分样本的交叉判别结果进行分析，可能由于枸杞种植地的气候条件相近、部分营养指标含量差异较小等原因而导致误判。

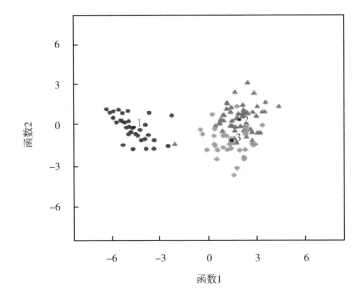

图 7-1　典型判别函数得分图

表 7-3　判别分析的分类结果　　　　　　　　　　　　　　　　单位：%

方法	产地	预测组成员			总判别率
		宁夏	青海	甘肃	
预测	新疆	100.0	0.0	0.0	86.3
	青海	0.0	76.5	23.5	
	甘肃	0.0	17.6	82.4	
交叉验证	新疆	100.0	0.0	0.0	84.3
	青海	0.0	76.5	23.5	
	甘肃	0.0	23.5	76.5	

7.1.4　基于氨基酸含量的枸杞产地判别模型

　　基于新疆精河县和宁夏中宁县两个产地枸杞 102 个样品中的 17 种氨基酸含量，利用 OPLS-DA 判别精河枸杞及中宁枸杞样品中 17 种氨基酸，由图 7-2 可见，除 73 号中宁枸杞 64% 会被误判为精河枸杞外，新疆精河和宁夏中宁两产地来源的枸杞氨基酸样品具有不同的汇集效果，由此可通过枸杞中氨基酸含量分布情况，进行枸杞产地判别。VIP>1 的变量为显著变量，确定 OPLS-DA 模型的氨基酸有 Cys、Lys、Tyr、His、Phe、Val、Gly、Ile 8 种氨基酸为主要显著变量，见图 7-3。

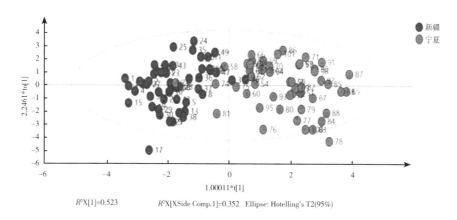

图 7-2　不同产地枸杞氨基酸 OPLS-DA 判别分析

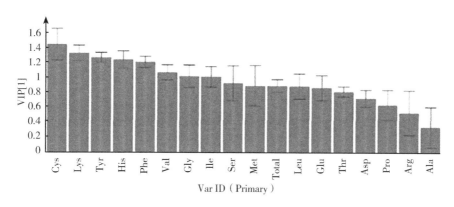

图 7-3　不同产地枸杞氨基酸 VIP 值分布情况

7.2　基于高光谱成像技术的宁夏枸杞产地判别

袁伟东等基于高光谱成像（400~1000 nm）结合化学计量学开发一种用于识别枸杞产地多元化的检测方法。图 7-4 显示了从校准高光谱图像中提取的 5 种不同产地枸杞样品的光谱曲线以及平均光谱曲线。5 种不同产地枸杞样品之间的光谱曲线表现出相似的轮廓，主要源于枸杞内部组织共性，而反射率的强度差异主要受到其内部化学成分含量影响。多糖、黄酮、总糖和多酚是枸杞主

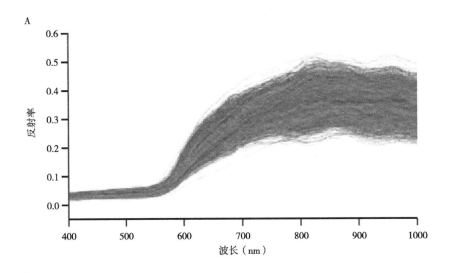

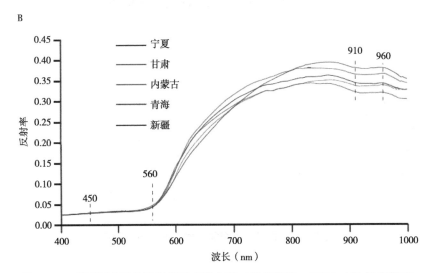

图7-4　5种不同产地的枸杞样品光谱曲线（袁伟东等，2023）（见书后彩图）

要的活性成分，它们也是衡量其内部质量的主要特征指标，这些化学成分在不同产地的枸杞样品中含量不同。从图 7-4B 可以看出，在可见光区域内的400~550 nm 波段，不同产地枸杞的平均光谱反射强度几乎相同，表明它们在蓝色和绿色的颜色分量上几乎没有差异。然而，在 550~700 nm 的波段区域，各产地枸杞的平均光谱反射强度开始有所不同，且呈现出明显的上升趋势，表明红色波段内存在的颜色分量差异较为明显。在波长 450 nm 附近的反射峰主要与枸杞中的酚类物质阿魏酸相关。550 nm 波长处的波谷是总糖的有效波长，而在波长 560 nm 附近的吸收峰与枸杞表面叶绿素和类胡萝卜素的吸收带相关。在近红外区域，黄酮的有效波段为 800~900 nm，而在 860 nm 附近吸收峰为枸杞黄酮的有效波长。在 910~960 nm 波段可归因于水或碳水化合物的 O—H 拉伸模式的第二泛音。由于 5 个不同产地枸杞光谱之间存在很多交叉和重叠，因此将光谱与化学计量学方法相结合进行深度分析，并作出准确判别。

对原始全光谱应用不同的预处理方法，并采用原始和预处理全光谱建立 PLS-DA 枸杞产地判别模型。为了确定最佳的预处理方法，该研究基于 5 个产地的枸杞数据建立模型，结果如表 7-4 所示。结果表明，无论采用原始光谱还是预处理光谱 PLS-DA 模型，分类准确率均大于 90%，表明所建立的模型可以轻松区分不同产地的枸杞样本。在 PLS-DA 模型中，LVs（最佳潜在变量）的选择会严重影响最终结果。当 LVs 过多时，会造成过拟合。相反，如果 LVs 的数量太少，会丢失一些有用的信息，降低模型的准确性。因此，通过交叉验证计算最小预测残差平方和以确定最优 LVs。图 7-5 显示了不同 LVs 对原始光谱 PLS-DA 判别模型性能的影响。还可以观察到，NR（归一化反射光谱）和 SNV（标准正态变量）预处理均提升了模型的性能，而 SNV+去趋势、一阶导数和二阶导数略微降低了性能。其中，基于 NR 预处理全光谱的 PLS-DA 模型表现最佳，最佳 LV 为 30，训练集分类准确率为 95.5%，交叉验证集分类准确率为 91.9%，预测集分类准确率为 93.1%。NR 预处理可有效抑制部分光照差异的影响和消除无关信息，这一结论与徐新刚等的研究结果一致。因此，在随后的分析中最终选择 NR 预处理光谱用于枸杞产地溯源鉴别。

表 7-4　基于不同预处理方法全光谱 PLS-DA 模型性能

预处理	分类准确率（%）			LVs
	训练集	交叉验证集	预测集	
无	94.9	91.5	91.9	32
NR	95.5	91.9	93.1	30
SNV	96.0	91.8	92.7	37
SNV+去趋势	94.1	90.0	91.2	26
一阶导数	94.3	91.2	90.4	39
二阶导数	94.6	90.4	90.5	38

该研究对枸杞产地多元化鉴别需求进行深入分析，采用原始光谱和 NR 预处理光谱构建 PLS-DA 产地溯源判别模型，研究结果如表 7-5 所示。可以发现，随着枸杞样本产地的增加，无论采用原始光谱还是预处理光谱 PLS-DA 模

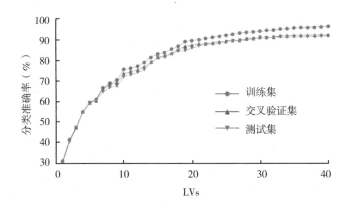

图7-5　基于不同LVs原始光谱PLS-DA判别模型性能（袁伟东等，2023）

型分类准确率总体呈下降趋势。当模型输入枸杞产地数量从2增加到5时，经预处理后模型的训练集分类准确率从99.2%下降到95.5%，交叉验证集分类准确率从94.8%下降到91.9%，测试集分类准确率从98.3%下降到93.1%。

表7-5　基于PLS-DA构建枸杞产地多元化判别模型

模型种类	预处理	样本总量	分类准确率（%）			LVs
			训练集	交叉验证集	预测集	
二元分类	无	900	99.1	95.2	97.3	23
	NR	900	99.2	94.8	98.3	20
三元分类	无	1350	97.3	94.4	93.5	23
	NR	1350	97.3	94.1	94.4	22
四元分类	无	1800	97.5	94.6	94.6	26
	NR	1800	97.7	94.6	94.8	26
五元分类	无	2250	94.9	91.5	91.9	32
	NR	2250	95.5	91.9	93.1	30

注：二元分类为宁夏和内蒙古枸杞样本；三元分类为宁夏、内蒙古和青海枸杞样本；四元分类为宁夏、内蒙古、青海和新疆枸杞样本；五元分类为宁夏、内蒙古、青海、新疆和甘肃枸杞样本。

　　在该研究中，SPA（连续投影算法）、CARS（竞争性自适应重加权算法）、PSO（粒子群优化算法）、IRIV（迭代保留信息变量算法）和CARS+IRIV对4组光谱集筛选出的特征波长分布如图7-6所示（为了便于观察，同时将5种特征选择分布情况置于一张图中，其中纵坐标值按比例增加）。当枸杞产地数量为2时，相较于其他产地数量所筛选的特征波段较少，其中5种方法选择的特征波长都相对分散不连续。当模型输入为5个产地枸杞样本数据时所选的特征波长相对较多，但仅占全光谱的 14.3%~42.4%。可以发现不同的特征变量选择方法将选取不同数量的特征波长，因此确定最优的变量选择方法对于构建高质量判别模型至关重要。

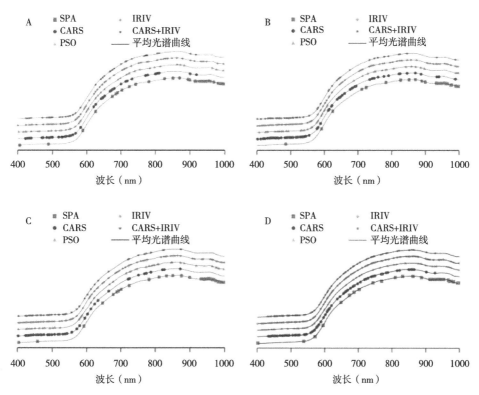

图 7-6 不同方法选择的特征波长分布（袁伟东等，2023）（见书后彩图）

A. 二元分类；B. 三元分类；C. 四元分类；D. 五元分类。

为了进一步探索 CARS+IRIV-PLS-DA 模型鉴别枸杞产地溯源的能力，图 7-7 给出了该简化模型预测集的混淆矩阵、灵敏度和特异性以及 Kappa 系数计算结果。在混淆矩阵中，纵坐标表示实际类，横坐标表示预测类。主对角线内的值表示正确分类的样本，主对角线外的值表示错误分类的样本。结果表明，内蒙古和新疆枸杞样本发生错误分类数量最少（灵敏度均大于 94%），可能由于内蒙古和新疆枸杞相较于其他产地枸杞含糖量高，具有较好的区分性。还可以观察到宁夏枸杞易被错误分类成内蒙古枸杞，在二元分类模型中由于模型简单宁夏枸杞的识别率高达 96.7%。随着输入产地数量的增加，宁夏枸杞识别率和 Kappa 系数整体呈下降趋势，在五元分类模型中宁夏枸杞仍取得了 82.7% 的识别率。4 组简化模型的 Kappa 系数均超过 0.83，说明分类模型具有较强的稳定性和鲁棒性。这些结果表明，CARS+IRIV-PLS-DA 模型在没有任何化学或物理信息的情况下识别宁夏枸杞产地溯源具有巨大的潜力。

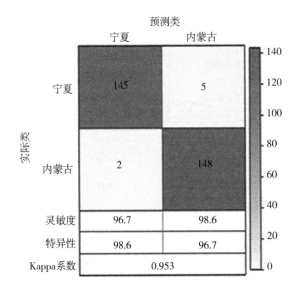

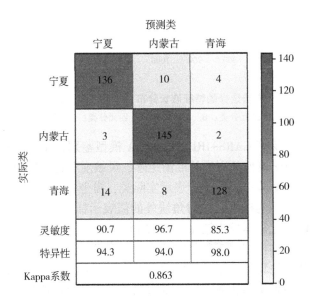

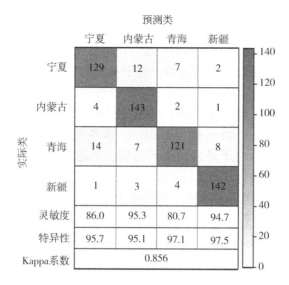

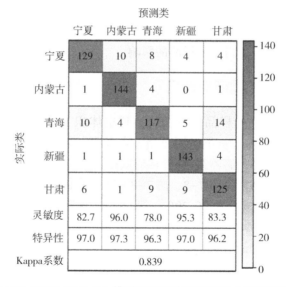

图 7-7　CARS+IRIV-PLS-DA 模型预测集的混淆矩阵（袁伟东等，2023）

7.3　基于电子鼻技术的枸杞产地判别

电子鼻技术于 20 世纪 90 年代末兴起并迅速发展，它利用气敏传感器阵列对挥发性气味物质的响应来识别简单和复杂气味信息，实现了气味的客观化表达，使气味成为可以量化的指标，从而辅助专家进行系统化与科学化的气味监测、鉴别、判断和分析。以其检测快速、结果客观、无需复杂的样品前处理过程、可分析有毒样品或成分等优势，电子鼻技术已在食品、农畜产品品质检测、环境监测、医学诊断、爆炸物检测等领域得到广泛应用。对枸杞子挥发物组成和含量的研究发现，不同品种、同品种不同产地枸杞子挥发物在组成和含量上存在明显差别（曲云卿等，2015；李冬生等，2004；Altintas，2006；Chung，2011），这为电子鼻检测不同品质、产地的枸杞子奠定了理论基础。西北民族大学田晓静等采用单因素试验研究了顶空体积、样品质量和顶空生成时间对电子鼻传感器响应的影响，优化电子鼻检测枸杞子的条件，探讨电子鼻判别枸杞产地的可行性。

田晓静等人采集了甘肃瓜州、青海柴达木和宁夏中宁 3 个产地的枸杞样品，在采集枸杞子气味信息时，于室温条件下（20℃），将一定质量（5~20 g）恢复至室温的枸杞子置于烧杯内，并以保鲜膜密闭后静置一定时间（15~60 min），使顶空气体达到平衡；在设定载气（洁净空气，200 mL/min）流速条件下，由载气泵将样品顶空气体泵入传感器室，与传感器接触后产生响应信号，并由信号采集系统记录。每采样一次，采用洁净氮气（99.99%）对进样通道进行清洗，以减少对下一样品的影响。

7.3.1 定性识别不同产地枸杞

在较佳检测条件（样品质量 20 g、顶空体积 500 mL、顶空生成时间 30 min 及载气流速 300 mL/min），对瓜州、青海和中宁 3 个产地的枸杞进行电子鼻检测。提取电子鼻传感器第 70 秒响应数据，采用 SAS 软件进行主成分分析和典则判别分析，结果见图 7-8。图 7-8A 给出了 PCA 分析结果，第一主成分为 64.63%，第二主成分为 20.39%，第三主成分为 9.62%，前三个主成分共解释了原始变量 94.64% 的信息。主成分分析可以将 3 个产地的枸杞区分开，其中青海枸杞子居于最右侧，瓜州枸杞居于中间，3 个不同等级的中宁枸杞子居于图中最左侧，不同等级中宁枸杞数据点有较多重叠。图 7-8B 给出了 CDA 分析结果，图中第一成分和第三成分共解释了原始变量 92.36% 的信息，对 3 个产地枸杞子的区分效果更好，且数据点的集聚性和类间距更大，中宁枸杞 1 基本能与中宁枸杞 2、中宁枸杞 3 区分开，而中宁枸杞 2、中宁枸杞 3 之间重叠较多。结合 CDA 分析，电子鼻可实现不同产地枸杞子的快速鉴别，而对 3 种不同等级中宁枸杞的区分效果有待进一步提高。

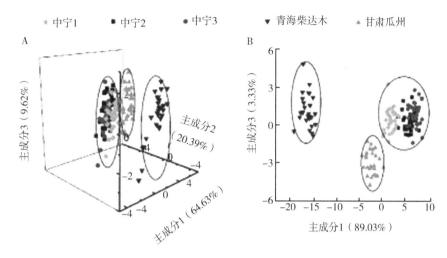

图7-8　不同产地枸杞的电子鼻 PCA 和 CDA 判别结果（田晓静等，2018）

7.3.2　定量预测枸杞产地

为实现枸杞产地的定量分析，以 BP 神经网络建立定量预测模型。设定宁夏枸杞的真实值为1，青海枸杞子的真实值为2，瓜州枸杞子的真实值为3。设定品种预测结果偏差在±0.1以内，为品种区分的界限，结果见表7-6。由表7-6可知，仅有1个未知样品超出偏差范围，得到对未知样本预测的正确识别率为96%。

表7-6　BPNN 对 25 个未知产地样品的预测结果

预测样	真实值	预测值	预测样	真实值	预测值
1	1	1.0022	11	1	1.0006
2	1	1.0029	12	1	1.0008
3	1	1.0143	13	1	1.0043
4	1	1.0004	14	1	1.0024
5	1	1.0011	15	1	1.0049
6	1	1.0004	16	2	1.9784
7	1	1.0029	17	2	1.9142
8	1	1.0022	18	2	1.9199
9	1	1.0276	19	2	1.9336
10	1	1.0042	20	2	1.9430

预测样	真实值	预测值	预测样	真实值	预测值
21	3	2.6786	24	3	2.9893
22	3	2.9262	25	3	2.9892
23	3	2.9904			

7.4　小结

通过分析青海、新疆和甘肃 3 个产区的同一品种和同一采摘期枸杞中 5 种营养组分的含量，通过 CDA 建立的判别模型可较好地实现枸杞产地鉴别，在训练集中的判别准确率可达 86.3%。目前，关于产地溯源技术在其他农产品研究中已取得大量成果，但枸杞的溯源研究仍处于相对贫乏阶段，尤其是将多种营养组分的定量分析应用于溯源研究，在农产品的溯源研究中几乎为空白。因此，本研究的地理识别率虽有待于提高，但仍可说明选取具有代表性的营养指标作为产地溯源的参数确实具有一定的研究意义及参考价值。

通过高光谱成像采集宁夏、甘肃、内蒙古、青海和新疆共 2250 个枸杞样本，并从 ROI 提取光谱数据。研究发现相比于 SNV、SNV 结合去趋势、一阶导数和二阶导数，NR 可以更好地降低光谱噪声和散射效应。为了降低数据维度并进一步减少建模时间，采用 SPA、CARS、PSO、IRIV 和 CARS+IRIV 选择特征波长，并基于特征波长建立 PLS-DA 判别模型。随着枸杞产地数量的增加，模型性能呈下降趋势。当仅输入两个枸杞产地数量时，全光谱模型分类准确率高达 98.3%，鉴于实用性最佳简化模型 CARS+IRIV-PLS-DA 分类准确率高达 97.7%。当输入为 5 个枸杞产地数量，简化模型 CARS+IRIV-PLS-DA 仍能获得 87.1% 的分类准确率和 0.839 的 Kappa 系数。综合分析表明，高光谱成像技术（400~1000 nm）结合化学计量学方法可以作为一种快速、无损的检测方法鉴别宁夏枸杞的真伪性。

通过检测分析 3 种不同产地（甘肃瓜州、青海柴达木和宁夏中宁）枸杞气味，发现主成分分析和典则判别分析均能将 3 种不同产地枸杞子区分开，且典则判别分析结果图中数据点的集聚性更好；采用 BP 神经网络建立产地的预测模型能有效预测枸杞子的产地（正确识别率为 96%）。电子鼻在枸杞子产地判别时具有可行性，为枸杞产地追溯提供理论依据。

8　枸杞产业发展的瓶颈

枸杞是宁夏的一张靓丽"红色名片"，枸杞产业是宁夏最有代表性、最具特色的标志性产业，承载着宁夏人民的情怀，做好现代枸杞产业，推动产业高质量发展是宁夏人的责任和使命。近年来，在国家的重视和政策推动下，宁夏枸杞产业迅速发展，在生产规模、经济收益、产品种类等方面都有了明显的提升，形成了具有影响力的宁夏枸杞产业品牌。随着市场竞争的加剧，宁夏枸杞产业想要实现长足发展，必须明确自身发展所面临的问题和挑战，加快产业优化升级，提升宁夏产业的核心竞争力，推动宁夏地区经济发展。

8.1　宁夏枸杞产业发展现状

枸杞产业是宁夏的"红色名片"和"金字招牌"，长期发展逐渐成为宁夏的特色产业，并成为宁夏最具品牌优势的战略性主导产业之一。随着国家和地方政府在政策、财政、人力等方面扶持力度的加大，宁夏枸杞产业得到进一步发展和壮大。

8.1.1　宁夏枸杞产业规模逐步扩大

调查宁夏枸杞产业的各项数据可以发现，宁夏枸杞产业在政策扶持和市场需求增长的影响下，产业发展规模逐步扩大，种植面积、产量、企业数量等均发生明显改变。截至 2022 年底，宁夏枸杞的种植面积达到 2.53 万 hm^2，鲜果产量达到 30 万 t，近乎是 2007 年枸杞产量的 6 倍。不仅如此，随着技术的升级进步，鲜果加工转化率相较于以往有了极大的提升，精深加工产品种类有十大类。与此同时，加工企业的工业化水平不断提升，销售渠道逐步完善，其产品不仅销往全国，同时还远销东南亚、中东和欧洲等海外地区。

8.1.2　宁夏枸杞产业收益逐步提升

随着宁夏枸杞产业规模的逐步扩大，枸杞产业逐渐成了宁夏地区的支柱产业之一，2022 年底实现全产业链产值 270 亿元，带动了宁夏地区农民收入的提升，有效推动宁夏农村经济振兴的发展。不仅如此，宁夏枸杞相关产业和企业的发展，为宁夏地区带来了大量的就业机会和用工需求，解决了农村剩余劳动力的问题，为宁夏地区提供了更多获取经济收益的渠道。除此之外，枸杞产业在与文化、旅游、物流等产业的融合过程中也带动了这些行业的发展，促进宁夏地区经济、社会收益的提升。

8.1.3 宁夏枸杞品牌影响力逐步增强

宁夏地区因其独特的地理位置和气候特征，生产的枸杞具有极高的药效和营养价值，深受国内消费者的喜爱。宁夏枸杞产业发展初期品牌意识不强，并没有出现具有影响力的品牌，而随着产业结构的不断完善和产业发展理念的创新，宁夏枸杞逐步开创了自己的品牌，并得到了国内外市场的认可。截至目前，宁夏"中宁枸杞"商标和"宁夏枸杞"地理标志已获准使用，同时"百瑞源""宁夏红""早康"等企业品牌也在国内外市场占据一席之地，对宁夏枸杞产业具有很好的宣传和推动作用。

8.1.4 宁夏枸杞产品研发能力有所加强

宁夏枸杞产业在发展初期产品研发能力相对较弱，主要以出售鲜果或枸杞干果为主，其销售种类有限，不利于宁夏枸杞产业的发展。而随着科学技术的进步和产业链条的完善，宁夏枸杞产业在产品研发方面取得了巨大的突破，以枸杞为原材料的深加工产品种类不断增多，为宁夏枸杞产业的发展提供源源不断的动力和支持。

8.2 宁夏枸杞产业发展遇到的问题和挑战

近几年，虽然宁夏枸杞产业在政策和现代技术的支持下有了明显的进步和发展，但整体发展水平与宁夏枸杞产业发展规划目标仍存在一定的差距，产业所面临的问题和挑战影响着宁夏枸杞产业的进一步优化和提升。

8.2.1 宁夏枸杞产业标准化水平有待加强

产品是宁夏枸杞产业持续向好发展的关键和重要基础，只有不断生产出优质、多样的枸杞产品才能够满足市场的多样化需求，提升宁夏枸杞产业的市场竞争力。但从宁夏枸杞产业目前发展情况来看，尽管枸杞已经趋向于产业化发展，但整体发展水平较低，主要有以下问题。

8.2.1.1 产品质量参差不齐，难以形成统一的产业标准

宁夏枸杞的种植主要以分散农户为主，这些农户受制于文化水平、种植理念、资金等因素的影响，种植技术相较于企业较为落后，为了盲目追求产量而大量使用农药，对枸杞的质量造成了负面影响。同时，农户缺乏专业的种植知识和先进的种植手段，所生产的枸杞质量存在较大差异，难以形成统一的质量标准，无法稳定市场上枸杞产品的质量，不利于枸杞产业的发展。

8.2.1.2 精深加工能力有待提升，产品同质化严重

通过市场调查可以发现，宁夏枸杞产业所销售的产品仍以干果为主，其他精深加工类产品为辅，且精深加工产品同质化较为严重，主要以枸杞果酒、果糕等产品为主。同时，精深加工主要以枸杞果为主，对于枸杞叶、枸杞花等部位的开发利用相对较少，导致枸杞产品的附加值较低，不利于提升枸杞产品的经济价值，难以提升枸杞产业的竞争力。

8.2.1.3 枸杞产业发展规划不明确

宁夏大部分枸杞种植者对于枸杞产业的发展都没有明确的方向和目标，没有意识到枸杞产业在其他方面的价值，枸杞产业与二三产业的融合发展力度不足，从而不利于枸杞产业规模的扩大和集中。

8.2.2 宁夏枸杞产业品牌建设力度不足

宁夏枸杞产业在发展壮大过程中逐渐意识到品牌建设的重要性，并形成了具有代表性和影响力的品牌，如宁夏枸杞、中宁枸杞等，但整体来看枸杞产业品牌价值没有完全发挥，品牌建设有待进一步加强。

8.2.2.1 枸杞产业现有品牌管理混乱，品牌特征不够突出

目前为止，宁夏枸杞产业品牌零零散散有 100 多种，其中既有获得国家或市场认证的优质品牌，也有未经许可的品牌。很多优质品牌没有对产品的包装、文字说明、商标、图案等进行明确，同一品牌存在不同样式的包装，没有突出明确品牌特色。这种情况下非常容易出现品牌杂乱、品牌被盗用等问题，不仅对消费者的辨识造成一定困难，也会影响品牌在消费者心目中的形象。

8.2.2.2 品牌建设和宣传力度不足

宁夏枸杞产业想要实现进一步发展，提升品牌在市场中的影响力是重要渠道。但很多枸杞生产企业品牌意识不强，将发展重心集中于产品升级和技术改造等方面，忽略了品牌的包装和宣传工作，难以提升现有品牌的知名度和影响力。

8.2.2.3 品牌建设定位和思路不够准确

大部分企业对于品牌的建设缺少明确的规划和目标，品牌建设定位没有突破传统的认知，缺乏立足于中国，甚至世界的魄力和眼光，没有充分发挥宁夏枸杞的品牌优势，阻碍了品牌建设的发展和进步。

8.2.3 宁夏枸杞产业的销售情况有待提升

销售是宁夏枸杞产业中的关键一环，只有打开销售市场才能够将枸杞产品转化为经济收益。根据市场调查结果显示，宁夏枸杞产业的销售渠道依旧存在销售主体缺失、销售渠道不畅通等问题。

（1）除了部分合作社和企业有固定的销售渠道以外，大部分种植枸杞的农民都不具备销售渠道和销售能力，他们无法及时获取市场信息，不了解市场动态，只能依靠收购商进行收购，不利于农民经济收益的提升。

（2）销售渠道较为单一，销售体系不够完善。随着互联网信息技术的发展，人们逐渐开辟了线上销售渠道，并依托互联网技术建立了集生产、电商、物流于一体的销售渠道，但宁夏枸杞依旧采用传统的销售模式，阻碍了宁夏枸杞产业的发展。

8.3 宁夏枸杞产业发展对策

随着社会经济的发展和市场的变化，为了进一步提升宁夏枸杞产业的竞争力，提高宁夏枸杞产业的综合实力，推动宁夏地区经济发展和产业升级，宁夏提出《宁夏枸杞产业高质量发展"十四五"规划（2021—2025 年）》。在此背景下，宁夏枸杞产业要明确行业发展存在的问题，结合该规划提出的目标提出行业发展对策。

8.3.1 加强产业标准化建设，促进枸杞产品研发

面对全新的经济发展形势和日益增长的市场需要，宁夏枸杞行业要加大对产品的加工和研发力度，完善优化产业结构，提升产业标准化水平。

（1）宁夏枸杞产业要转变传统经营发展理念，从传统农业种植向现代化农业转变，延长枸杞种植的产业链，对枸杞产业的发展做好详细规划。

（2）统一枸杞加工标准，提升枸杞产品质量。相关部门要加强对枸杞加工企业的管理，通过政策、财力和人力等扶持对具备加工能力的企业进行标准化改造，要求加工企业按照统一的标准对产品进行加工，严格把控枸杞产品质

量。同时，可以为农民提供种植技术、基础加工知识等方面的支持，或构建加工企业与农民之间的采购渠道，确保农村所种植的枸杞产品质量稳定。

（3）加大产品研发力度，增加枸杞产品的附加值。枸杞产业要重视科技的力量，加强对科学技术的学习和研究，从食品、保健、医疗等方面开发新的枸杞产品，不断推出新的枸杞相关产品，进一步开拓产品市场，减少商品同质化现象。

8.3.2　加强对宁夏枸杞品牌的保护，提升品牌影响力

合理利用品牌能够有效推动宁夏枸杞产业的发展，提升宁夏枸杞产业的销量，因此，要重视宁夏枸杞产业品牌的建设和保护工作，树立良好的品牌形象，发挥品牌的积极影响和重要价值。

（1）加大对品牌的监督和执法力度，严厉打击盗用品牌、侵权、滥用、不规范使用品牌的行为，并对此行为进行严厉处罚，避免劣质产品滥竽充数，维护品牌的优质形象。同时，要加强对品牌形象的建设，同一品牌必须使用统一的宣传标语、包装风格、商标、文字等，在外形上突出品牌的特色，增强品牌的辨识度。

（2）加大对宁夏枸杞品牌的宣传力度，拓宽品牌的影响范围。宁夏枸杞产业要尽快完成品牌的认定工作，大力培养知名品牌，借助新媒体技术、展会、推介会、电视广告等宣传渠道进行全方位的宣传，提升宁夏枸杞品牌在全国范围内的知名度，使品牌名称深入人心，继而促进枸杞产业的发展。

8.3.3　拓宽枸杞产业销售渠道，推动产业发展

进一步拓展枸杞销售渠道，是提升枸杞产业收益，推动产业优化升级的重要途径，面对竞争日益复杂的现代经济市场，宁夏枸杞产业想要实现稳步发展，必须完善现有的销售渠道，并积极探索新的销售模式。

（1）宁夏枸杞行业要推动龙头企业的发展，构建龙头企业、合作经济组织与农户共同发展的经营模式。这种经济模式下，农户为企业和合作经济提供原材料，企业和合作经济组织能够为农户解决产品销售问题，三方紧密联合能够有效应对市场带来的风险，打通从原材料，到加工，再到市场的销售渠道，形成完整的产业链。

（2）形成互联网思维，创新枸杞产业的销售模式，加强枸杞产品的对外流通。在互联网广泛应用的大环境下，宁夏枸杞产业可以开通线上销售渠道，以电商的形式对产业进行销售，帮助相关企业及时了解市场信息，加强企业与市场之间的互动联系，解决枸杞对外流通难的问题。

8.3.4 加大政府的支持力度，为枸杞产业发展助力

宁夏枸杞产业的发展离不开政府的支持和帮助，政府要意识到枸杞产业对于全区经济发展的重要性，结合《宁夏枸杞产业高质量发展"十四五"规划（2021—2025年）》要求做好相关工作。

8.3.4.1 要加大资金投入力度和技术支持

目前宁夏枸杞产业的标准化水平较低、科技发展相对较缓，不利于枸杞产业的创新升级。政府要加大对枸杞产业的扶持力度，积极引进高科技人才推动枸杞产业向有机农业发展，加快枸杞新产品的研发和推广，促进枸杞产业种植、生产、加工等技术的创新。

8.3.4.2 要加强对人才的培养

一方面，政府可以联合地方高校培养枸杞行业相关人才，加强产教融合、校企合作等，统筹安排人才专项经费。另一方面，要加强对农民种植者的培养，帮助他们了解最新的种植知识和先进技术，打开他们的视野，转变他们的生产和经营理念，提高枸杞的质量，促进枸杞产业的优质发展。

8.4 结语

枸杞产业是宁夏地区的支柱产业之一，在国家政策支持和市场经济的影响下其产业规模逐步扩大，经济收益不断提升，对宁夏地区的发展带来积极作用。面对全新的经济形势和产业发展需要，宁夏枸杞产业也要认识到在发展中存在的不足和问题，从提升产业标准化建设水平、提高产品质量，重视品牌建设，增强品牌影响力，拓宽枸杞产业销售渠道，扩大销售规模，加强政府扶持力度等方面为宁夏枸杞产业的发展助力，推动宁夏枸杞产业的长期向好发展。

参考文献

摆小琴，张娅俐，洪晶，等，2021. 坚果品质检测方法研究进展 [J]. 食品安全质量检测学报，12（22）：8737-8744.

鲍士旦，2000. 土壤农化分析 [M]. 北京：中国农业出版社.

曹劼，闫钰，于瑞莲，等，[2024-05-31]. 锶钕同位素示踪结合 MixSIAR 模型解析水稻田垂直剖面土壤稀土元素的来源及生态风险 [J/OL]. 中国环境科学. https：//doi. org/10.19674/j.cnki.issn1000-6923.20230208.006.

陈伟，杨国锋，赵云，等，2009. 金佛山地区不同生境下土壤有机质与全氮含量及其相关性 [J]. 草业科学（6）：25-28.

次顿，李梁，蒲继锋，等，2018. 稳定性 C、H、O、N、S 同位素在绿茶产区溯源的应用 [J]. 轻工科技，34（5）：6-7，55.

戴士祥，任文杰，滕应，等，2018. 安徽省主要水稻土基本理化性质及肥力综合评价 [J]. 土壤（1）：66-72.

邓邦良，袁知洋，李真真，等，2016. 武功山草甸土壤有效态微量元素与有机质和 pH 的关系 [J]. 西南农业学报，29（3）：647-650.

杜贯新，闫百泉，孙雨，等，2023. 松嫩平原黑土区西北部阿荣旗地下黑土稀土元素特征及环境指示 [J]. 现代地质，37（3）：813-820.

樊连杰，裴建国，赵良杰，等，2016. 岩溶地下河系统中表层土壤稀土元素含量及分布特征 [J]. 中国稀土学报，34（4）：504.

傅玲琳，王彦波，2021. 食物过敏：从致敏机理到控制策略 [J]. 食品科学，42（19）：1-19.

宫雪鸿，许秀举，王海英，等，2005. 稀土地域野生枸杞叶茶营养成分及稀土元素含量分析 [J]. 现代预防医学（9）：1031-1032.

顾睿，马永坤，林静，等，2009. 丹阳黄酒矿质元素指纹图谱建立方法的研究 [J]. 酿酒科技，38（2）：34-36.

管骁，古方青，杨永健，等，2014. 近红外光谱技术在食品产地溯源中的

应用进展 [J]. 生物加工过程 (2)：77-82.

郭波莉，魏益民，潘家荣，2007. 同位素指纹分析技术在食品产地溯源中的应用进展 [J]. 农业工程学报，23 (3)：284-289.

郭波莉，魏益民，魏帅，等，2018. 牦牛肉中稳定同位素指纹特征及影响因素 [J]. 中国农业科学，51 (12)：2391-2397.

郭利攀，章路，巩佳第，等，2021. 微波消解-电感耦合等离子体质谱法测定虾皮中 28 种元素 [J]. 食品安全质量检测学报，12 (1)：108-114.

胡桂仙，邵圣枝，张永志，等，2017. 杨梅中稳定同位素和多元素特征在其产地溯源中的应用 [J]. 核农学报，31 (12)：2450-2459.

胡杰，赵心语，王婷婷，等，2022. 太原市汾河河岸带土壤重金属分布特征、评价与来源解析 [J]. 环境科学，43 (5)：2500-2509.

虎虓真，2019. 基于多指纹图谱技术的中国赤霞珠葡萄酒产地溯源及年份识别 [D]. 上海：上海海洋大学.

黄成敏，王成善，2002. 风化成土过程中稀土元素地球化学特征 [J]. 稀土，23 (5)：46.

黄圣彪，王子健，彭安，2002. 稀土元素在土壤中吸持和迁移的研究 [J]. 农业环境保护 (3)：269-271.

黄勇，段绩川，袁国礼，等，2022. 北京市延庆区土壤重金属元素地球化学特征及其来源分析 [J]. 现代地质，36 (2)：634-644.

加丽森·依曼哈孜，朱丽琴，2021. 电感耦合等离子体质谱（ICP-MS）法测定农产品样品中 6 种痕量元素 [J]. 中国无机分析化学，11 (2)：4-8.

蒋华川，文龙，周刚，等，2023. 四川盆地东部龙王庙组白云岩稀土元素特征及成岩流体示踪 [J]. 天然气地球科学，34 (7)：1187-1202.

开建荣，王彩艳，李彩虹，等，2023. 基于稀土元素和稳定同位素指纹的枸杞道地性表征 [J]. 食品安全质量检测学报，14 (13)：169-176.

开建荣，王彩艳，石欣，等，2022. 中宁枸杞中矿物元素在生长期的动态变化研究 [J]. 食品与发酵工业，48 (4)：218-225.

康海宁，杨妙峰，陈波，等，2006. 利用矿质元素的测定数据判别茶叶的产地和品种 [J]. 岩矿测试，25 (1)：22-26.

康乐，彭鑫波，马延龙，等，2023. 兰州市耕地表层土壤重金属的积累特征及其影响因素分析 [J]. 环境科学，44 (3)：1620-1635.

赖翰卿，习佳林，何伟忠，等，2020. 基于矿物元素指纹分析技术的中国北方大豆产地溯源研究 [J]. 中国食物与营养, 26 (7): 17-21.

李安, 陈秋生, 赵杰, 等, 2020. 基于稳定同位素与稀土元素指纹特征的大桃产地判别分析 [J]. 食品科学, 41 (6): 322-328.

李锋, 李银坤, 2017. 基于 GIS 与地统计学宁夏枸杞主产区不同树龄土壤肥力特征研究 [J]. 北方园艺 (24): 134-143.

李光煌, 罗辉, 杜丽娟, 等, 2018-05-15. 一种基于电子鼻检测地沟油的装置: 中国, CN207366488U [P].

李敏, 2014. 不同产地苹果的近红外光谱分类识别法 [J]. 红外 (12): 41-44.

李樋, 李随民, 王轶, 等, 2020. 基于地球化学基线的内蒙古东来地区土壤重金属污染评价 [J]. 土壤通报, 51 (2): 462-472.

李樋, 李随民, 王轶, 等, 2020. 内蒙古东来地区土壤重金属元素地球化学基线值研究 [J]. 河北地质大学学报, 43 (2): 23-28, 46.

李向辉, 陈云堂, 吕晓华, 等, 2018. 利用土壤 Sr-Pb 同位素差异性判别山药原产地研究 [J]. 核农学报, 32 (3): 515-522.

李小飞, 陈志彪, 张永贺, 等, 2013. 稀土矿区土壤和蔬菜稀土元素含量及其健康风险评价 [J]. 环境科学学报, 33 (3): 835-843.

李勇, 严煌倩, 龙玲, 等, 2017. 化学计量学模式识别方法结合近红外光谱用于大米产地溯源分析 [J]. 江苏农业科学, 45 (21): 193-195.

连思雨, 张紫娟, 谢瑜杰, 等, 2020. 电感耦合等离子体质谱法测定枸杞中 16 种稀土元素 [J]. 食品工业科技, 41 (10): 250-253.

梁晓亮, 谭伟, 马灵涯, 等, 2022. 离子吸附型稀土矿床形成的矿物表/界面反应机制 [J]. 地学前缘, 29 (1): 29-41.

刘铮, 朱其清, 唐丽华, 等, 1982. 我国缺乏微量元素的土壤及其区域分布 [J]. 土壤学报, 19 (1): 44.

刘轶轩, 赵文吉, 于雪, 等, 2017. 北京市区表层土壤稀土元素空间分布特征研究 [J]. 生态环境学报, 26 (10): 1736.

刘志, 张永志, 周铁锋, 等, 2018. 不同烘干方式对茶叶中稳定同位素特征及其产地溯源的影响 [J]. 核农学报, 32 (7): 1408-1416.

卢诗扬, 张雷蕾, 潘家荣, 等, 2020. 特色农产品产地溯源技术研究进展 [J]. 食品安全质量检测学报, 11 (14): 4849-4855.

马东红, 王锡昌, 刘利平, 等, 2011. 近红外光谱技术在食品产地溯源中的应用进展 [J]. 光谱学与光谱分析 (4): 877-880.

马楠, 鹿保鑫, 刘雪娇, 等, 2016. 矿物元素指纹图谱技术及其在农产品

产地溯源中的应用 [J]. 现代农业科技 (9): 296-298.

马泽亮, 国婷婷, 殷廷家, 等, 2019. 基于电子鼻系统的白酒掺假检测方法 [J]. 食品与发酵工业, 45 (2): 190-195.

密蓓蓓, 张勇, 梅西, 等, 2022. 南黄海表层沉积物稀土元素分布特征及其物源指示意义 [J]. 海洋地质与第四纪地质, 42 (6): 93-103.

穆桂珍, 罗杰, 蔡立梅, 等, 2019. 广东揭西县土壤微量元素与有机质和pH 的关系分析 [J]. 中国农业资源与划, 40 (10): 208-215.

聂刚, 梁灵, 李忠宏, 等, 2014. 陕南茶叶稀土元素产地特征研究 [J]. 中国稀土学报, 32 (6): 758-763.

庞艳苹, 刘坤, 闫军颖, 等, 2013. 近红外光谱法快速鉴别成安草莓 [J]. 现代食品科技, 29 (5): 1160-1162.

彭彤, 马少兰, 马彩霞, 等, 2023. 长期单作对枸杞园不同土层土壤微生物代谢活性和多样性的影响 [J]. 草业学报, 32 (1): 89-98.

齐国亮, 苏雪玲, 王俊, 等, 2014. 宁夏枸杞主产区土壤和果实中稀土元素含量及其相关性 [J]. 南方农业学报, 45 (7): 1206-1210.

钱丽丽, 宋春蕾, 曹冬梅, 等, 2015. 近红外光谱产地溯源技术研究方法与应用现状 [J]. 中国甜菜糖业 (1): 27-31.

钱丽丽, 宋雪健, 张东杰, 等, 2017. 基于近红外光谱技术的黑龙江地理标志大米产地溯源研究 [J]. 中国粮油学报 (10): 187-190.

全国土壤普查办公室, 1998. 中国土壤 [M]. 北京: 中国农业出版社.

邵圣枝, 陈元林, 张永志, 等, 2015. 稻米中同位素与多元素特征及其产地溯源 PCA-LDA 判别 [J]. 核农学报, 29 (1): 119-127.

史岩, 赵田田, 陈海华, 等, 2014. 基于近红外光谱技术的鸡肉产地溯源 [J]. 中国食品学报, 14 (12): 189-203.

宋向飞, 2018. 基于矿质元素指纹图谱技术的碧螺春茶产地溯源研究 [D]. 南京: 南京农业大学.

宋雪健, 钱丽丽, 周义, 等, 2017. 近红外漫反射光谱技术对小米产地溯源的研究 [J]. 食品研究与开发, 38 (11): 134-139.

苏学素, 张晓焱, 焦必宁, 等, 2012. 基于近红外光谱的脐橙产地溯源研究 [J]. 农业工程学报 (15): 240-245.

孙丰梅, 王慧文, 杨曙明, 2008. 稳定同位素碳、氮、硫、氢在鸡肉产地溯源中的应用研究 [J]. 分析测试学报, 27 (9): 925-929.

孙境蔚, 于瑞莲, 胡恭任, 等, 2017. 应用铅锶同位素示踪研究泉州某林地垂直剖面土壤中重金属污染及来源解析 [J]. 环境科学, 38 (4):

1566-1575.

孙淑敏，郭波莉，魏益民，等，2011. 近红外光谱指纹分析在羊肉产地溯源中的应用 [J]. 光谱学与光谱分析，31（4）：937-941.

谭侯铭睿，黄小文，漆亮，等，2022. 磷灰石化学组成研究进展：成岩成矿过程示踪及对矿产勘查的指示 [J]. 岩石学报，38（10）：3067-3087.

汤丽华，刘敦华，2011. 基于近红外光谱技术的枸杞产地溯源研究 [J]. 食品科学（22）：175-178.

唐甜甜，解新方，任雪，等，2020. 稳定同位素技术在农产品产地溯源中的应用 [J]. 食品工业科技，41（8）：360-367.

田晓静，龙鸣，王俊，等，2018. 基于电子鼻气味信息和多元统计分析的枸杞子产地溯源研究 [J]. 浙江农业学报，30（9）：1604-1611.

王慧文，2007. 利用稳定同位素进行鸡肉溯源的研究 [D]. 北京：中国农业科学院.

王洁，伊晓云，倪康，等，2016. 基于稀土元素指纹的扁形茶产地判别分析 [J]. 浙江农业科学，57（7）：1118-1124.

王倩，李政，赵姗姗，等，2021. 稳定同位素技术在肉羊产地溯源中的应用 [J]. 中国农业科学，54（2）：392-399.

王雪，2022. 安徽省砀山县黄桃根系土 pH、有机质及有效态元素相关性分析 [J]. 四川地质学报，42（2）：270-274.

王耀球，卜坚珍，于立梅，等，2018. 不同品种、不同部位对鸡肉质构特性与同位素的影响 [J]. 食品安全质量检测学报，9（1）：87-92.

王之莹，李婷婷，张桂兰，等，2019. 鱼产品掺假鉴别技术研究进展 [J]. 食品科学，40（11）：277-288.

王祖伟，刘雅明，王子璐，等，2022. 中国北方典型设施菜地土壤稀土元素分布特征及环境意义 [J]. 环境科学（4）：2071-2079.

文韬，郑立章，龚中良，等，2016. 基于近红外光谱技术的茶油原产地快速鉴别 [J]. 农业工程学报（16）：293-299.

吴浩，周秀雯，陈海泉，等，2021. 不同产地三文鱼的稳定同位素指纹特征及原产地溯源 [J]. 食品科学，42（16）：304-311.

吴建虎，雷俊桃，杨琪，2016. 利用可见近红外光谱判别干枣品种 [J]. 食品安全质量检测学报（5）：1870-1875.

吴励萍，卢有媛，李海洋，等，2022. 不同干燥方法对枸杞子药材多类型功效成分的影响及其分析评价 [J]. 中草药，53（7）：2125-2136.

武婕，李玉环，李增兵，等，2014. 南四湖区农田土壤有机质和微量元素空间分布特征及影响因素 [J]. 生态学报，34（6）：1596-1605.

郄梦洁，李政，赵姗姗，等，2023. 稳定同位素技术在甘肃环县不同乡镇肉羊溯源中的应用 [J]. 核农学报，37（9）：1782-1789.

夏立娅，申世刚，刘峥颢，等，2013. 基于近红外光谱和模式识别技术鉴别大米产地的研究 [J]. 光谱学与光谱分析，33（1）：102-105.

项洋，2022. 基于矿物质元素指纹特征的牦牛肉产地溯源研究 [J]. 青海畜牧兽医杂志，52（6）：12-17，59.

熊欣，刘嘉飞，蔡展帆，等，2020. 主成分分析技术对葡萄酒产地进行溯源 [J]. 食品安全质量检测学报，11（16）：5477-5484.

闫芳芳，张瑞平，刘余，等，2021. 攀西山区植烟土壤 pH 和有机质含量特征与关系研究 [J]. 土壤，53（6）：1318-1324.

闫鹏科，常少刚，孙权，等，2019. 施用生物有机肥对枸杞产量、品质及土壤肥力的影响 [J]. 中国土壤与肥料（5）：112-118.

杨洁，张娅璐，宿宝巍，等，2023. 长江下游冲积平原区土壤稀土元素富集与分馏特征 [J]. 环境化学，42（10）：3301-3309.

杨奇勇，杨劲松，2010. 不同尺度下耕地土壤有机质和全氮的空间变异特征 [J]. 水土保持学报，24（3）：100-104.

杨学明，杨晓勇，王奎仁，等，1998. 花岗质岩石形成过程中稀土元素分馏特征 [J]. 安徽地质，8（2）：1.

杨玉洁，刘静宜，谭艳，等，2021. 多糖降血糖活性构效关系及作用机制研究进展 [J]. 食品科学，42（23）：355-363.

姚清华，颜孙安，张炳铃，等，2018. 基于稀土元素指纹分析的铁观音原产地溯源技术 [J]. 食品安全质量检测学报，9（2）：265-269.

叶兴乾，周声怡，姚舒婷，等，2020. 枸杞多糖的提取方式、结构及生物活性研究进展 [J]. 食品与发酵工业，46（6）：292-300.

于文睿南，潘畅，郭佳欢，等，2021. 杉木人工林表土有机质含量及其对土壤养分的影响 [J]. 中国生态农业学报（中英文），29（11）：1931-1939.

袁丽娟，郭孝培，魏益华，等，2019. 赣南典型稀土矿区周边土壤和动植物产品中稀土元素组成特征及其健康风险评价 [J]. 环境化学，38（8）：1850-1863.

张加琼，尚月婷，白茹茹，等，2023. 稀土元素示踪法在土壤侵蚀与泥沙来源研究中的应用 [J]. 水土保持研究，30（3）：55-61.

张江义, 帅琴, 胡圣虹, 等, 2010. 贵州西南煤区数个煤样的稀土元素地球化学特征 [J]. 稀土, 31 (4): 81.

张莉, 孟靖, 苟春林, 等, 2018. 枸杞组分特征检测及产地溯源技术研究进展 [J]. 分析测试学报, 37 (7): 862-870.

张宁, 张德权, 李淑荣, 等, 2008. 近红外光谱结合 SIMCA 法溯源羊肉产地的初步研究 [J]. 农业工程学报, 24 (12): 309-312.

张鹏, 李江阔, 陈绍慧, 等, 2014. 近红外光谱用于鉴别苹果产地的研究 [J]. 食品科技, 39 (11): 305-309.

张全军, 于秀波, 钱建鑫, 等, 2012. 鄱阳湖南矶湿地优势植物群落及土壤有机质和营养元素分布特征 [J]. 生态学报, 32 (12): 3656-3669.

张雨, 2017. 浅谈宁夏枸杞产业面临的挑战与发展对策 [J]. 农技服务, 34 (12): 200.

张智印, 刘雪松, 刘金巍, 等, 2022. 基于稀土元素指纹分析判别宁都不同基岩区脐橙的研究 [J]. 中国稀土学报, 40 (5): 893-900.

张棕巍, 于瑞莲, 胡恭任, 等, 2016. 泉州市大气降尘中稀土元素地球化学特征及来源解析 [J]. 环境科学, 37 (12): 4504.

赵海燕, 郭波莉, 魏益民, 等, 2011. 近红外光谱对小麦产地来源的判别分析 [J]. 中国农业科学, 44 (7): 1451-1456.

赵明松, 张甘霖, 王德彩, 等, 2013. 徐淮黄泛平原土壤有机质空间变异特征及主控因素分析 [J]. 土壤学报, 50 (1): 1-11.

赵志根, 2000. 不同球粒陨石平均值对稀土元素参数的影响——兼论球粒陨石标准 [J]. 标准化报道 (3): 15-16.

郑建玲, 2019. 绿色高质让塞上 "红色名片" 更靓丽 [J]. 中国林业产业 (7): 62-65.

中国环境监测总站, 1990. 中国土壤元素背景值 [M]. 北京: 中国科学出版社.

周峰, 陈浮, 曹建华, 等, 2003. 外源稀土对土壤微生物特征的影响及时间效应 [J]. 中国稀土学报 (5): 589-593.

宗万里, 刘海金, 赵姗姗, 等, 2022. 基于矿物元素的西藏自治区牦牛肉产地溯源研究 [J]. 农产品质量与安全 (5): 12-20.

AMAGASE H, FARNSWORTH N R, 2011. A review of botanical characteristics, phytochemistry, clinical relevance in efficacy and safety of Lycium barbarum fruit (Goji) [J]. Food Res Int, 44 (7): 1702-1717.

ANARA I, JARN C, ARAZURI S, 2005. Maturity, variety and origin determination in white grapes (*Vitis vinifera* L.) using near infrared reflectance technology [J]. J Near Inf Spectrosc, 13 (6): 349.

AOYAMA K, NAKANO T, SHIN K C, 2017. Variation of strontium stable isotope ratios and origins of strontium in Japanese vegetables and comparison with Chinese vegetables [J]. Food Chemistry, 237: 1186-1195.

ARIYAMA K, SHINOZAKI M, KAWASAKI A, 2012. Determination of the geographic origin of rice by chemometrics with strontium and lead isotope ratios and multielement concentrations [J]. Journal of Agricultural and Food Chemistry, 60 (7): 1628-1634.

BANDONIENE D, ZETTL D, MEISEL T, et al., 2013. Suitability of elemental fingerprinting for assessing the geographic origin of pumpkin (*Cucurbita pepo* var. *styriaca*) seed oil [J]. Food Chemistry, 136 (3-4): 1533-1542.

BAXTER M J, CRESW H M, DENNIS M J, et al., 1997. The determination of the authenticity of wine from its trace element composition [J]. Food Chemistry, 60 (3): 443-450.

BEHKAMI S, ZAIN S M, GHOLAMI M, et al., 2017, Isotopic ratio analysis of cattle tail hair: A potential tool in building the database for cow milk geographical traceability [J]. Food Chemistry, 217: 438-444.

BELTRÁN M, SÁNCHEZ-ASTUDILLO M, APARICIO R, et al., 2015. Geographical traceability of virgin olive oils from south-western Spain by their multi-elemental composition [J]. Food Chemistry, 169: 350-357.

BERTOLDI D, SANTATO A, PAOLINI M, et al., 2014. Botanical traceability of commercial tannins using the mineral profile and stable isotopes [J]. Journal of Mass Spectrometry, 49 (9): 792-801.

BETTINA M F, STEPHAN K, FABRICE M, et al., 2008. Tracing the geographic origin of poultry meat and dried beef with oxygen and strontium isotope ratios [J]. European Food Research & Technology, 226 (4): 761-769.

BEVILACQUA M, BUCCI R, MAGRI A D, et al., 2012. Tracing the origin of extra virgin olive oils by infrared spectroscopy and chemometrics: A case study [J]. Anal Chim Acta, 71 (7): 39-51.

BRUNNER M, KATONA R, STEFANKA Z, et al., 2010. Determination of the geographical origin of processed spiceusing multielement and isotopic pattern on the example of Szegedi paprika [J]. European Food Research and Technology, 231 (4): 623-634.

CAETANO-FILHO D, 2018. Carbonate REE plus Y signatures from the restricted early marine phase of South Atlantic Ocean (late Aptian-Albian): The influence of early anoxic diagenesis on shale-normalized REE plus Y patterns of ancient carbonate rocks [J]. Palaeogeography, Palaeoclimatology, Palaeoecology: An International Journal for the Geo-Sciences, 500: 69-83.

CAMIN F, PERINI M, BONTEMPO L, et al., 2018. Stable isotope ratios of H, C, O, N and S for the geogra-phical traceability of Italian rainbow trout (*Oncorhynchus mykiss*) [J]. Food Chemistry, 267: 288-295.

CASALE M, CASOLINO C, FERRARI G, et al., 2008. Near infrared spectroscopy and class modelling techniques for the geographical authentication of ligurian extra virgin olive oil [J]. J Near Inf Spectrosc, 16 (1): 39-47.

CHEAJESADAGUL P, ARNAUDGUILHEM C, SHIOWATANA J, et al., 2013. Discrimination of geographical origin of rice based on multi-element fingerprinting by high resolution inductively coupled plasma mass spectrometry [J]. Food Chemistry (141): 3504-3509.

CHUNG I M, HAN J G, KONG W S, et al., 2018. Regional discrimination of Agaricus bisporus mushroom using the natural stable isotope ratios [J]. Food Chemistry, 264: 92-100.

CHUNG I M, KIM J K, HAN J G, et al., 2019. Potential geodiscriminative tools to trace the origins of the dried slices of shiitake (*Lentinula edodes*) using stable isotope ratios and OPLS-DA [J]. Food Chemistry, 295: 505-513.

CHUNGI, KIM J, LEE K, PARK S, et al., 2018. Geographic authentication of Asian rice (*Oryza sativa* L.) using multi-elemental and stable isotopic data combined with multivariate analysis [J]. Food Chemistry, 240: 840-849.

COCO L D, MONDELLI D, MEZZAPESA G N, et al., 2016. Protected designation of origin extra virgin olive oils assessment by nuclear magnetic resonance and multivariate statistical analysis: "Terra di Bari", an Apulian (Southeast Italy) case study [J]. Journal of the American Oil Chemists' Society, 93 (3): 373-381.

COETZEE P P, STEFFENS F E, EISELEN R J, et al., 2005, Multi-element analysis of South African wines by ICP－MS and their classification according to geographical origin ［J］. Journal of Agricultural and Food Chemistry, 53 (13): 5060-5066.

CORDOVA C, SOHI S P, LARK R M, et al., 2011, Resolving the spatial variability of soil N using frations of soil organic matter ［J］. Agriculture Ecosystems and Enviroment, 147: 66-72.

DAVRIEUX F, OUADRHIRI Y, PONS B, et al., 2007. Discrimination between aromatic and non－aromatic rice by near infrared spectroscopy: A preliminiary study ［C］. Proceedings of the 12th International Conference.

DENADAI J C, SARTORI J B, PEZZATO A C, et al., 2019. Standardization of a sample－processing methodology for stable isotope studies in poultry ［J］. Revista Brasilra de Ciência Avícola, 21 (1): 1-8.

DIAS C, MENDES L, 2018. Protected Designation of Origin (PDO), Protected Geographical Indication (PGI) and Traditional Speciality Guaranteed (TSG): A bibiliometric analysis ［J］. Food Research International, 103: 492-508.

DOUCETT R R, POWER G, BARTON D R, et al., 1996. Stable isotope analysis of nutrient pathways leading to Atlantic salmon ［J］. Canadian Journal of Fisheries & Aquatic Sciences, 53 (9): 2058-2066.

ELLIOTTK H, ELLIOTT J E, 2016. Lipid extraction techniques for stable isotope analysis of bird eggs: Chloroform－methanol leads to more enriched ^{13}C values than extraction via petroleum ether ［J］. Journal of Experimental Marine Biology & Ecology (474): 54-57.

EPOVA E N, BÉRAIL S, ZULIANI T, et al., 2018. ^{87}Sr/^{86}Sr isotope ratio and multielemental signatures as indicators of origin of European cured hams: The role of salt ［J］. Food Chemistry, 246: 313-322.

ERASMUS S W, MULLER M, BUTLER M, et al., 2018. The truth is in the isotopes: Authenticating regionally unique South African lamb ［J］. Food Chemistry, 239: 926-934.

FACHINELLI A, SACCHI E, MALLEN L, 2001. Multivariate statistical and GIS － based approach to identify heavy metal souroes in soils ［J］. Environment Pollution, 114 (3): 313-324.

FEDERER R N, REBEKKA N, HOLLMEN, et al., 2012, Stable carbon and nitrogen isotope discrimination factors for quantifying spectacled eider nutrient allocation to egg production [J]. Condor, 114 (4): 726-732.

FREITAS R, COSTA S, CARDOSO C, et al., 2020. Toxicological effects of the rare earth element neodymium in Mytilus galloprovincialis [J]. Chemosphere, 244: 125457.

FU W, LI X T, FENG Y Y, et al., 2019. Chemical weathering of S-type granite and formation of Rare Earth Element (REE) -rich regolith in South China: Critical control of lithology [J]. Chemical Geology, 520.

FU X P, YING Y B, ZHOU Y, et al., 2007. Application of probabilistic neural networks in qualitative analysis of near infrared spectra: Determination of producing area and variety of loquats [J]. Anal Chim Acta, 598 (1): 27-33.

GALTIER O, DUPUY N, LE DRÉAU Y, et al., 2007. Geographic origins and compositions of virgin olive oils determinated by chemometric analysis of NIR spectra [J]. Anal Chim Acta (595): 136.

GEANA I, IORDACHE A, IONETE R E, et al., 2013. Geographical origin identification of Romanian wines by ICP-MS elemental analysis [J]. Food Chemistry, 138 (2): 1125-1134.

GONG B, HE E, QIU H, et al., 2019. Phytotoxicity of individual and binary mixtures of rare earth elements (Y, La, and Ce) in relation to bioavailability [J]. Environmental Pollution, 246 (MAR): 114-121.

GONZÁLVEZ A, LLORENS A, CERVERA M L, et al., 2009. Elemental fingerprint of wines from the protected designation of origin Valencia [J]. Food Chemistry, 112 (1): 26-34.

GOPI K, MAZUMDER D, SAMMUT J, et al., 2019. Combined use of stable isotope analysis and elemental profiling to determine provenance of black tiger prawns (*Penaeus monodon*) [J]. Food Control, 95: 242-248.

GOUGEON L, DA C G, LE M I, et al., 2018. Wine Analysis and Authenticity Using H-1-NMR Metabolomics Data: Ap-plication to Chinese Wines [J]. Food Analytical Methods, 11 (12): 3425-3434.

GUILLÉN-CASLA V, ROSALES-CONRADO N, LEÓN-GONZÁLEZ E, et al., 2011, Principal component analysis (PCA) and multiple linear regression (MLR) statistical tools to evaluate the effect of E-beam irradiation on ready-to-eat food [J]. Journal of Food Composition & Analysis, 24 (3): 456-464.

GUO B L, WEI Y M, PAN J R, et al., 2010. Stable C and N isotope ratio analysis for regional geographical traceability of cattle in China [J]. Food Chemistry, 118 (4): 915-920.

GÓRSK-HORCZYCZAK E, HORCZYCZAK M, GUZEK D, et al., 2017, Chromatographic fingerprints supported by artificial neural network for differentiation of fresh and frozen pork [J]. Food Control, 73: 237-244.

HAHN S, HOYE B J, KORTHALS H, et al., 2012. From food to offspring down: tissue-specific discrimination and turn-over of stable isotopes in herbivorous waterbirds and other avian foraging guilds [J]. PLoS One, 7 (2): 1-6.

HAJDUKIEWICZ A, 2014. European Union agri-food quality schemes for the protection and promotion of geographical indications and traditional specialities: An economic perspective [J]. Folia Horticulturae, 26 (1): 3-17.

HAN Q, MIHARA S, HASHIMOTO K, et al., 2014. Optimization of Tea Sample Preparation Methods for ICP-MS and Application to Verification of Chinese Tea Authenticity [J]. Food Science and Technology Research, 20 (6): 1109-1119.

HERNANDEZ-SANCHEZ N, BARREIRO P, LEON L, et al., 2008. Modeling for metabonomic fingerprint assignment in olive fruits [J]. Acta Hortic (802): 393-399.

HOU Z J, 2020. The occurrence characteristics and recovery potential of middle-heavy Rare Earth Elements in the Bayan Obo deposit, northern China [J]. Ore Geology Reviews, 126: 103737.

HUANG S, XIAO L S, ZHANG Y, et al., 2021. Interactive effects of natural and anthropogenic factors on heterogenetic accumulations of heavy metals in surface soils through geodetector analysis [J]. Science of the Total Environment, 789 (6): 147937.

ITO M, KENTARO K, YASUKI N, et al., 2012, Prey resources used for producing egg yolks in four species of seabirds: insight from stable-isotope ratios [J]. Ornithological Science, 11: 113-119.

JANE E, ALLION, CELINE, et al., 2014. Rare earth elements (REEs): Effects on germination and growth of selected crop and native plant species [J]. Chemosphere, 96 (2): 57-66.

JOHNSON S P, SCHINDLER D E, 2009. Trophic ecology of Pacific salmon (*Oncorhynchus spp.*) *in the ocean: a synthesis of stable isotope research* [J]. *Ecological Research*, 24 (4): 855-863.

JUMTEE K, BAMBA T, FUKUSAKI E, 2009. Fast GC-FID based metabolic fingerprinting of Japanese green tea leaf for its quality ranking prediction [J]. Journal of Separation Science, 32 (13): 2296-2304.

KALINICHENKO A, ARSENIYEVAL L, 2020. Electronic nose combined with chemometric approaches to assess authenticity and adulteration of sausages by soy protein [J]. Sensors and Actuators B: Chemical, 303: 127250.

KASCHL A, ROMHELD V, CHEN Y, 2002. Cadmium binding by fractions of dissolved organic matter and humic substances from municipal solid waste compost [J]. Journal of Environment Quality, 31 (6): 1885-1892.

KIM H J, RHYU M R, KIM J M, 2003. Authentication of rice using near-infrared reflectance spectroscopy [J]. Cere Chem, 80 (3): 346-349.

KORENOVSKA M, SUHAJ M, 2005. Identification of some Slovakian and European wines origin by the use of factor analysis of elemental data [J]. European Food Research and Technology, 221 (3-4): 550-558.

KOUWENBER G A, HIPFNER J M, MCKAY D W, et al., 2013. Corticosterone and stable isotopes in feathers predict egg size in Atlantic Puffins *Fratercula arctica* [J]. Ibis, 155 (2): 413-418.

KUKUSAMUDE C, KONGSRI S, 2018. Elemental and isotopic profiling of Thai jasmine rice (Khao Dawk Mali 105) for Discrimination of geographical origins in Thung Kula Rong Hai area, Thailand [J]. Food Control, 91: 357-364.

LAVEUF C, CORNU S, 2009. A review on the potentiality of Rare Earth Elements to trace pedogenetic processes [J]. Geoderma, 154 (1/2): 1-12.

LI G H, LUO H, DU L J, et al., 2018-05-15. Device based on electron nose detects trench oil: China, CN207366488U [P].

LI M, ZHOU M F, WILLIAMS-JONES A E, 2019. The Genesis of Regolith-Hosted Heavy Rare Earth Element Deposits: Insights from the World-Class Zudong Deposit in Jiangxi Province, South China [J]. Economic Geology, 114 (3): 541-568.

LIANG K H, LIANG S, LU L G, et al., 2018. Geographical origin traceability of foxtail millet based on the combination of multi-element and chemical composition analysis [J]. International Journal of Food Properties, 21 (1): 1769-1777.

LIU H L, MENG Q, ZHAO X, et al., 2021. Inductively coupled plasma mass spectrometry (ICP-MS) and inductively coupled plasma optical emission spectrometer (ICPOES) -based discrimination for the authentication of tea [J]. Food Control (123): 107735-107743.

LIU H L, ZENG Y T, ZHAO X, et al., 2020. Improved geographical origin discrimination for tea by using ICPMS and ICP-OES techniques combined chemometric approach [J]. Journal of the Science of Food and Agriculture, 100 (8): 3507-3516.

LIU H Y, GUO B L, WEI Y M, et al., 2015. Effects of region, genotype, harvest year and their interactions on $\delta^{13}C$, $\delta^{15}N$ and δD in wheat kernels [J]. Food Chemistry, 171: 56-61.

LIU H, ZHANG Y, YANG J, et al., 2021. Quantitative source apportionment, risk assessment and distribution of heavy metals in agricultural soils from southern Shandong Peninsula of China [J]. Science of the Total Environment, 767 (24): 144879.

LIU Z, YUAN Y W, ZHANG Y Z, et al., 2019. Geographical traceability of Chinese green tea using stable isotope and multielement chemometrics [J]. Rapid Communications in Mass Spectrometry, 33 (8): 778-788.

LIU Z, ZHANG W X, ZHANG Y Z, et al., 2019. Assuring food safety and traceability of polished rice from different production rgions in China and Southeast Asia using chemometric models [J]. Food Control, 99: 1-10.

LIU Z, ZHANG Y, ZHANG Y, et al., 2019. Influence of leaf age, species and soil depth on the authenticity and geographical origin assignment of green tea [J]. Rapid Communications in Mass Spectrometry, 33 (7): 625-634.

LUMISTE K, MND K, BAILEY J, et al., 2019. REE+Y uptake and diagenesis in recent sedimentary apatites [J]. Chemical Geology, 525: 268-281.

LUNA A S, DA SILVA A P, PINHO J S, et al., 2013. Rapid characterization of transgenic and non-transgenic soybean oils by chemometric methods using NIR spectroscopy [J]. Spectrochim Acta Part A: Mole Biomol Spectrosc, 100 (1): 15-19.

LUO D H, DONG H, LUO H Y, et al., 2015. The application of stable isotope ratio analysis to determine the geographical origin of wheat [J]. Food

Chemistry, 174: 197-201.

MA G C, ZHANG J Y, ZHANG L, et al., 2019. Elements characterization of Chinese tea with different fermentation degrees and its use for geographical origins by liner discriminant analysis [J]. Journal of Food Composition and Analysis, 82: 103246.

MA G C, ZHANG Y B, ZHANG J Y, et al., 2016. Determining the geographical origin of Chinese green tea by linear discriminant analysis of trace metals and rare earth elements: Taking Dongting Biluochun as an example [J]. Food Control, 59: 714-720.

MACKENZIE G J, SCHAFFNER F C, SWART P K, 2015. The stable isotopic composition of carbonate (C & O) and the organic matrix (C & N) in waterbird eggshells from South Florida: Insights into feeding ecology, timing of egg formation, and geographic range [J]. Hydrobiologia, 743 (1): 89-108.

MAGDAS D A, FEHER I, DEHELEAN A, et al., 2018. Isotopic and elemental markers for geographical origin and organically grown carrots discrimination [J]. Food Chemistry, 267: 231-239.

MAIONE C, BATISTA B L, CAMPIGLIAA D, et al., 2016. Classification of geographic origin of rice by data mining and inductively coupled plasma mass spectrometry [J]. Computers and Electronics in Agriculture, 121 (2): 101-107.

MENG L W, CHEN X J, CHEN X, et al., 2020. Linear and nonlinear classification models for tea grade identification based on the elemental profile [J]. Microchemical Journal, 153: 104512.

MIMMO T, CAMIN F, BONTEMPO L, et al., 2015. Traceability of different apple varieties by multivariate analysis of isotope ratio mass spectrometry data [J]. Rapid Communication in Mass Spectrometry, 29: 1984-1990.

MURRAY R W, BUCHHOLTZ T B, JONES D L, et al., 1990. Rare-earth elements as indications of different marine depositional environments in Chert and shale [J]. Geology, 18 (3): 268.

NI K, WANG J, ZHANG Q F, et al., 2018. Multi-element composition and isotopic signatures for the geographical origin discrimination of green tea in China: A case study of Xihu Longjing [J]. Journal of Food Composition and Analysis, 67: 104-109.

NORIKO S, TOMOYUKII, TATSUMI A, et al., 2002. Concentrations of radiocarbon and isotope compositions of stable carbon in food [J]. Journal of Nuclear Science and Technology, 39 (4): 323-328.

NUR AZIRA T, CHE MAN Y B, RAJA M H R N, et al., 2014. Use of principal component analysis for differentiation of gelatine sources based on polypeptide molecular weights [J]. Food Chemistry, 151 (may 15): 286-292.

ODA H W, KAWASAKI A, HIRATA T, 2002. Determining the rice provenance using binary isotope signatures along with cadmium content [C] // Proceedings of the 17th World Congress of of Soil Science, Thailand, 59: 1-10.

OPATIĆA M, NEČ EMER M, LOJEN S, et al., 2017. Stable isotope ratio and elemental composition parameters in combination with discriminant analysis classification model to assign country of origin to commercial vegetables-A preliminary study [J]. Food Control, 80: 252-258.

OPATIĆA M, NEČ EMER M, KOCMAN D, et al., 2017. Geographical origin characterization of slovenian organic garlic using stable isotope and elemental composition analyses [J]. Acta Chimica Slovenica, 64 (4): 1048-1055.

OPATIĆA M, NEČ EMER M, LOJEN S, et al., 2018. Determination of geographical origin of commercial tomato through analysis of stable isotopes, elemental composition and chemical markers [J]. Food Control, 89: 133-141.

OPATIĆA M, NEČ M, BUDIČ B, et al., 2018. Stable isotope analysis of major bioelements, multi-element profiling, and discriminant analysis for geographical origins of organically grown potato [J]. Journal of Food Composition and Analysis, 71: 17-24.

OPATIC A M, NECEMER M, BUDIC B, et al., 2018. Stable isotope analysis of major bioelements, multi-element profiling, and discriminant analysis for geographical origins of organically grown potato [J]. Journal of Food Compositionand Analysis, 71: 17-24.

PAOLINI M, ZILLER L, LAURSEN K H, et al., 2015. Compound-Specific δ^{15}N and δ^{13}C analyses of amino acids for potential discrimination between organically and conventionally grown wheat [J]. Journal of Agricultural and

Food Chemistry, 63: 5841-5850.

PARK J H, CHOI S H, BONG Y S, 2019. Geographical origin authentication of onions using stable isotope ratio and compositions of C, H, O, N, and S [J]. Food Control, 101: 121-125.

PELICIA V C, ARAUJOP C, LUIGGI F G, et al., 2018. Estimation of the metabolic rate by assessing carbon-13 turnover in broiler tissues using the stable isotope technique [J]. Livestock Science, 210 (1): 8-14.

PERINI M, GIONGO L, GRISENTI M, et al., 2018. Stable isotope ratio analysis of different European raspberries, blackberries, blueberries, currants and strawberries [J]. Food Chemistry, 239: 48-55.

PIASENTIER E, VALUSSO R, CAMIN F, et al., 2003. Stable isotope ratio analysis for authentication of lamb meat [J]. Meat Science, 64 (3): 239-247.

POTTERAT O, 2010. Goji (Lycium barbarum and L-Chinense): Phytochemistry, pharmacology and safety in the perspective of traditional uses and recent popularity [J]. Planta Med, 76 (1): 7-19.

QIAN L L, ZHANG C D, ZUO F, et al., 2019. Effects of fertilizers and pesticides on the mineral elements used for the geographical origin traceability of rice [J]. Journal of Food Composition and Analysis (83): 103276-103782.

RASHMI D, SHREE P, SINGH D K, 2017. Stable isotope ratio analysis in determining the geographical traceability of Indian wheat [J]. Food Control, 79: 169-176.

REES G, KELLY S D, CAIRNS P, et al., 2016. Verifying the geographical origin of poultry: The application of stable isotope and trace element (SITE) analysis [J]. Food Control, 67: 144-154.

REN G, WANG S, NING J, et al., 2013. Quantitative analysis and geographical traceability of black tea using fourier transform near-infrared spectroscopy (FT-NIRS) [J]. Food Res Int (53): 822-826.

ROCK L, ROWE S, CZERWIEC A, et al., 2013. Isotopic analysis of eggs: Evaluating sample collection and preparation [J]. Food Chemistry, 136 (3-4): 1551-1556.

RODRIGUEZ J A, NANOS N, GRAU J M, et al., 2008. Multiscale analysis of heavy metal contents in Spanish agricultural topsoils [J]. Chemospere,

70 (6): 1085-1096.

SARNO R, SABILLA S I, WIJAYAD R, et al., 2020. Electronic nose dataset for pork adulteration in beef [J]. Data in Brief, 32: 106139.

SAYAGO A, GONZÁLEZ-DOMÍNGUEZ R, BELTRÁN R, et al., 2018. Combination of complementary data mining methods for geographical characterization of extra virgin olive oils based on mineral composition [J]. Food Chemistry, 261: 42-50.

SUN D W, WENG H Y, HE X T, et al., 2019. Combining near-infrared hyperspectral imaging with elemental and isotopic analysis to discriminate farm-raised Pacific white shrimp from high-salinity and low-salinity environments [J]. Food Chemistry, 299: 125121.

SUN S M, GUO B L, WEI Y M, 2016. Origin assignment by multi-element stable isotopes of lamb tissues [J]. Food Chemistry, 213: 675-681.

SUN S, GUO B, WEI Y, et al., 2012. Classification of geographical origins and prediction of delta^{13}C and delta ^{15}N values of lamb meat by near infrared reflectance spectroscopy [J]. Food Chem, 135 (2): 508-514.

SWANSON C A, REAMER D C, VEILLON C, et al., 1983. Intrinsic labeling of chicken products with a stable isotope of selenium (^{76}Se) [J]. The Journal of Nutrition, 113 (4): 793-790.

TURCHINI G M, QUINN G P, JONES P L, et al., 2009. Traceability and discrimination among differently farmed fish: a case study on Australian Murray cod [J]. Journal of Agricultural & Food Chemistry, 57 (1): 274-281.

VASCONI M, LOPEZ A, GALIMBERTI C, et al., 2019. Authentication of farmed and wild European eel (*Anguilla anguilla*) by fatty acid profile and carbon and nitrogen isotopic analyses [J]. Food Control, 102: 112-121.

VITALE R, BEVILACQUA M, BUCCI R, et al., 2012. A rapid and non-invasive method for authenticating the origin of pistachiosamples by NIR spectroscopy and chemometrics [J]. Chemometr Intell Lab, 36 (5): 168-175.

WANG Y, BAI F, LUO Q, et al., 2019. Lycium barbarum polysaccharides grafted with doxorubicin: An efficient pH-responsive anticancer drug delivery system [J]. International Journal of Biological Macromolecules, 121: 964-970.

WANG Z Y, LI T T, ZHANG G L, et al., 2019. Recent advances in identification techniques for fish adulteration [J]. Food Science, 40 (11):

277-288.

WANGTING ZHOU, YA ZHAO, YAMEI YAN, et al., 2020. Antioxidant and immunomodulatory activities in vitro of polysaccharides from bee collected pollen of Chinese wolfberry [J]. International Journal of Biological Macromolecules, 163 (15): 190-199.

WEI J, WANG C R, YIN S J, et al., Concentrations of rare earth elements in maternal serum during pregnancy and risk for fetal neural tube defects [J]. Environment International, 137.

WORLEY B, POWERS R, 2012. Multivariate analysis in metabolomics [J]. Current Metabolomics, 1 (1): 92-107.

WU Y L, LUO D H, DONG H, et al., 2015. Geographical origin of cereal grains based on element analyser – stable isotope ratio mass spectrometry (EA-SIRMS) [J]. Food Chemistry, 174: 553-557.

YANG M J, LIANG X L, MA L Y, 2019. Adsorption of REEs on kaolinite and halloysite: a link to the REE distribution on clays in the weathering crust of granite [J]. Chemical Geology, 525: 210-217.

YE X H, JIN S, WANG D H, et al., 2017, Identification of the origin of white tea based on mineral element content [J]. Food Analytical Methods, 10 (1): 191-199.

YOHANNES E, GWINNER H, LEE R W, et al., 2016. Stable isotopes predict reproductive performance of European starlings breeding in anthropogenic environments [J]. Ecosphere, 7 (11): 1-14.

ZHANG F, ZHANG X, GU Y, et al., 2021. Hepatoprotection of Lycii Fructus Polysaccharide against Oxidative Stress in Hepatocytes and Larval Zebrafish [J]. Oxidative Medicine and Cellular Longevity, 3923625.

ZHANG J Y, MA G C, CHEN L Y, et al., 2017. Profiling elements in Puerh tea from Yunnan province, China [J]. Food Additives & Contaminants Part B-surveillance, 10 (3): 155-164.

ZHANG J, YANG R D, CHEN R, et al., 2018. Multielemental analysis associated with chemometric techniques for geographical origin discrimination of tea leaves (Camelia sinensis) in Guizhou Province, SW China [J]. Molecules, 23 (11): 3013.

ZHANG M L, HUANG C W, ZHANG J Y, et al., 2020. Accurate discrimination of tea from multiple geographical regions by combining multielements with multivariate statistical analysis [J]. Journal of Food Measurement and Characterization, 10. 1007/s11694-020-00575-1.

ZHANG X C, WU H Q, HUANG X L, et al., 2018. Establishment of element fingerprints and application to geographical origin identification of Chinese Fenghuangdancong tea by ICP-MS [J]. Food Science and Technology Research, 24 (4): 599-608.

ZHANXI C D, ZHAO S S, ZHANG T W, et al., 2021. Stable isotopes verify geographical origin of Tibetan chicken [J]. Food Chemistry (358): 1-9.

ZHAO L Y, CAO C Y, CHEN G T, et al., 2011, Determination of mineral elements in two grades of three green tea varieties by ICP-AES [J]. Spectroscopy and Spectral Analysis, 31 (4): 1119-1121.

ZHAO X D, LIU Y, LI Y, et al., 2018. Authentication of the sea cucumber (*Apostichopus japonicus*) using amino acids carbon stable isotope fingerprinting [J]. Food Control, 91: 128-137.

ZHAO Y, ZHANG B, GUO B, et al., 2016. Combination of multielement and stable isotope analysis improved the traceability of chicken from, four provinces of China [J]. CyTA-Journal of Food, 14 (2): 1-6.

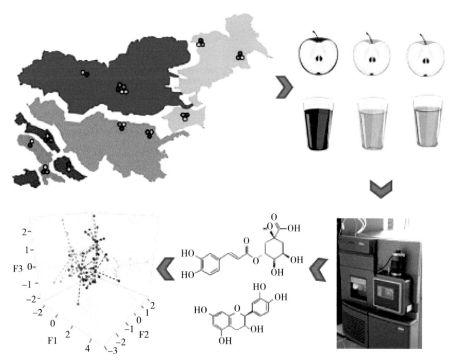

彩图2-1 基于酚类化合物、黄酮醇和黄烷醇的苹果产地溯源（Bat 等，2018）

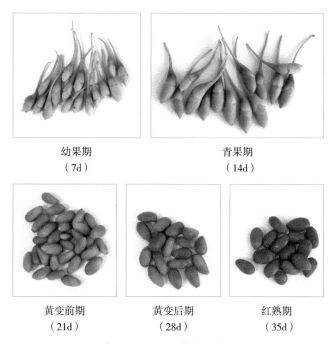

幼果期
（7d）

青果期
（14d）

黄变前期
（21d）

黄变后期
（28d）

红熟期
（35d）

彩图4-1 不同成熟度枸杞

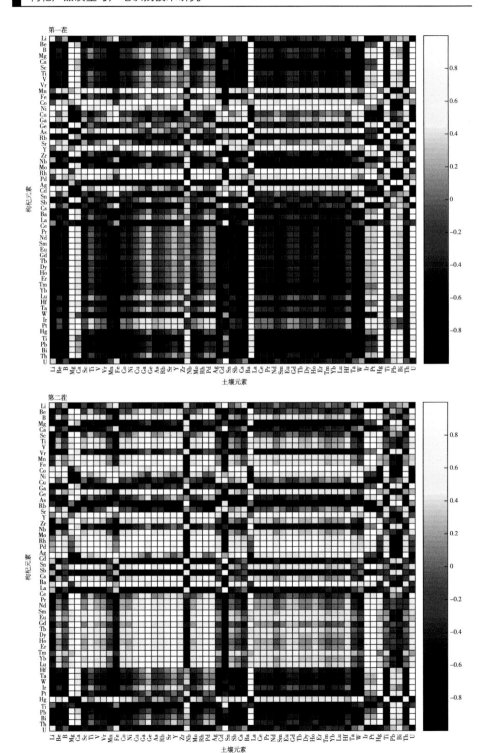

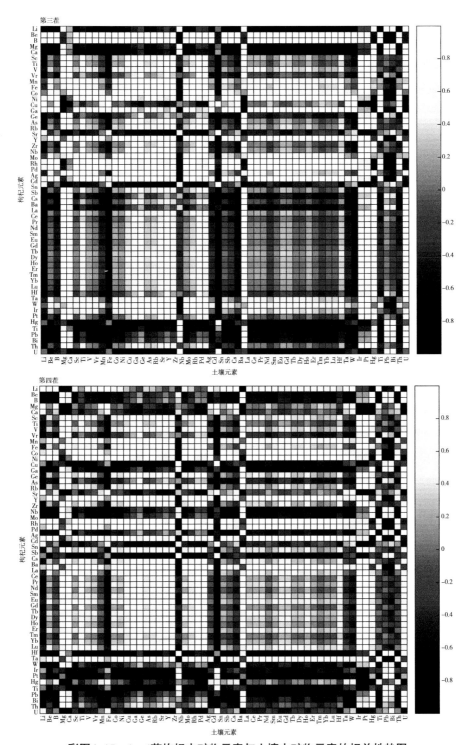

彩图4-15　1～4茬枸杞中矿物元素与土壤中矿物元素的相关性热图

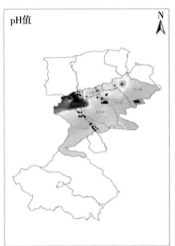
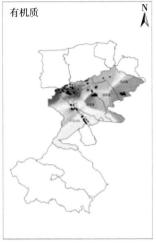

彩图5-2 中宁枸杞种植土壤中pH值和有机质空间分布图

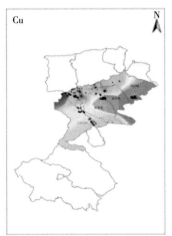
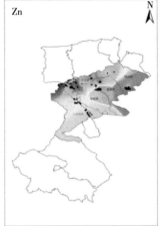

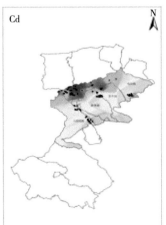
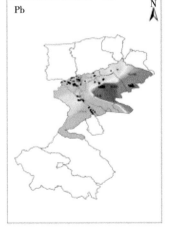

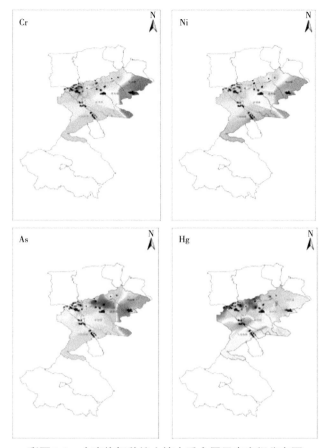

彩图5-3 中宁枸杞种植土壤中重金属元素空间分布图

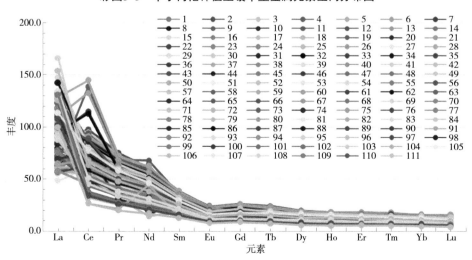

彩图5-4 研究区土壤REE的球粒陨石标准化分配模式

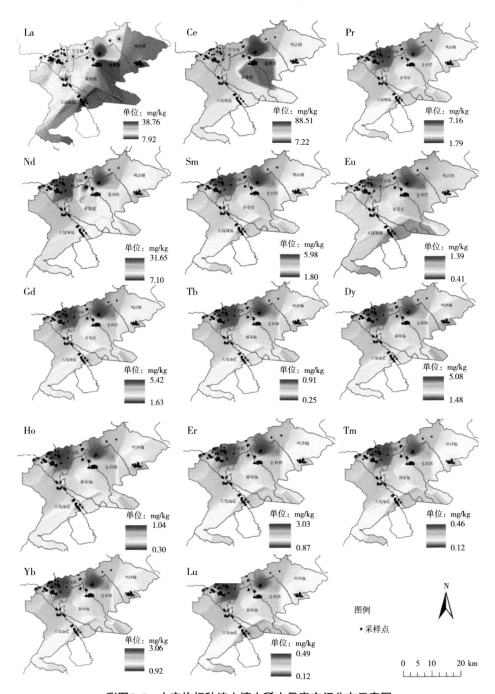

彩图5-5 中宁枸杞种植土壤中稀土元素空间分布示意图

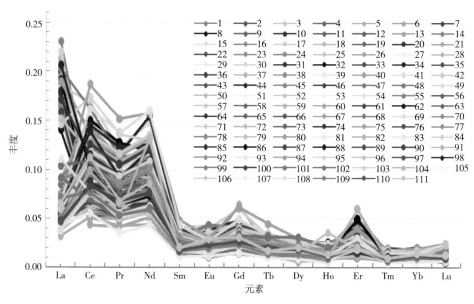

彩图5-8 枸杞样品中稀土元素的球粒陨石标准化分配模式

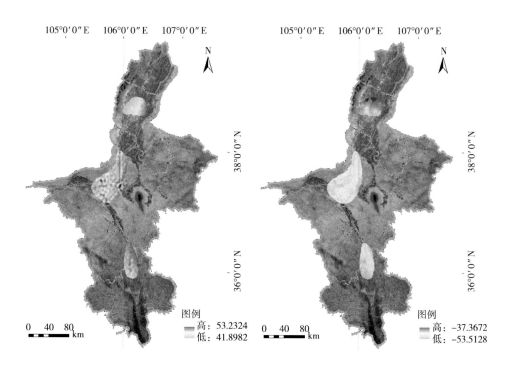

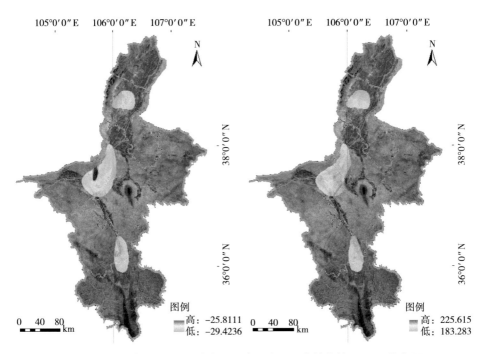

彩图6-6 枸杞C、H、O稳定同位素比率及三者整合的ArcGIS分布图

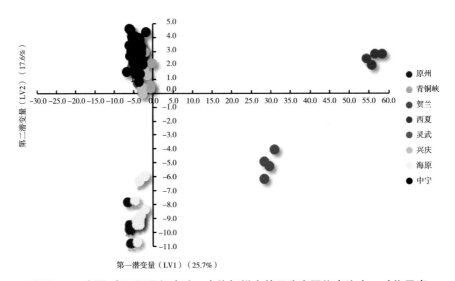

彩图6-7 宁夏8个不同县级产地92个枸杞样本基于稳定同位素比率、矿物元素及稀土元素含量的PLS-DA判别分析前两个潜变量坐标系的得分散点分布图

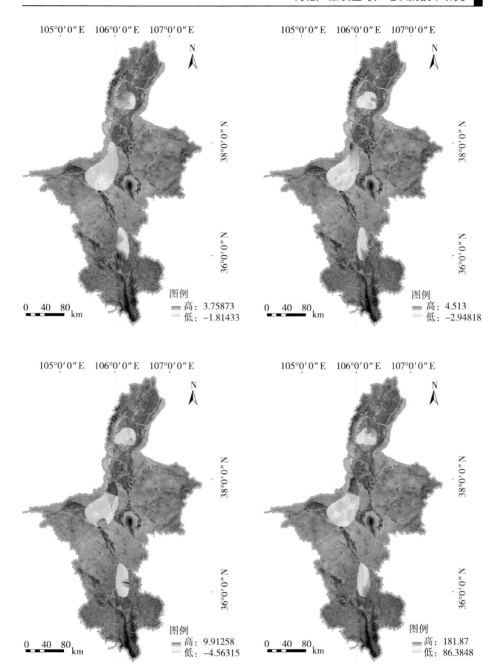

彩图6-8 PLS-DA判别分析枸杞样本在第一、第二、第三主成分上得分及三者融合方差灰度值的ArcGIS分布热图

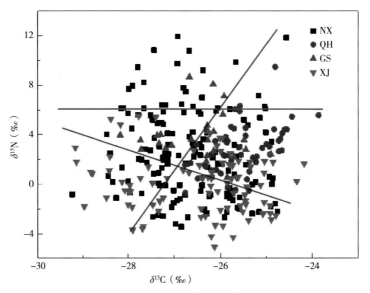

彩图6-9　枸杞果实δ¹³C和δ¹⁵N散点图

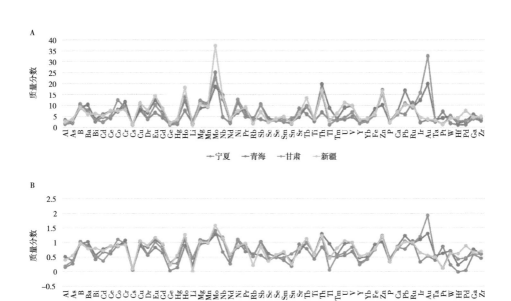

彩图6-10　不同产地枸杞中元素特征图谱

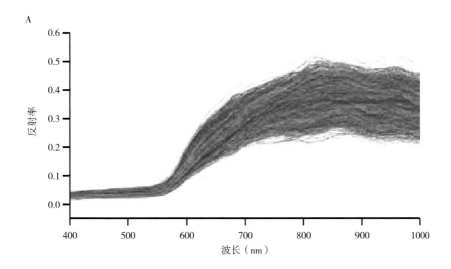

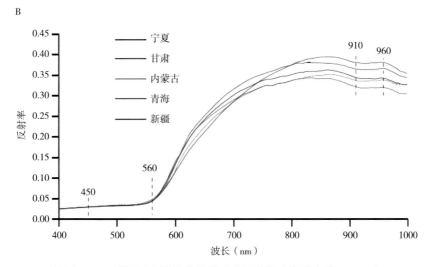

彩图7-4　5种不同产地的枸杞样品光谱曲线（袁伟东等，2023）

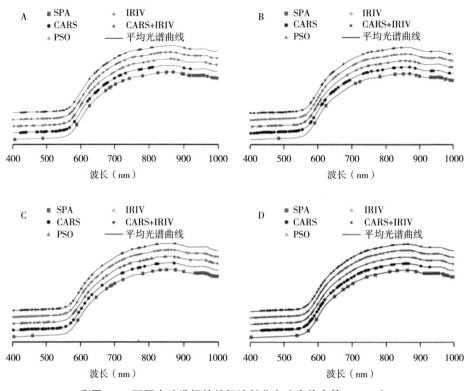

彩图7-6　不同方法选择的特征波长分布（袁伟东等，2023）